HEINZ AHRENS · JÜRGEN LÄUTER

Mehrdimensionale Varianzanalyse

HEINZ AHRENS · JÜRGEN LÄUTER

MEHRDIMENSIONALE VARIANZANALYSE

HYPOTHESENPRÜFUNG DIMENSIONSERNIEDRIGUNG DISKRIMINATION BEI MULTIVARIATEN BEOBACHTUNGEN

2., erweiterte und berichtigte Auflage

AKADEMIE-VERLAG · BERLIN
1981

Autoren:

Prof. Dr. HEINZ AHRENS
Zentralinstitut für Mathematik und Mechanik
der Akademie der Wissenschaften der DDR

Dr. rer. nat. JÜRGEN LÄUTER
Zentralinstitut für Herz- und Kreislauf-Regulationsforschung
der Akademie der Wissenschaften der DDR

Erschienen im Akademie-Verlag, DDR-1080 Berlin, Leipziger Straße 3—4
Lektor: Dr. Reinhard Höppner

Lizenznummer: 202 · 100/410/81
Satz: VEB Druckhaus „Maxim Gorki", 7400 Altenburg
Druck: VEB Druckerei „Thomas Müntzer", 5820 Bad Langensalza
Umschlaggestaltung: Rolf Kunze
Bestellnummer: 762 668 4 (6116) · LSV 1075
Printed in GDR
DDR 32,– M

Vorwort zur ersten Auflage

Wer geübt ist im Umgang mit univariaten Varianzanalysen, mit Korrelations- und Regressionsrechnungen, empfindet den Übergang zur multivariaten Varianzanalyse und zur Diskriminanzanalyse als wohltuend, als befreiend. Obwohl die univariaten statistischen Prüfverfahren eine wesentliche und eigenständige Bedeutung besitzen, hat ihre Anwendung mitunter formalen Charakter. Der Wissenschaftler fühlt sich verpflichtet, seine Resultate durch Signifikanztests zu stützen, obwohl er dadurch oftmals nicht zu qualitativ neuen Erkenntnissen geführt wird. Auch die Bestimmung statistischer Maßzahlen, z. B. von Korrelationskoeffizienten, ist zuweilen unbefriedigend, da die Maßzahlen nicht immer genügend enge Beziehung zu den praktischen Fragestellungen und zu den in der Wissenschaft erforderlichen Entscheidungen haben.

Hingegen besitzt die mehrdimensionale Varianzanalyse, besonders in ihrer Verknüpfung mit der Diskriminanzanalyse, eine echte Produktivität. Mit Hilfe dieser Verfahren kann der Informationsgehalt von Variablen und Variablenmengen abgeschätzt werden, es können redundante Variable gefunden werden, die Systematisierung eines unübersichtlichen Datenmaterials wird möglich, und die Diskrimination bzw. Diagnostizierung gegebener Individuen läßt sich durchführen. Die multivariate Betrachtung ist eine echte Bereicherung unseres Denkens, das gewöhnlich auf univariaten Überlegungen beruht.

Aus diesen Gründen haben wir sehr gern die Gelegenheit genutzt, den vorliegenden Band zu schreiben, zumal es bisher kaum zusammenhängende Darstellungen über dieses Gebiet in deutscher Sprache gibt. Das Hauptanliegen des Buches besteht darin, die breite Anwendung der multivariaten Verfahren in Biologie, Medizin, Landwirtschaft, Pädagogik, Ökonomie usw. zu unterstützen und zu fördern. Dementsprechend werden neben den theoretischen Darlegungen über das lineare Hypothesenmodell und die multivariaten Signifikanztests zahlreiche anwendungsorientierte Betrachtungen durchgeführt. Wir haben uns bemüht, die Verfahren so zu behandeln, daß sie ohne umfangreiches Studium weiterer Literatur unmittelbar realisiert werden können. Da wir sowohl auf die prinzipiellen statistischen Fragen als auch auf den Gesamtablauf einer multivariaten Analyse und die hauptsächlichen rechentechnischen Schwierigkeiten eingegangen sind, glauben wir, dieses Ziel im großen und ganzen erreicht zu haben. Anhand von praxisnahen Beispielen werden die Methoden der mehrdimensionalen Varianzanalyse und Diskriminanzanalyse demonstriert.

Die erfolgreiche Durchführung der multivariaten Analyse ist nur bei Einsatz von Rechenautomaten möglich. Das erklärt auch, warum die Verfahren, obwohl sie in ihren Grundzügen schon seit Ende der dreißiger Jahre bekannt sind, in der statistischen Praxis bisher wenig Berücksichtigung fanden. Wir sind uns aber auch darüber im klaren, daß trotz der inzwischen vorhandenen Computer noch einige Mühe für die Realisierung und Nutzung der mehrdimensionalen Varianzanalyse und Diskriminanzanalyse aufgewandt werden muß. Ein Hauptproblem sehen wir in der Entwicklung leistungsfähiger Rechenprogramme der multivariaten Analyse. Dieses Buch ist daher auch an die Spezialisten der Rechenzentren gerichtet, in deren Hand die Schaffung neuer Computeralgorithmen liegt.

Wir möchten dem Zentralinstitut für Mathematik und Mechanik der AdW der DDR und dem Zentralinstitut für Herz- und Kreislauf-Regulationsforschung der AdW, vor allem den Direktoren Prof. Dr. rer. nat. habil. K. Matthes und Prof. Dr. med. R. Baumann, für die Unterstützung während der Arbeit am Manuskript besonders danken. Herrn Dipl.-Math. A. Baudisch vom Rechenzentrum der Humboldt-Universität zu Berlin sind wir dankbar für die Berechnung der „kritischen Irrtumswahrscheinlichkeiten" in Tabelle 8. Es sei auch auf die große Hilfe hingewiesen, die uns Frau Dr. med. H. Baumann und Frau Dr. phil. E. Richter-Heinrich vom Zentralinstitut für Herz- und Kreislauf-Regulationsforschung der AdW, Herr Dr. sc. H. Deckart von der Nuklearmedizinischen Klinik des Städtischen Klinikums Berlin-Buch und Herr Dr. sc. D. Gmyrek von der Universitätskinderklinik der Charité zu Berlin erwiesen haben, indem sie ihre Daten für die Beispiele des Buches zur Verfügung stellten und uns zusätzliche Ratschläge gaben. Die Herren Prof. Dr. habil. O. Bunke und Dr. rer. nat. G. Enderlein unterstützten uns durch kritische Hinweise. Ihnen allen, sowie Frau W. Schleusener, Frau Ch. Huber und Frau M. Zander, die mit großer Sorgfalt die Reinschrift des Manuskripts besorgten, wollen wir herzlich danken.

Schließlich möchten wir noch dem Akademie-Verlag und insbesondere Frau Dipl.-Math. R. Helle für das bereitwillige Eingehen auf geäußerte Wünsche unseren Dank aussprechen.

Berlin, im Mai 1974 H. Ahrens J. Läuter

Vorwort zur zweiten Auflage

Die Resonanz und die Anregungen der Leser ermunterten uns zu einer 2. Auflage, deren Zielstellung noch dem Grundanliegen der 1. Auflage von 1974 entspricht: Unterstützung und Förderung der breiten Anwendung multivariater Analyseverfahren in Biologie, Medizin, Landwirtschaft, Pädagogik, Ökonomie usw. Dabei veranlaßten uns die Erfahrungen mit der 1. Auflage sowie die in den letzten Jahren erzielten Fortschritte der mathematischen Statistik zu einigen Ergänzungen und Änderungen.

Neu in das Buch aufgenommen wurden eine Approximation der Nichtnullverteilung des HOTELLINGschen T^2 und die darauf basierende Planung des Stichprobenumfangs, Methoden zur Bestimmung des Diskriminationsfehlers, die Herleitung simultaner Konfidenzgrenzen und ihre Nutzung für multiple Vergleiche im multivariaten Fall sowie ein Verfahren zur Quantifizierung qualitativer und zur Neuskalierung quantitativer Merkmale. Aus diesen Ergänzungen resultieren auch die Neuaufnahme von Tabellen zur Bestimmung des Stichprobenumfangs und der Abdruck der bekannten HECKschen Nomogramme.

Noch stärker als das bereits für die 1. Auflage galt, möchten wir für die 2. Auflage betonen, daß einige Anwendungsbeispiele mit ihren bewußt niedrig gewählten Stichprobenumfängen in erster Linie als Demonstration des Rechenwegs und als Hilfe für die Entwicklung von Computerprogrammen gedacht sind. Ihr statistischer Wert ist teilweise zweifelhaft.

Herrn Dipl.-Math. R. SCHMIDT und Frau G. KORTSCHLAG vom Zentralinstitut für Herz- und Kreislauf-Regulationsforschung der AdW der DDR sind wir für die Unterstützung bei der Berechnung von Fehlerquoten der Diskrimination dankbar. Herrn Dr. R. HÖPPNER vom Akademie-Verlag, der in stets entgegenkommender Weise unsere zahlreichen Wünsche bei der Abfassung der zweiten Auflage berücksichtigte, gilt unser besonderer Dank.

Den Gesamtaufbau des vorliegenden Buches sowie die Kapitel 1. bis 4. und 11. haben die beiden Autoren gemeinsam erarbeitet. Die Kapitel 5. bis 7. und 10. sind im wesentlichen selbständig von J. LÄUTER und die Kapitel 8. und 9. von H. AHRENS verfaßt worden. Einige speziellere Hinweise zur Gliederung des Buches findet der Leser in Abschnitt 1.3. der Einführung.

Berlin, im Mai 1979 H. AHRENS J. LÄUTER

Inhaltsverzeichnis

1. Einführung

1.1. Grundlegende Begriffe

Die Varianzanalyse dient der Erforschung des Zusammenhangs zwischen gewissen Einflußfaktoren und bestimmten Meßvariablen. Es wird dabei geprüft, ob sich an den Individuen, die unter verschiedenen Einflüssen stehen, abweichende Meßresultate ergeben. Die Varianzanalyse, die ein statistisches Verfahren ist, geht von ganz konkreten Beobachtungswerten aus.

Unter *Individuen* verstehen wir voneinander abgrenzbare experimentelle Einheiten, z. B. Menschen, Tiere, Pflanzen, bestimmte Geräte, bestimmte produzierte Güter. Die an den Individuen gewonnenen Meßwerte sind stochastischer Natur; sie sind Realisierungen von Zufallsgrößen, über die angenommen wird, daß ihre Verteilung vollkommen durch die auf das Individuum wirkenden Einflußfaktoren determiniert ist.

Die Meßvariablen, für die die Messung durchgeführt wird, werden als *Merkmale* bezeichnet. Körpergewicht und Körperlänge sind beispielsweise zwei am Individuum „Mensch" meßbare Merkmale. Die entsprechenden Meßresultate, z. B. 80 kg und 185 cm, heißen *Merkmalswerte*, *Beobachtungswerte* oder einfach *Meßwerte*. Bei der *eindimensionalen* (*univariaten*) *Varianzanalyse*, die den meisten Lesern bekannt sein dürfte, wird nur ein einziges Merkmal, d. h. pro Individuum ein einziger Beobachtungswert, berücksichtigt. Dagegen kann in einer *mehrdimensionalen* (*multivariaten*) *Varianzanalyse* eine Reihe von mehreren Merkmalen, ein *Merkmalsvektor*, betrachtet werden. Die einzelnen Merkmale (Komponenten des Merkmalsvektors) sind im allgemeinen voneinander stochastisch abhängig, während die Merkmalsvektoren verschiedener Individuen stochastisch unabhängig sein müssen.

Die Varianzanalyse setzt voraus, daß es sich bei den Merkmalen um kontinuierliche Variablen handelt. Darüber hinaus wird noch angenommen, daß die Merkmale bzw. Merkmalsvektoren normalverteilt sind. Obwohl diese Bedingungen in der Praxis nur selten exakt erfüllt sind, kann die Varianzanalyse sehr häufig mit Erfolg angewandt werden.

Im Gegensatz zu den Merkmalen haben die *Faktoren* bei der Varianzanalyse qualitativen Charakter. Zu einem Faktor gehört eine Anzahl verschiedener möglicher Zustände, die ganz allgemein als *Behandlungen*, *Klassen* oder *Stufen* bezeichnet werden. Es wird angenommen, daß jedes

Individuum bezüglich jedes vorkommenden Faktors genau einer Behandlung bzw. Klasse zugeordnet werden kann. Das Individuum „Mensch" wird z. B. beim Faktor „Familienstand" in eine der Klassen „ledig", „verheiratet", „verwitwet", „geschieden" eingestuft. Beim Faktor „Geschlecht" existieren die Klassen „männlich" und „weiblich".

Je nach der Anzahl der betrachteten Einflußfaktoren werden *einfaktorielle* und *mehrfaktorielle Varianzanalysen* unterschieden. In der mehrfaktoriellen Varianzanalyse berücksichtigt man simultan mehrere Einflüsse. Jedes Individuum wird dabei in ein Schema von *Zellen* oder *Fächern*, welche durch Kombination der Klassen der verschiedenen Faktoren entstehen, eingeordnet. Im Falle einer zweifaktoriellen Varianzanalyse mit den erwähnten Faktoren „Familienstand" und „Geschlecht" enthält das Schema $4 \cdot 2 = 8$ Fächer. Wenn jedes der bestehenden Fächer mit Individuen besetzt ist oder wenigstens prinzipiell besetzt werden kann, so liegt ein Experiment mit *Kreuzklassifikation* vor. Andererseits, falls jede Klasse eines Faktors B nur mit einer ganz speziellen Klasse des Faktors A kombiniert auftreten kann, spricht man von *hierarchischer Klassifikation*. Neben den sogenannten *Haupteffekten* der einzelnen Faktoren untersucht man bei der mehrfaktoriellen Varianzanalyse auch die *Effekte der Wechselwirkung* zwischen den Faktoren.

Es ist noch eine weitere Einteilung der varianzanalytischen Verfahren möglich. Hierfür ist entscheidend, ob bei der Untersuchung die *einzelnen* auftretenden Behandlungen bzw. Klassen eines Faktors von primärem Interesse sind oder ob diese Klassen als zufällige Elemente aus gedachten *unendlichen Populationen*, auf die sich das eigentliche Interesse konzentriert, betrachtet werden. Im ersten Fall liegt ein varianzanalytisches *Modell mit festen Effekten* (Typ I nach EISENHART (1947)), im zweiten Fall ein *Modell mit zufälligen Effekten* (Typ II) vor. Bei der Varianzanalyse Typ I werden die einzelnen Klassen eines Faktors bzw. die ihnen entsprechenden Parameter miteinander verglichen, bei der Varianzanalyse Typ II bestimmt man Schätzungen für die Varianzen der gedachten Populationen von Behandlungen (Varianzkomponentenschätzung) und prüft, ob diese gleich Null oder größer als Null sind.

1.2. Bedeutung der mehrdimensionalen Varianzanalyse

Vergleicht man eine p-dimensionale Varianzanalyse mit den p eindimensionalen Varianzanalysen, die für die p einzelnen Merkmale durchgeführt werden können, so erkennt man:

a) Die eindimensionalen Varianzanalysen liefern spezielle Erkenntnisse für die p einzelnen Merkmale, ohne daß die Beziehungen zwischen den Merkmalen Berücksichtigung finden. Von Merkmal zu Merkmal ergeben sich andere Resultate; ein Merkmal liefert mehr signifikante Unterschiede zwischen den Klassen, ein anderes weniger. Eine zusammenfassende Einschätzung der Wirksamkeit aller Merkmale ist hiernach noch nicht möglich. Bei der mehrdimensionalen Varianzanalyse dagegen basieren die Ergebnisse auf der Gesamtheit aller p Merkmale, wobei deren Korrelationen eine wesentliche Rolle spielen. Die mehrdimensionale Varianzanalyse ermöglicht daher eine geschlossene Übersicht über die in einem mehrdimensionalen Datenmaterial verborgenen Zusammenhänge.

b) Die Resultate der p-dimensionalen Varianzanalyse sind nicht auf die Resultate der p eindimensionalen Varianzanalysen zurückführbar. Es ist nicht so, daß immer die Merkmale, die beim univariaten Test am effektivsten sind, auch für den auf die Merkmalsmenge bezogenen multivariaten Test die besten Voraussetzungen bieten. Dabei kann sogar der Fall eintreten, daß Merkmale, die einzeln genommen keinerlei Signifikanzen zeigen und die daher bei der traditionellen univariaten Betrachtung meist übersehen werden, in ihrer multivariaten Verbindung eine enorme Aussagekraft erhalten.

Die mehrdimensionale Varianzanalyse stellt also gegenüber den eindimensionalen Varianzanalysen eine echte Bereicherung dar.

Darüber hinaus ist die mehrdimensionale Varianzanalyse die methodische Basis für weitere statistische Verfahren. So läßt sich in enger Anlehnung an die Berechnung der multivariaten Teststatistiken eine Bewertung des Informationsgehalts von Merkmalsmengen durchführen. Damit entsteht auch die Möglichkeit, zu entscheiden, inwieweit sich einzelne Merkmale oder bestimmte Merkmalsmengen für die adäquate Beschreibung des Verhaltens eines Systems eignen und ob gewisse Merkmale oder Merkmalsmengen redundant sind. Geht man durch eine Transformation zu einer kleineren Menge von Merkmalen möglichst hohen Informationsgehalts (Diskriminanzmerkmale) über, so erhält man eine übersichtliche Darstellung der experimentellen Zusammenhänge in einem Raum niedriger Dimension. Auch das Diskriminationsproblem, d. h. die Zuordnung von Individuen zu einer von mehreren gegebenen Klassen, steht in engem Zusammenhang mit der mehrdimensionalen Varianzanalyse. Merkmalsmengen hohen Informationsgehalts sind für die Diskrimination besonders gut geeignet.

1.3. Hinweise für das Studium dieses Buches

Die Kapitel 2. und 3. über die Matrizenrechnung bzw. die mehrdimensionale Normalverteilung und die Wishart-Verteilung kann der Leser zunächst übergehen. Sie enthalten in knapper Form die wichtigsten mathematischen

Grundlagen für die späteren Ausführungen, eignen sich aber nicht zum Neuerlernen des dort behandelten Stoffes. Der Leser kann sich auf die Definitionen und Sätze dieser Kapitel stützen, sobald sich beim Studium der mehrdimensionalen Varianzanalyse entsprechende Fragen ergeben.

Die systematische Lektüre des Buches kann entweder bei Kapitel 4. oder Kapitel 6. begonnen werden. Und zwar sollte der Leser, der vornehmlich an den mathematischen Grundprinzipien der mehrdimensionalen Varianzanalyse interessiert ist, zunächst die Kapitel 4. und 5. anschauen. In Abschnitt 4.2. wird das allgemeine lineare multivariate Hypothesenmodell eingeführt, und es werden die Probleme dargelegt, die bei der Konstruktion der multivariaten Tests auftreten. Abschnitt 4.3. gibt eine Übersicht über die wichtigsten mathematischen Eigenschaften einiger Testkriterien. Der Abschnitt 4.4. dient der Beschreibung einer Approximation der Null- und der Nichtnullverteilung der T^2-Statistik, die wir in diesem Buch bei den meisten Anwendungsbeispielen benutzen, während in Abschnitt 4.5. gezeigt wird, wie sich bei irgendeiner vorgegebenen varianzanalytischen Aufgabe der multivariate Test in einfacher Weise aus dem entsprechenden univariaten Test gewinnen läßt. Das Kapitel 5. enthält für verschiedene Anwendungsaspekte (Bestimmung des Informationsgehaltes von Merkmalsmengen, Dimensionserniedrigung, Diskrimination, Ermittlung entbehrlicher Merkmale) einige grundsätzliche mathematische Darlegungen.

Dem stärker auf die direkte Anwendung der mehrdimensionalen Varianzanalyse und Diskriminanzanalyse orientierten Leser möchten wir empfehlen, anfangs die Kapitel 6. und 7. zu betrachten. Die Autoren haben sich bei der Abfassung dieses Teils bemüht, einen auch ohne Kenntnis der mathematischen Grundlagen der Kapitel 4. und 5. verständlichen Text zu schaffen. Wer aus der univariaten Statistik die Berechnung von Schätzungen des Mittelwerts und der Streuung kennt, wer ein Vertrauensintervall für den Mittelwert einer normalverteilten Gesamtheit bestimmen kann und über die t-Tests zum Vergleich korrelierter oder unkorrelierter Messungen informiert ist, dem wird sofort die Analogie zu den entsprechenden multivariaten Betrachtungen in den Abschnitten 6.1.1. bis 6.1.4. und 6.2.1. auffallen. Neu treten in den Abschnitten 6.2.2. bis 6.2.4. die Berechnung eines multivariaten Trennmaßes, die Bestimmung der Diskriminanzfunktion, die Durchführung der Diskrimination, die Elimination entbehrlicher Merkmale sowie die Bestimmung des Diskriminationsfehlers auf.

In Kapitel 7. findet eine gründliche Auseinandersetzung mit den Fragen statt, die bei der unmittelbaren Durchführung einer einfaktoriellen mehrdimensionalen Varianzanalyse einschließlich Diskriminanzanalyse entstehen. Die multivariaten Signifikanztests der Abschnitte 7.2. und 7.3. entsprechen in ihrer Aussage den gleichartigen Tests der univariaten Varianzanalyse. Von hoher Bedeutung für die praktische Wirksamkeit der mehrdimensionalen Varianzanalyse sind auch die Abschnitte 7.4., 7.5., 7.7. und 7.8. (Informationsgehalt von Merkmalsmengen, Diskriminanzmerkmale, Diskrimination,

Elimination entbehrlicher Merkmale), und zwar insbesondere deshalb, weil die multivariaten Signifikanztests, wenn man sich nur auf sie stützen will, wegen ihres globalen Charakters und einer gewissen Unanschaulichkeit schwerer interpretierbar sind als die Tests im univariaten Fall. Ähnlich dem Vorgehen bei der Faktorenanalyse werden in Abschnitt 7.11. Methoden angegeben, die eine qualitative Beschreibung der Merkmale und Merkmalsmengen ermöglichen. Der Abschnitt 7.12. dient der Planung des Stichprobenumfangs. Hinsichtlich der rechentechnischen Fragen ist Abschnitt 7.6. und vor allem auch Abschnitt 7.9., in dem der Algorithmus zur Vergrößerung oder Verkleinerung der untersuchten Merkmalsmengen um ein Merkmal dargelegt wird, wesentlich. In Abschnitt 7.10. ist ein Grobflußbild für die Realisierung der mehrdimensionalen Varianzanalyse und der Diskriminanzanalyse angeführt. Die Autoren haben in dem gesamten Buch darauf verzichtet, neben den Gleichungen in Matrizenschreibweise spezielle Rechenregeln und Rechenschemata anzugeben. Sie sind der Ansicht, daß die Matrizengleichungen, sowohl für das allgemeine Verständnis als auch für die Herstellung von Computerprogrammen — die manuelle Rechnung dürfte kaum in Betracht kommen —, am besten geeignet sind.

In Kapitel 8. werden analog zur Methodik im univariaten Fall zweifaktorielle multivariate Varianzanalysen betrachtet. Es handelt sich hier um die Kreuzklassifikation bei gleicher Besetzung aller Fächer, ohne und mit Berücksichtigung von Wechselwirkungen. Aussagen über simultane Konfidenzgrenzen und multiple Vergleiche auf der Basis der Verteilung der größten charakteristischen Wurzel findet der Leser in Abschnitt 8.3.

In Kapitel 9. wird eine Einführung in die Theorie der Schätzung multivariater Varianzkomponenten bei Modellen mit zufälligen Effekten gegeben. Dabei werden in strenger Analogie zur univariaten Varianzanalyse die Schätzungen der multivariaten Varianzkomponenten für den Fall der einfachen Klassifikation nach der Methode der Varianzanalyse angegeben und darauf verwiesen, daß für alle vollständigen Versuchspläne mit gleicher Besetzung aus der Kenntnis des univariaten Falles stets durch den Übergang zu Matrizengleichungen die Schätzungen gewonnen werden können. Die Koeffizienten des Gleichungssystems stimmen im univariaten und multivariaten Fall überein.

Das 10. Kapitel betrifft die Skalierung von Merkmalen und gibt damit u. a. eine Antwort auf die viel diskutierte Frage, in welcher Weise qualitative Merkmale in multivariate Analysen einbezogen werden können.

Das Kapitel 11. enthält einige Ratschläge zur Anwendung der mehrdimensionalen Varianzanalyse und Diskriminanzanalyse, besonders im Hinblick darauf, daß die mathematischen Voraussetzungen in der Praxis oftmals nicht erfüllt sind.

2. Elemente der Matrizenrechnung

Die Theorie der mehrdimensionalen Varianzanalyse, mit der wir uns in diesem Buch befassen wollen, kann nur auf der Grundlage der Matrizenrechnung übersichtlich dargestellt werden. Um das Verständnis der späteren Kapitel zu erleichtern, sollen in diesem Kapitel die wichtigsten Definitionen und Sätze der Matrizenrechnung zusammengestellt werden. Beweise werden nicht angeführt; diese findet der Leser in den entsprechenden Standardwerken.

2.1. Rechteckige Matrizen

(2.1) **Def.:** Unter einer (m,n)-Matrix bzw. Matrix vom Typ (m,n) verstehen wir ein rechteckiges Schema reeller Zahlen mit m Zeilen und n Spalten der Form

$$\underset{(m,n)}{\boldsymbol{A}} = \begin{pmatrix} a_{11} & a_{12} & \cdots & a_{1n} \\ a_{21} & a_{22} & \cdots & a_{2n} \\ \cdot & \cdot & \cdot & \cdot \\ a_{m1} & a_{m2} & \cdots & a_{mn} \end{pmatrix}.$$

Abgekürzte Schreibweise: (a_{ij}).

(2.2) **Def.:** Die Matrix, die aus $\boldsymbol{A}$ durch Vertauschen der Zeilen und Spalten entsteht, heißt die transponierte Matrix von $\boldsymbol{A}$. Sie wird mit $\boldsymbol{A}'$ bezeichnet. $\boldsymbol{A}'$ ist eine (n,m)-Matrix.

(2.3) **Def.:** Eine Matrix, die nur aus einer Spalte oder einer Zeile besteht, heißt Vektor (Spalten- oder Zeilenvektor). Die Zeilenvektoren entstehen aus den Spaltenvektoren durch Transposition und umgekehrt.

(2.4) Es gilt

$$(\boldsymbol{A}')' = \boldsymbol{A}.$$

(2.5) **Def.:** Eine Matrix A kann mit einer reellen Zahl k multipliziert werden, indem jedes Element a_{ij} von A einzeln mit k multipliziert wird.

(2.6) **Def.:** Zwei Matrizen A und B des gleichen Typs werden durch Addition der jeweils entsprechenden Elemente a_{ij} und b_{ij} addiert.

(2.7) Es gilt

$$(A + B)' = A' + B'.$$

(2.8) **Def.:** Als Produkt $C = AB$ zweier Matrizen $\underset{(m,n)}{A} = (a_{ij})$ und $\underset{(n,p)}{B} = (b_{jk})$ bezeichnet man die Matrix $\underset{(m,p)}{C}$ mit den Elementen

$$c_{ik} = \sum_{j=1}^{n} a_{ij} b_{jk} \qquad (i = 1, \ldots, m;\ k = 1, \ldots, p).$$

(2.9) Die Matrizenmultiplikation ist nichtkommutativ, d. h. im allgemeinen ist $AB \neq BA$.

(2.10) Es gilt

$$(AB)' = B'A'.$$

(2.11) **Def.:** Der Rang einer Matrix A, kurz Rg (A), ist definiert als die Anzahl der linear unabhängigen Spalten von A oder, was äquivalent ist, als die Anzahl der linear unabhängigen Zeilen von A.

(2.12) Für zwei Matrizen A und B gilt

$$\begin{aligned} \operatorname{Rg}(A + B) &\leqq \operatorname{Rg}(A) + \operatorname{Rg}(B), \\ \operatorname{Rg}(A + B) &\geqq |\operatorname{Rg}(A) - \operatorname{Rg}(B)|, \\ \operatorname{Rg}(AB) &\leqq \min\big(\operatorname{Rg}(A), \operatorname{Rg}(B)\big). \end{aligned}$$

(2.13) Es gilt

$$\operatorname{Rg}(A'A) = \operatorname{Rg}(A).$$

(2.14) **Def.:** Eine Matrix, die nur aus Nullen besteht, heißt Nullmatrix. Sie wird mit $\boldsymbol{0}$ bezeichnet.

2.2. Quadratische Matrizen

(2.15) **Def.:** Stimmen die Zeilenanzahl m und die Spaltenanzahl n einer Matrix überein, so heißt die Matrix quadratisch. Die Zahl m bzw. n wird ihre Ordnung genannt.

(2.16) **Def.:** Die Summe der Hauptdiagonalelemente einer quadratischen Matrix $\boldsymbol{A}$ wird als ihre Spur bezeichnet:

$$\mathrm{Sp}\,(\boldsymbol{A}) = \sum_{i=1}^{n} a_{ii}.$$

(2.17) **Def.:** Die Determinante einer quadratischen Matrix $\boldsymbol{A}$ (eine genauere Erklärung hierzu übergehen wir) wird mit $|\boldsymbol{A}|$ bezeichnet.

(2.18) Es gilt für zwei quadratische Matrizen der gleichen Ordnung

$$\mathrm{Sp}\,(\boldsymbol{A} + \boldsymbol{B}) = \mathrm{Sp}\,(\boldsymbol{A}) + \mathrm{Sp}\,(\boldsymbol{B}),$$

$$|\boldsymbol{AB}| = |\boldsymbol{A}|\,|\boldsymbol{B}|.$$

(2.19) Ist das Matrizenprodukt $\boldsymbol{AB}$ zweier Rechteckmatrizen eine quadratische Matrix, so gilt

$$\mathrm{Sp}\,(\boldsymbol{AB}) = \mathrm{Sp}\,(\boldsymbol{BA}),$$

ist $\boldsymbol{ABC}$ eine quadratische Matrix, so gilt

$$\mathrm{Sp}\,(\boldsymbol{ABC}) = \mathrm{Sp}\,(\boldsymbol{BCA}) = \mathrm{Sp}\,(\boldsymbol{CAB}).$$

(2.20) Die größte der Ordnungen der von Null verschiedenen Unterdeterminanten einer Rechteckmatrix $\boldsymbol{A}$ stimmt mit $\mathrm{Rg}\,(\boldsymbol{A})$ überein.

(2.21) **Def.:** Die Matrix $\boldsymbol{I} = (\delta_{ij})$ mit

$$\delta_{ij} = \begin{cases} 1 \text{ für } i = j \\ 0 \text{ für } i \neq j \end{cases}$$

heißt Einheitsmatrix. Diese Matrix ist also dadurch gekennzeichnet, daß die Elemente der sogenannten Hauptdiagonale gleich 1 sind und alle anderen Elemente gleich 0.

(2.22) Es gilt für jede (m,n)-Matrix $\boldsymbol{A}$

$$\underset{(m,n)}{\boldsymbol{A}}\;\underset{(n,n)}{\boldsymbol{I}} = \boldsymbol{A},$$

$$\underset{(m,m)}{\boldsymbol{I}}\;\underset{(m,n)}{\boldsymbol{A}} = \boldsymbol{A}.$$

(2.23) **Def.:** Eine quadratische Matrix $\boldsymbol{A}$ heißt regulär, wenn sie eine inverse Matrix, d. h. eine quadratische Matrix $\boldsymbol{B}$ mit

$$\boldsymbol{AB} = \boldsymbol{I} \quad \text{und} \quad \boldsymbol{BA} = \boldsymbol{I}$$

besitzt. Andernfalls heißt $\boldsymbol{A}$ singulär.

(2.24) Die Inverse einer regulären Matrix $\boldsymbol{A}$ ist eindeutig bestimmt. Sie wird mit $\boldsymbol{A}^{-1}$ bezeichnet.

(2.25) Eine quadratische Matrix $\boldsymbol{A}$ der Ordnung n ist regulär genau dann, wenn sie den Rang n besitzt bzw. wenn $|\boldsymbol{A}| \neq 0$ gilt.

(2.26) Es gilt

$$(\boldsymbol{A}^{-1})^{-1} = \boldsymbol{A},$$

$$(\boldsymbol{A}')^{-1} = (\boldsymbol{A}^{-1})',$$

$$(\boldsymbol{AB})^{-1} = \boldsymbol{B}^{-1}\boldsymbol{A}^{-1}.$$

(2.27) Ist $\boldsymbol{B}$ eine reguläre Matrix, so gilt

$$\text{Rg}\,(\boldsymbol{AB}) = \text{Rg}\,(\boldsymbol{A}).$$

(2.28) Für eine quadratische Matrix $\boldsymbol{A}$ mit Rg $(\boldsymbol{A}) \leqq 1$ gilt

$$|\boldsymbol{I} + \boldsymbol{A}| = 1 + \text{Sp}\,(\boldsymbol{A}).$$

(2.29) Für eine reguläre (n,n)-Matrix $\boldsymbol{A}$, einen $(n,1)$-Vektor $\boldsymbol{x}$ und eine Zahl k gilt

$$\frac{|\boldsymbol{A} + k\boldsymbol{x}\boldsymbol{x}'|}{|\boldsymbol{A}|} = 1 + k\boldsymbol{x}'\boldsymbol{A}^{-1}\boldsymbol{x}.$$

(2.30) Ist $\boldsymbol{A}$ eine reguläre (n,n)-Matrix, $\boldsymbol{X}$ eine (n,p)-Matrix und k eine Zahl, so daß

$$\underset{(p,p)}{\boldsymbol{I}} + k\boldsymbol{X}'\boldsymbol{A}^{-1}\boldsymbol{X}$$

regulär ist, so gilt

$$(\boldsymbol{A} + k\boldsymbol{X}\boldsymbol{X}')^{-1} = \boldsymbol{A}^{-1} - k\boldsymbol{A}^{-1}\boldsymbol{X}(\boldsymbol{I} + k\boldsymbol{X}'\boldsymbol{A}^{-1}\boldsymbol{X})^{-1}\boldsymbol{X}'\boldsymbol{A}^{-1}.$$

(2.31) **Def.**: Eine quadratische Matrix, deren Elemente außerhalb der Hauptdiagonalen alle gleich Null sind, heißt Diagonalmatrix.

(2.32) **Def.**: Eine quadratische Matrix $\boldsymbol{C}$ mit

$$\boldsymbol{C}'\boldsymbol{C} = \boldsymbol{I}$$

heißt orthogonal.

(2.33) Für orthogonale Matrizen $\boldsymbol{C}$ gilt

$$\boldsymbol{C}' = \boldsymbol{C}^{-1}$$

und

$$|\boldsymbol{C}| = 1 \quad \text{oder} \quad |\boldsymbol{C}| = -1.$$

2.3. Symmetrische Matrizen

(2.34) **Def.:** Eine quadratische Matrix A heißt symmetrisch, wenn

$$A = A'$$

gilt.

(2.35) Der Rang einer symmetrischen Matrix A ist gleich der maximalen Ordnung der von Null verschiedenen Hauptminoren von A. Ein Hauptminor ist eine solche Unterdeterminante von A, bei der die Nummern der herausgegriffenen Spalten mit den Nummern der ausgewählten Zeilen übereinstimmen.

Eigenwertproblem $Ax = \lambda x$

(2.36) Zu einer symmetrischen Matrix A der Ordnung n kann eine orthogonale Matrix C mit

$$C'AC = \Lambda$$

gefunden werden, wobei

$$\Lambda = \begin{pmatrix} \lambda_1 & 0 & \dots & 0 \\ 0 & \lambda_2 & \dots & 0 \\ \cdot & \cdot & \cdot & \cdot \\ \cdot & \cdot & \cdot & \cdot \\ \cdot & \cdot & \cdot & \cdot \\ 0 & 0 & \dots & \lambda_n \end{pmatrix}$$

eine Diagonalmatrix reeller Zahlen ist, deren Diagonalelemente nach fallender Größe sortiert sind:

$$\lambda_1 \geqq \lambda_2 \geqq \cdots \geqq \lambda_n$$

(Hauptachsentransformation).

(2.37) Bei vorgegebener symmetrischer Matrix A ist die Matrix Λ durch die Bedingungen von (2.36) eindeutig bestimmt. Die Zahlen $\lambda_1, \dots, \lambda_n$ können auch als Lösungen der charakteristischen Gleichung

$$|A - \lambda I| = 0$$

gewonnen werden. Die linke Seite dieser Gleichung ist ein Polynom n-ten Grades in λ, das sogenannte charakteristische Polynom. Die λ_i heißen charakteristische Wurzeln von A.

(2.38) Zu jeder charakteristischen Wurzel λ_i einer symmetrischen (n,n)-Matrix A gibt es einen charakteristischen $(n,1)$-Vektor, d. h. einen Vektor x

mit

$$\boldsymbol{A}\boldsymbol{x}_i = \lambda_i \boldsymbol{x}_i \quad \text{und} \quad \boldsymbol{x}_i'\boldsymbol{x}_i = 1 \qquad (i = 1, \ldots, n).$$

Ist $\lambda_i \neq \lambda_j$, so stehen die charakteristischen Vektoren $\boldsymbol{x}_i$ und $\boldsymbol{x}_j$ zueinander orthogonal:

$$\boldsymbol{x}_i'\boldsymbol{x}_j = 0.$$

Die Aufgabe der Auflösung der Gleichung $\boldsymbol{A}\boldsymbol{x} = \lambda\boldsymbol{x}$ bei gegebenem $\boldsymbol{A}$ wird gewöhnlich als Eigenwertproblem bezeichnet.

(2.39) Bei gegebener symmetrischer Matrix $\boldsymbol{A}$ lassen sich die charakteristischen Vektoren $\boldsymbol{x}_1, \ldots, \boldsymbol{x}_n$, die zu den charakteristischen Wurzeln $\lambda_1, \ldots, \lambda_n$ gehören, so bestimmen, daß

$$\boldsymbol{x}_i'\boldsymbol{x}_j = \delta_{ij} = \begin{cases} 1 \text{ für } i = j \\ 0 \text{ für } i \neq j \end{cases}$$

gilt. Im Falle lauter unterschiedlicher charakteristischer Wurzeln λ_i sind die charakteristischen Vektoren durch die Bedingungen in (2.38) eindeutig bis auf das Vorzeichen festgelegt.

(2.40) Die Anzahl der von Null verschiedenen charakteristischen Wurzeln von $\boldsymbol{A}$ ist gleich dem Rang von $\boldsymbol{A}$.

(2.41) Für eine symmetrische Matrix $\boldsymbol{A}$ gilt

$$\operatorname{Sp}(\boldsymbol{A}) = \sum_{i=1}^{n} \lambda_i,$$

$$|\boldsymbol{A}| = \prod_{i=1}^{n} \lambda_i.$$

(2.42) Sind $\lambda_{\min}$ und $\lambda_{\max}$ die kleinste und die größte charakteristische Wurzel der symmetrischen Matrix $\boldsymbol{B}$ und ist $\boldsymbol{A}$ eine Rechteckmatrix, so gilt $\lambda_{\min} \cdot \operatorname{Sp}(\boldsymbol{A}'\boldsymbol{A}) \leqq \operatorname{Sp}(\boldsymbol{A}'\boldsymbol{B}\boldsymbol{A}) \leqq \lambda_{\max} \cdot \operatorname{Sp}(\boldsymbol{A}'\boldsymbol{A})$.

(2.43) Sind $\lambda_1, \ldots, \lambda_n$ die charakteristischen Wurzeln der symmetrischen Matrix $\boldsymbol{A}$ der Ordnung n und ist $f(x) = \sum_{i=0}^{p} a_i x^{p-i}$ ein skalares Polynom, so sind $f(\lambda_1), \ldots, f(\lambda_n)$ die charakteristischen Wurzeln der symmetrischen Matrix $f(\boldsymbol{A}) = \sum_{i=0}^{p} a_i \boldsymbol{A}^{p-i}$.

Positiv definite symmetrische Matrizen

(2.44) **Def.:** Eine symmetrische Matrix $\boldsymbol{A}$ heißt positiv definit, wenn ihre sämtlichen Hauptminoren positiv sind. Die Matrix heißt positiv semidefinit, wenn sämtliche Hauptminoren nichtnegativ sind.

(2.45) Die symmetrische Matrix $\boldsymbol{A}$ der Ordnung n ist positiv definit genau dann, wenn die sämtlichen Hauptabschnittsdeterminanten

$$D_1 = a_{11}, \quad D_2 = \begin{vmatrix} a_{11} & a_{12} \\ a_{21} & a_{22} \end{vmatrix}, \quad \ldots, \quad D_n = \begin{vmatrix} a_{11} & a_{12} & \cdots & a_{1n} \\ a_{21} & a_{22} & \cdots & a_{2n} \\ \cdots & & & \\ a_{n1} & a_{n2} & \cdots & a_{nn} \end{vmatrix}$$

positiv sind.

(2.46) Die symmetrische Matrix $\boldsymbol{A}$ ist genau dann positiv definit, wenn die quadratische Form

$$\underset{(1,n)}{\boldsymbol{x}'} \; \underset{(n,n)}{\boldsymbol{A}} \; \underset{(n,1)}{\boldsymbol{x}} = \sum_{i,j=1}^{n} a_{ij} x_i x_j$$

für alle vom Nullvektor verschiedenen Vektoren $\boldsymbol{x}$ positive Werte hat. Sie ist genau dann positiv semidefinit, wenn für alle Vektoren $\boldsymbol{x}$

$$\boldsymbol{x}'\boldsymbol{A}\boldsymbol{x} \geqq 0$$

gilt.

(2.47) Die symmetrische Matrix $\boldsymbol{A}$ ist positiv definit genau dann, wenn ihre sämtlichen charakteristischen Wurzeln λ_i positiv sind. Sie ist positiv semidefinit genau dann, wenn alle λ_i nichtnegativ sind.

(2.48) Die Summe zweier positiv semidefiniter Matrizen ist positiv semidefinit. Ist einer der Summanden sogar positiv definit, so gilt dies auch für die Summe.

(2.49) Ist $\boldsymbol{A}$ positiv definit, so gilt

$$\mathrm{Sp}\,(\boldsymbol{A}) > 0, \quad |\boldsymbol{A}| > 0,$$

ist $\boldsymbol{A}$ positiv semidefinit, so gilt

$$\mathrm{Sp}\,(\boldsymbol{A}) \geqq 0, \quad |\boldsymbol{A}| \geqq 0.$$

(2.50) Ist $\boldsymbol{A}$ positiv semidefinit, und gilt

$$\mathrm{Sp}\,(\boldsymbol{A}) = 0,$$

so ist $\boldsymbol{A}$ eine Nullmatrix.

(2.51) Sind $\boldsymbol{A}$ und $\boldsymbol{B}$ zwei positiv semidefinite (n,n)-Matrizen, so gilt

$$\mathrm{Sp}\,(\boldsymbol{AB}) \geqq 0.$$

(2.52) Ist $\boldsymbol{A}$ eine positiv definite und $\boldsymbol{B}$ eine positiv semidefinite Matrix und gilt

$$\mathrm{Sp}\,(\boldsymbol{AB}) = 0,$$

so ist $\boldsymbol{B}$ eine Nullmatrix.

(2.53) Sind $\boldsymbol{A}$ und $\boldsymbol{B}$ positiv definit und ist $\boldsymbol{A} - \boldsymbol{B}$ positiv semidefinit, so ist $\boldsymbol{B}^{-1} - \boldsymbol{A}^{-1}$ positiv semidefinit.

(2.54) Ist $\boldsymbol{B}$ eine positiv definite symmetrische Matrix und $\boldsymbol{A}$ eine Rechteckmatrix, so ist $\boldsymbol{A}'\boldsymbol{BA}$ symmetrisch und positiv semidefinit, und es gilt

$$\mathrm{Rg}\,(\boldsymbol{A}'\boldsymbol{BA}) = \mathrm{Rg}\,(\boldsymbol{A}).$$

(2.55) Zu einer positiv semidefiniten symmetrischen Matrix $\boldsymbol{A}$ gibt es eine eindeutig bestimmte Quadratwurzel, d. h. eine positiv semidefinite symmetrische Matrix $\boldsymbol{A}^{1/2}$ mit

$$\boldsymbol{A}^{1/2}\boldsymbol{A}^{1/2} = \boldsymbol{A}.$$

(2.56) Ist $\boldsymbol{A}$ symmetrisch und positiv definit und $\boldsymbol{C}$ orthogonal, so gilt

$$\mathrm{Sp}\,(\boldsymbol{AC}) \leqq \mathrm{Sp}\,(\boldsymbol{A}).$$

Das Gleichheitszeichen gilt genau dann, wenn $\boldsymbol{C}$ die Einheitsmatrix ist.

(2.57) Unter allen (n,n)-Matrizen $\boldsymbol{X}$, die Lösungen der Gleichung

$$\boldsymbol{X}'\boldsymbol{X} = \boldsymbol{A}$$

sind, wobei $\boldsymbol{A}$ eine symmetrische und positiv definite Matrix ist, hat $\boldsymbol{A}^{1/2}$ die größte Spur. Für eine Lösung $\boldsymbol{X}$ gilt

$$\mathrm{Sp}\,(\boldsymbol{X}) = \mathrm{Sp}\,(\boldsymbol{A}^{1/2})$$

dann und nur dann, wenn $\boldsymbol{X} = \boldsymbol{A}^{1/2}$ ist.

Eigenwertproblem $\boldsymbol{Ax} = \lambda\boldsymbol{Bx}$

(2.58) Zu zwei symmetrischen (n,n)-Matrizen $\boldsymbol{A}$ und $\boldsymbol{B}$, wobei $\boldsymbol{B}$ positiv definit ist, gibt es eine (n,n)-Matrix $\boldsymbol{C}$ mit

$$\boldsymbol{C}'\boldsymbol{AC} = \boldsymbol{\Lambda} \quad \text{und} \quad \boldsymbol{C}'\boldsymbol{BC} = \boldsymbol{I}.$$

Hier ist $\boldsymbol{\Lambda}$ eine Diagonalmatrix reeller Zahlen, deren Diagonalelemente $\lambda_1, \ldots, \lambda_n$ nach fallender Größe sortiert sind:

$$\lambda_1 \geqq \lambda_2 \geqq \cdots \geqq \lambda_n.$$

(2.59) Bei vorgegebenen Matrizen $\boldsymbol{A}$ und $\boldsymbol{B}$ ist die Matrix $\boldsymbol{\Lambda}$ durch die Bedingungen von (2.58) eindeutig bestimmt. Die Zahlen $\lambda_1, \ldots, \lambda_n$ können auch als Lösungen der charakteristischen Gleichung

$$|\boldsymbol{A} - \lambda \boldsymbol{B}| = 0 \quad \text{bzw.} \quad |\boldsymbol{A}\boldsymbol{B}^{-1} - \lambda \boldsymbol{I}| = 0$$

gewonnen werden. Die λ_i heißen charakteristische Wurzeln von $\boldsymbol{A}$ und $\boldsymbol{B}$.

(2.60) Zu jeder charakteristischen Wurzel λ_i zweier Matrizen $\boldsymbol{A}$ und $\boldsymbol{B}$, die die Eigenschaften von (2.58) haben, gibt es einen charakteristischen Vektor, d. h. einen Vektor $\boldsymbol{x}_i$ mit

$$\boldsymbol{A}\boldsymbol{x}_i = \lambda_i \boldsymbol{B}\boldsymbol{x}_i \quad \text{und} \quad \boldsymbol{x}_i'\boldsymbol{B}\boldsymbol{x}_i = 1 \qquad (i = 1, \ldots, n).$$

Ist $\lambda_i \neq \lambda_j$, so gilt

$$\boldsymbol{x}_i'\boldsymbol{B}\boldsymbol{x}_j = 0.$$

Die Aufgabe der Auflösung der Gleichung $\boldsymbol{A}\boldsymbol{x} = \lambda \boldsymbol{B}\boldsymbol{x}$ bei gegebenen Matrizen $\boldsymbol{A}$ und $\boldsymbol{B}$ wird gewöhnlich als Eigenwertproblem bezeichnet.

(2.61) Bei gegebenen Matrizen $\boldsymbol{A}$ und $\boldsymbol{B}$, die die Eigenschaften von (2.58) haben, lassen sich die charakteristischen Vektoren $\boldsymbol{x}_1, \ldots, \boldsymbol{x}_n$, die zu den charakteristischen Wurzeln $\lambda_1, \ldots, \lambda_n$ von $\boldsymbol{A}$ und $\boldsymbol{B}$ gehören, so bestimmen, daß

$$\boldsymbol{x}_i'\boldsymbol{B}\boldsymbol{x}_j = \delta_{ij} = \begin{cases} 1 & \text{für } i = j \\ 0 & \text{für } i \neq j \end{cases}$$

gilt. In unseren späteren statistischen Anwendungen soll immer stillschweigend angenommen werden, daß die charakteristischen Vektoren diese Orthonormierungsbedingung erfüllen. Im Falle lauter unterschiedlicher charakteristischer Wurzeln λ_i sind die charakteristischen Vektoren bereits durch die Forderungen in (2.60) eindeutig bis auf ihr Vorzeichen festgelegt.

(2.62) Unter den Voraussetzungen von (2.58) gilt

$$\operatorname{Sp}(\boldsymbol{A}\boldsymbol{B}^{-1}) = \sum_{i=1}^{n} \lambda_i,$$

$$|\boldsymbol{A}\boldsymbol{B}^{-1}| = \prod_{i=1}^{n} \lambda_i.$$

(2.63) Sind $\boldsymbol{A}$ und $\boldsymbol{B}$ symmetrisch und positiv definit, so sind alle charakteristischen Wurzeln λ_i von $\boldsymbol{A}\boldsymbol{x} = \lambda \boldsymbol{B}\boldsymbol{x}$ positiv. Ist $\boldsymbol{A}$ jedoch nur positiv semidefinit, so gilt

$$\lambda_i \geqq 0.$$

(2.64) Die Menge der von Null verschiedenen charakteristischen Wurzeln der beiden Eigenwertprobleme

$$(\boldsymbol{X}'\boldsymbol{N}\boldsymbol{X})\,\boldsymbol{x} = \lambda \boldsymbol{B}\boldsymbol{x}$$

und

$$(\boldsymbol{N}^{1/2}\boldsymbol{X}\boldsymbol{B}^{-1}\boldsymbol{X}'\boldsymbol{N}^{1/2})\,\boldsymbol{y} = \lambda \boldsymbol{y},$$

wobei $\boldsymbol{B}$ und $\boldsymbol{N}$ positiv definit sind und $\boldsymbol{X}$ beliebig ist, stimmen (einschließlich der Vielfachheiten der Wurzeln) überein. Aus den charakteristischen Vektoren $\boldsymbol{y}_i$ des zweiten Problems, die zu diesen Wurzeln gehören, können die entsprechenden charakteristischen Vektoren $\boldsymbol{x}_i$ der ersten Aufgabe mit Hilfe der Beziehung

$$\boldsymbol{x}_i = \frac{1}{\sqrt{\lambda_i}}\,\boldsymbol{B}^{-1}\boldsymbol{X}'\boldsymbol{N}^{1/2}\boldsymbol{y}_i$$

bestimmt werden.

(2.65) Die von Null verschiedenen charakteristischen Wurzeln λ_i des Eigenwertproblems

$$(\boldsymbol{X}'\boldsymbol{N}\boldsymbol{X})\boldsymbol{x} = \lambda \boldsymbol{B}\,\boldsymbol{x},$$

wobei $\boldsymbol{B}$ und $\boldsymbol{N}$ positiv definit sind und $\boldsymbol{X}$ beliebig ist, sind mit den von Null verschiedenen charakteristischen Wurzeln μ_i des Problems

$$\left(\boldsymbol{N}^{1/2}\boldsymbol{X}(\boldsymbol{B} + \boldsymbol{X}'\boldsymbol{N}\boldsymbol{X})^{-1}\boldsymbol{X}'\boldsymbol{N}^{1/2}\right)\boldsymbol{y} = \mu \boldsymbol{y}$$

durch die Beziehungen

$$\lambda_i = \frac{\mu_i}{1 - \mu_i} \quad \text{bzw.} \quad \mu_i = \frac{\lambda_i}{1 + \lambda_i}$$

verknüpft. Für die entsprechenden charakteristischen Vektoren gilt

$$\boldsymbol{x}_i = \frac{1}{\sqrt{\mu_i}}\,(\boldsymbol{B} + \boldsymbol{X}'\boldsymbol{N}\boldsymbol{X})^{-1}\boldsymbol{X}'\boldsymbol{N}^{1/2}\boldsymbol{y}_i\,.$$

(2.66) Unter den Voraussetzungen von (2.58) gilt für $i = 1, \ldots, n$

$$\lambda_i = \max \frac{\boldsymbol{x}'\boldsymbol{A}\boldsymbol{x}}{\boldsymbol{x}'\boldsymbol{B}\boldsymbol{x}},$$

wobei sich die Maximumbildung über alle Vektoren $\boldsymbol{x} \neq \boldsymbol{0}$ mit

$$\boldsymbol{x}_1'\boldsymbol{B}\boldsymbol{x} = 0,\quad \boldsymbol{x}_2'\boldsymbol{B}\boldsymbol{x} = 0,\quad \ldots,\quad \boldsymbol{x}_{i-1}'\boldsymbol{B}\boldsymbol{x} = 0$$

erstreckt. Die $\boldsymbol{x}_i$ sind hier die charakteristischen Vektoren von $\boldsymbol{A}$ und $\boldsymbol{B}$. Das Maximum wird bei genau den $\boldsymbol{x}$ angenommen, die der Gleichung $\boldsymbol{A}\boldsymbol{x} = \lambda_i \boldsymbol{B}\boldsymbol{x}$ genügen.

(2.66a) $\boldsymbol{A}$ und $\boldsymbol{B}$ seien zwei symmetrische, positiv semidefinite Matrizen der Ordnung n, und es gelte $\boldsymbol{A}\boldsymbol{x} = \boldsymbol{0}$ für alle $\boldsymbol{x}$ mit $\boldsymbol{B}\boldsymbol{x} = \boldsymbol{0}$. Weiterhin sei $\boldsymbol{C}$ eine symmetrische, positiv semidefinite Matrix der Ordnung n mit $\mathrm{Rg}(\boldsymbol{B}) + \mathrm{Rg}(\boldsymbol{C}) = n$ und $\boldsymbol{B}\boldsymbol{C} = \boldsymbol{0}$.

Dann ist $\boldsymbol{B} + \boldsymbol{C}$ regulär. Werden mit $\lambda_1, \lambda_2, \ldots, \lambda_r$ ($\lambda_1 \geqq \lambda_2 \geqq \ldots \geqq \lambda_r$) die von Null verschiedenen charakteristischen Wurzeln des Eigenwertproblems $\boldsymbol{A}\boldsymbol{x} = \lambda(\boldsymbol{B} + \boldsymbol{C})\,\boldsymbol{x}$ bezeichnet und sind $\boldsymbol{x}_1, \boldsymbol{x}_2, \ldots, \boldsymbol{x}_r$ entsprechende charakteristische Vektoren, so gilt für $i = 1, \ldots, r$

$$\lambda_i = \frac{\boldsymbol{x}_i'\boldsymbol{A}\boldsymbol{x}_i}{\boldsymbol{x}_i'\boldsymbol{B}\boldsymbol{x}_i} = \max \frac{\boldsymbol{x}'\boldsymbol{A}\boldsymbol{x}}{\boldsymbol{x}'\boldsymbol{B}\boldsymbol{x}},$$

wobei sich die Maximumbildung über alle Vektoren $\boldsymbol{x}$ mit $\boldsymbol{x}'\boldsymbol{B}\boldsymbol{x} \neq 0$ und $\boldsymbol{x}_1'\boldsymbol{B}\boldsymbol{x} = 0, \boldsymbol{x}_2'\boldsymbol{B}\boldsymbol{x} = 0, \ldots, \boldsymbol{x}_{i-1}'\boldsymbol{B}\boldsymbol{x} = 0$ erstreckt. Die charakteristischen Wurzeln und Vektoren sind nicht von der jeweils gewählten Matrix $\boldsymbol{C}$ abhängig.

(2.67) Ist $\boldsymbol{X}$ eine beliebige (n,r)-Matrix vom Rang r und erfüllen $\boldsymbol{A}$ und $\boldsymbol{B}$ die Voraussetzungen von (2.58), so gilt

$$\lambda_{i+n-r} \leqq \lambda_i^{(x)} \leqq \lambda_i \quad (i = 1, \ldots, r),$$

wobei $\lambda_1, \ldots, \lambda_n$ die charakteristischen Wurzeln von $\boldsymbol{A}\boldsymbol{x} = \lambda\boldsymbol{B}\boldsymbol{x}$ und $\lambda_1^{(x)}, \ldots, \lambda_r^{(x)}$ die charakteristischen Wurzeln von $(\boldsymbol{X}'\boldsymbol{A}\boldsymbol{X})\,\boldsymbol{x} = \lambda(\boldsymbol{X}'\boldsymbol{B}\boldsymbol{X})\,\boldsymbol{x}$ sind.

(2.68) Erfüllen sowohl $\boldsymbol{A}$, $\boldsymbol{B}$ als auch $\tilde{\boldsymbol{A}}$, $\tilde{\boldsymbol{B}}$ die Voraussetzungen von (2.58), und gilt für alle Vektoren $\boldsymbol{x} \neq \boldsymbol{0}$

$$\frac{\boldsymbol{x}'\boldsymbol{A}\boldsymbol{x}}{\boldsymbol{x}'\boldsymbol{B}\boldsymbol{x}} \leqq \frac{\boldsymbol{x}'\tilde{\boldsymbol{A}}\boldsymbol{x}}{\boldsymbol{x}'\tilde{\boldsymbol{B}}\boldsymbol{x}},$$

so folgt für die charakteristischen Wurzeln $\lambda_1, \ldots, \lambda_n$ und $\tilde{\lambda}_1, \ldots, \tilde{\lambda}_n$ der beiden entsprechenden Eigenwertprobleme

$$\lambda_i \leqq \tilde{\lambda}_i.$$

(2.69) $\boldsymbol{A}$ und $\boldsymbol{B}$ mögen die Voraussetzungen von (2.58) erfüllen. Für $r = 1, 2, \ldots, n$ gilt

$$\lambda_1 + \lambda_2 + \cdots + \lambda_r = \max \left(\mathrm{Sp}\,(\boldsymbol{X}'\boldsymbol{A}\boldsymbol{X})\,(\boldsymbol{X}'\boldsymbol{B}\boldsymbol{X})^{-1}\right),$$

wobei die Maximumbildung über alle (n,r)-Matrizen $\boldsymbol{X}$ vom Rang r erstreckt wird. Das Maximum wird genau dann erreicht, wenn die Spalten von $\boldsymbol{X}$ einen Teilraum des vollen n-dimensionalen Raumes aufspannen, der auch durch r zu $\lambda_1, \lambda_2, \ldots, \lambda_r$ gehörige charakteristische Vektoren $\boldsymbol{x}_1, \ldots, \boldsymbol{x}_r$ des Eigenwertproblems $\boldsymbol{A}\boldsymbol{x} = \lambda\boldsymbol{B}\boldsymbol{x}$ erzeugbar ist.

2.4. Idempotente Matrizen

(2.70) **Def.:** Eine symmetrische Matrix $\boldsymbol{A}$ heißt idempotent, wenn

$$\boldsymbol{A}\boldsymbol{A} = \boldsymbol{A}^2 = \boldsymbol{A}$$

gilt.

(2.71) Eine idempotente Matrix ist positiv semidefinit. Sie ist genau dann positiv definit, wenn sie eine Einheitsmatrix ist.

(2.72) Eine idempotente Matrix $\boldsymbol{A}$ besitzt als charakteristische Wurzeln nur Nullen und Einsen. Die Anzahl der charakteristischen Wurzeln vom Wert Eins ist gleich dem Rang von $\boldsymbol{A}$.

(2.73) Für eine idempotente Matrix $\boldsymbol{A}$ gilt

$$\mathrm{Sp}\,(\boldsymbol{A}) = \mathrm{Rg}\,(\boldsymbol{A}).$$

(2.74) Ist die Matrix $\boldsymbol{A}$ der Ordnung n idempotent, so auch die Matrix $\boldsymbol{I} - \boldsymbol{A}$. Für den Rang gilt

$$\mathrm{Rg}\,(\boldsymbol{I} - \boldsymbol{A}) = n - \mathrm{Rg}\,(\boldsymbol{A}).$$

(2.75) Sind die r Spalten einer Matrix $\boldsymbol{X}$ linear unabhängig, so ist die Matrix

$$\boldsymbol{X}(\boldsymbol{X}'\boldsymbol{X})^{-1}\boldsymbol{X}'$$

idempotent und hat den Rang r. Sind zusätzlich noch die s Zeilen einer (s,r)-Matrix $\boldsymbol{K}$ linear unabhängig, so ist auch die Matrix

$$\boldsymbol{X}(\boldsymbol{X}'\boldsymbol{X})^{-1}\boldsymbol{K}'[\boldsymbol{K}(\boldsymbol{X}'\boldsymbol{X})^{-1}\boldsymbol{K}']^{-1}\boldsymbol{K}(\boldsymbol{X}'\boldsymbol{X})^{-1}\boldsymbol{X}'$$

idempotent und besitzt den Rang s.

(2.76) Sind $\boldsymbol{A}$ und $\boldsymbol{B}$ idempotente Matrizen und gilt $\boldsymbol{A}\boldsymbol{B} = \boldsymbol{B}\boldsymbol{A}$, so ist auch $\boldsymbol{A}\boldsymbol{B}$ idempotent.

2.5. Matrizen von Matrizen

Bildet man Gruppierungen von Zeilen und Spalten einer Matrix, so ergibt sich eine Zerlegung der Matrix in mehrere Untermatrizen. Die Matrix ist dann auch aufzufassen als rechteckiges Schema von Untermatrizen, als Matrix von Matrizen. Die Addition und Multiplikation von Matrizen, welche in Untermatrizen zerlegt ist, können durchgeführt werden, indem die Untermatrizen formal so verknüpft werden, wie in der gewöhnlichen Matrizenrechnung die einzelnen Elemente der Matrizen.

(2.77) Besitzen die Matrizen $\boldsymbol{A}$ und $\boldsymbol{B}$ die Darstellung

$$\boldsymbol{A} = \begin{pmatrix} \boldsymbol{A}_{11} & \boldsymbol{A}_{12} \\ \boldsymbol{A}_{21} & \boldsymbol{A}_{22} \end{pmatrix}, \qquad \boldsymbol{B} = \begin{pmatrix} \boldsymbol{B}_{11} & \boldsymbol{B}_{12} \\ \boldsymbol{B}_{21} & \boldsymbol{B}_{22} \end{pmatrix},$$

wobei die $\boldsymbol{A}_{ij}$ und $\boldsymbol{B}_{ij}$ selbst wieder Matrizen sind, so gilt

$$\boldsymbol{A} + \boldsymbol{B} = \begin{pmatrix} \boldsymbol{A}_{11} + \boldsymbol{B}_{11} & \boldsymbol{A}_{12} + \boldsymbol{B}_{12} \\ \boldsymbol{A}_{21} + \boldsymbol{B}_{21} & \boldsymbol{A}_{22} + \boldsymbol{B}_{22} \end{pmatrix}$$

(die Matrizen müssen hierzu hinsichtlich des Typs so beschaffen sein, daß sämtliche Additionen ausführbar sind) und

$$\boldsymbol{AB} = \begin{pmatrix} \boldsymbol{A}_{11}\boldsymbol{B}_{11} + \boldsymbol{A}_{12}\boldsymbol{B}_{21} & \boldsymbol{A}_{11}\boldsymbol{B}_{12} + \boldsymbol{A}_{12}\boldsymbol{B}_{22} \\ \boldsymbol{A}_{21}\boldsymbol{B}_{11} + \boldsymbol{A}_{22}\boldsymbol{B}_{21} & \boldsymbol{A}_{21}\boldsymbol{B}_{12} + \boldsymbol{A}_{22}\boldsymbol{B}_{22} \end{pmatrix}$$

(die Matrizen müssen hierzu so beschaffen sein, daß alle vorkommenden Additionen und Multiplikationen ausführbar sind).

(2.78) Besitzt die quadratische und reguläre Matrix $\boldsymbol{A}$ die Zerlegung

$$\boldsymbol{A} = \begin{pmatrix} \boldsymbol{A}_{11}\boldsymbol{A}_{12} \\ \boldsymbol{A}_{21}\boldsymbol{A}_{22} \end{pmatrix},$$

wobei $\boldsymbol{A}_{11}$ und $\boldsymbol{A}_{22}$ quadratisch und darüber hinaus $\boldsymbol{A}_{22}$ und

$$\boldsymbol{A}_{11\cdot 2} = \boldsymbol{A}_{11} - \boldsymbol{A}_{12}\boldsymbol{A}_{22}^{-1}\boldsymbol{A}_{21}$$

regulär sind, so gilt für die Inverse von $\boldsymbol{A}$

$$\boldsymbol{A}^{-1} = \begin{pmatrix} \boldsymbol{A}_{11\cdot 2}^{-1} & -\boldsymbol{A}_{11\cdot 2}^{-1}\boldsymbol{A}_{12}\boldsymbol{A}_{22}^{-1} \\ -\boldsymbol{A}_{22}^{-1}\boldsymbol{A}_{21}\boldsymbol{A}_{11\cdot 2}^{-1} & \boldsymbol{A}_{22}^{-1} + \boldsymbol{A}_{22}^{-1}\boldsymbol{A}_{21}\boldsymbol{A}_{11\cdot 2}^{-1}\boldsymbol{A}_{12}\boldsymbol{A}_{22}^{-1} \end{pmatrix}.$$

(2.79) Besitzt die quadratische Matrix $\boldsymbol{A}$ die Zerlegung

$$\boldsymbol{A} = \begin{pmatrix} \boldsymbol{A}_{11}\boldsymbol{A}_{12} \\ \boldsymbol{A}_{21}\boldsymbol{A}_{22} \end{pmatrix},$$

wobei A_{11} und A_{22} quadratisch sind und A_{22} regulär ist, so gilt

$$|A| = |A_{22}|\,|A_{11} - A_{12}A_{22}^{-1}A_{21}| = |A_{22}|\,|A_{11\cdot 2}|\,.$$

(2.80) Haben die positiv definiten symmetrischen Matrizen A und B die Darstellungen

$$A = \begin{pmatrix} A_{11} A_{12} \\ A_{21} A_{22} \end{pmatrix}, \qquad B = \begin{pmatrix} B_{11} B_{12} \\ B_{21} B_{22} \end{pmatrix},$$

wobei A_{11}, A_{22}, B_{11} und B_{22} quadratisch sind, und ist $A - B$ positiv semidefinit, so ist auch $A_{11\cdot 2} - B_{11\cdot 2}$ positiv semidefinit. Hier wird

$$A_{11\cdot 2} = A_{11} - A_{12}A_{22}^{-1}A_{21}, \quad B_{11\cdot 2} = B_{11} - B_{12}B_{22}^{-1}B_{21}$$

gesetzt.

2.6. Spezielles Beispiel einer Matrixinversion

(2.81) Im Zusammenhang mit der Varianzanalyse bei einfacher Klassifikation ergibt sich

$$K_1(X_1'X_1)^{-1}K_1' = \begin{pmatrix} \frac{1}{n_1} + \frac{1}{n_J} & \frac{1}{n_J} & \cdots & \frac{1}{n_J} \\ \frac{1}{n_J} & \frac{1}{n_2} + \frac{1}{n_J} & \cdots & \frac{1}{n_J} \\ \vdots & \vdots & & \vdots \\ \frac{1}{n_J} & \frac{1}{n_J} & \cdots & \frac{1}{n_{J-1}} + \frac{1}{n_J} \end{pmatrix}.$$

Diese Matrix besitzt als inverse Matrix

$$[K_1(X_1'X_1)^{-1}K_1']^{-1} = \begin{pmatrix} n_1 - \frac{n_1^2}{n} & -\frac{n_1 n_2}{n} & \cdots & -\frac{n_1 n_{J-1}}{n} \\ -\frac{n_2 n_1}{n} & n_2 - \frac{n_2^2}{n} & \cdots & -\frac{n_2 n_{J-1}}{n} \\ & & \ddots & \\ -\frac{n_{J-1} n_1}{n} & -\frac{n_{J-1} n_2}{n} & \cdots & n_{J-1} - \frac{n_{J-1}^2}{n} \end{pmatrix},$$

wobei $n = \sum_{j=1}^{J} n_j$ gesetzt ist.

3. Grundkenntnisse über die mehrdimensionale Normalverteilung und die Wishart-Verteilung

Die Theorie der mehrdimensionalen Varianzanalyse basiert auf bestimmten Gesetzmäßigkeiten der mehrdimensionalen Normalverteilung und der von ihnen abgeleiteten Verteilungen. Als Vorbereitung auf die folgenden Kapitel sollen hier die wichtigsten Fakten über diese Verteilungen ohne Beweise angeführt werden. Speziellere Informationen findet der Leser in den entsprechenden Standardwerken, wie z. B. in ANDERSONS „Introduction to multivariate analysis“ (1958).

3.1. Ein- und mehrdimensionale Normalverteilung

(3.1) **Def.:** Eine (eindimensionale bzw. skalare) Zufallsgröße y ist normalverteilt, wenn für ihre Wahrscheinlichkeitsdichte

$$f(y) = \frac{1}{\sqrt{2\pi}\,\sigma} e^{-\frac{(y-\mu)^2}{2\sigma^2}}$$

gilt. μ und σ^2 sind die Parameter dieser Normalverteilung, die wir mit $N(\mu,\sigma^2)$ bezeichnen werden ($\sigma > 0$).

(3.2) Es kann gezeigt werden, daß die Parameter μ und σ^2 mit dem Erwartungswert und der Streuung (Varianz) der normalverteilten Zufallsgröße übereinstimmen:

$$E(y) = \mu, \quad \mathrm{Var}\,(y) = \sigma^2.$$

σ ist die sog. Standardabweichung von y.

(3.3) **Def.:** Die p-dimensionale (vektorielle) Zufallsgröße $\boldsymbol{y}' = (y_1\, y_2 \ldots y_p)$ heißt normalverteilt, wenn sie die Wahrscheinlichkeitsdichte

$$f(y_1, \ldots, y_p) = \frac{1}{\sqrt{(2\pi)^p}\,\sqrt{|\boldsymbol{\Sigma}|}} e^{-\frac{1}{2}(\boldsymbol{y}-\boldsymbol{\mu})'\boldsymbol{\Sigma}^{-1}(\boldsymbol{y}-\boldsymbol{\mu})}$$

besitzt. Der $(p,1)$-Vektor $\boldsymbol{\mu}$ und die (p,p)-Matrix $\boldsymbol{\Sigma}$ sind die Parameter dieser Verteilung, die wir mit $N(\boldsymbol{\mu},\boldsymbol{\Sigma})$ bezeichnen wollen. Hierbei wird $\boldsymbol{\Sigma}$ immer als eine positiv definite symmetrische Matrix angenommen. In den späteren Anwendungen entsprechen die Komponenten $y_1, \ldots, y_p$ den p Merkmalen, die an den einzelnen Individuen gemessen werden.

(3.4) Es zeigt sich, daß die Parameter $\boldsymbol{\mu}$ und $\boldsymbol{\Sigma}$ mit dem Erwartungswertvektor und der Kovarianzmatrix der vektoriellen Zufallsgröße übereinstimmen:

$$E(\boldsymbol{y}) = \boldsymbol{\mu}, \quad \mathrm{Cov}(\boldsymbol{y},\boldsymbol{y}') = \boldsymbol{\Sigma}.$$

Die Größen

$$\rho_{hi} = \frac{\sigma_{hi}}{\sqrt{\sigma_{hh}}\sqrt{\sigma_{ii}}} \qquad (h,i = 1, \ldots, p)$$

sind die Korrelationskoeffizienten zweier Merkmale y_h und y_i.

(3.5) Aus der Dichtefunktion in (3.3) erkennt man, daß die Punkte $\boldsymbol{y}$ gleicher Dichte auf einem Ellipsoid im p-dimensionalen Raum, welches einer Gleichung

$$(\boldsymbol{y} - \boldsymbol{\mu})' \boldsymbol{\Sigma}^{-1}(\boldsymbol{y} - \boldsymbol{\mu}) = c^2$$

genügt, liegen. Das Ellipsoid heißt Konzentrationsellipsoid. Es ist die Verallgemeinerung der Grenzen $\mu - c\sigma$ und $\mu + c\sigma$ des Streubereichs einer eindimensionalen normalverteilten Zufallsgröße.

(3.6) Ist $\boldsymbol{y}$ nach $N(\boldsymbol{\mu},\boldsymbol{\Sigma})$ verteilt und ist $\boldsymbol{U}$ eine (p,u)-Matrix vom Rang u, so hat die u-dimensionale Zufallsgröße

$$\boldsymbol{z} = \boldsymbol{U}'\boldsymbol{y}$$

die Normalverteilung $N(\boldsymbol{U}'\boldsymbol{\mu}, \boldsymbol{U}'\boldsymbol{\Sigma}\boldsymbol{U})$.

(3.7) Hat eine p-dimensionale Zufallsgröße $\boldsymbol{y}$ die Eigenschaft, daß die skalare Zufallsgröße $z = \boldsymbol{u}'\boldsymbol{y}$ für jeden festen Nichtnullvektor $\boldsymbol{u}$ nach $N(\boldsymbol{u}'\boldsymbol{\mu}, \boldsymbol{u}'\boldsymbol{\Sigma}\boldsymbol{u})$ verteilt ist, wobei $\boldsymbol{\mu}$ ein $(p,1)$-Vektor und $\boldsymbol{\Sigma}$ eine positiv definite symmetrische (p,p)-Matrix ist, so besitzt $\boldsymbol{y}$ die Verteilung $N(\boldsymbol{\mu},\boldsymbol{\Sigma})$.

3.2. χ^2-Verteilung und F-Verteilung

(3.8) **Def.:** Die χ^2-Verteilung mit m Freiheitsgraden ist die Verteilung der Größe

$$x = y_1^2 + y_2^2 + \ldots + y_m^2,$$

wobei $y_1, y_2, \ldots, y_m$ voneinander unabhängige skalare Zufallsgrößen sind, die jeweils die Verteilung $N(0,1)$ besitzen. Die definierte Verteilung wird mit χ_m^2 bezeichnet.

(3.9) Die Verteilung χ_m^2 besitzt die Wahrscheinlichkeitsdichte

$$f(x) = \begin{cases} \dfrac{1}{2^{m/2}\Gamma\left(\frac{m}{2}\right)} x^{(m-2)/2} \cdot e^{-x/2} & \text{für } x > 0 \\ 0 & \text{für } x \leqq 0. \end{cases}$$

(3.10) Für eine Zufallsgröße x, die nach χ_m^2 verteilt ist, gilt

$$E(x) = m, \quad \text{Var}(x) = 2m.$$

(3.11) Ist die n-dimensionale Zufallsgröße $\boldsymbol{y}$ nach $N(\boldsymbol{0},\boldsymbol{\Sigma})$ verteilt, so hat die quadratische Form $\boldsymbol{y}'\boldsymbol{\Sigma}^{-1}\boldsymbol{y}$ die Verteilung χ_n^2.

(3.12) Die n-dimensionale Zufallsgröße $\boldsymbol{y}$ sei nach $N(\boldsymbol{0},\boldsymbol{I})$ verteilt, wobei $\boldsymbol{I}$ die Einheitsmatrix bedeutet. Unter dieser Voraussetzung ist $\boldsymbol{y}'\boldsymbol{A}\boldsymbol{y}$ genau dann χ^2-verteilt mit m Freiheitsgraden, wenn $\boldsymbol{A}$ idempotent ist und den Rang m hat.

(3.13) Die n-dimensionale Zufallsgröße $\boldsymbol{y}$ sei nach $N(\boldsymbol{0},\boldsymbol{I})$ verteilt. $\boldsymbol{A}$ und $\boldsymbol{B}$ seien zwei idempotente (n,n)-Matrizen. Dann ist die Bedingung $\boldsymbol{AB} = \boldsymbol{0}$ notwendig und hinreichend dafür, daß $\boldsymbol{y}'\boldsymbol{A}\boldsymbol{y}$ und $\boldsymbol{y}'\boldsymbol{B}\boldsymbol{y}$ voneinander stochastisch unabhängig sind.

(3.14) Ist x_1 nach $\chi^2_{m_1}$, x_2 nach $\chi^2_{m_2}$ verteilt und besteht stochastische Unabhängigkeit zwischen x_1 und x_2, so ist $x_1 + x_2$ nach $\chi^2_{m_1+m_2}$ verteilt.

(3.15) Die n-dimensionale Zufallsgröße $\boldsymbol{y}$ sei nach $N(\boldsymbol{0},\boldsymbol{\Sigma})$ verteilt. $\boldsymbol{A}_1$, $\boldsymbol{A}_2$ und $\boldsymbol{A}$ seien drei symmetrische (n,n)-Matrizen. Sind die quadratischen Formen $\boldsymbol{y}'\boldsymbol{A}_1\boldsymbol{y}$ und $\boldsymbol{y}'\boldsymbol{A}\boldsymbol{y}$ χ^2-verteilt mit m_1 bzw. m Freiheitsgraden, ist $\boldsymbol{A}_2$ positiv semidefinit und gilt

$$\boldsymbol{A}_1 + \boldsymbol{A}_2 = \boldsymbol{A},$$

so ergibt sich, daß $\boldsymbol{y}'\boldsymbol{A}_2\boldsymbol{y}$ eine χ^2-Verteilung mit $m_2 = m - m_1$ Freiheitsgraden hat und nicht von $\boldsymbol{y}'\boldsymbol{A}_1\boldsymbol{y}$ stochastisch abhängt.

(3.16) **Def.:** Die F-Verteilung mit den Freiheitsgraden m_1 und m_2 ist definiert als die Verteilung des Quotienten

$$\frac{\dfrac{1}{m_1} x_1}{\dfrac{1}{m_2} x_2} = \frac{m_2 x_1}{m_1 x_2},$$

wobei x_1 nach $\chi^2_{m_1}$, x_2 nach $\chi^2_{m_2}$ verteilt ist und stochastische Unabhängigkeit zwischen x_1 und x_2 besteht.

(3.17) Die n-dimensionale Zufallsgröße $\boldsymbol{y}$ sei nach $N(\boldsymbol{0},\boldsymbol{I})$ verteilt. $\boldsymbol{A}$ und $\boldsymbol{B}$ seien zwei idempotente (n,n)-Matrizen vom Rang m_1 bzw. m_2 mit $\boldsymbol{AB} = \boldsymbol{0}$. Dann hat

$$\frac{\frac{1}{m_1}\boldsymbol{y}'\boldsymbol{A}\boldsymbol{y}}{\frac{1}{m_2}\boldsymbol{y}'\boldsymbol{B}\boldsymbol{y}} = \frac{m_2}{m_1}\frac{\boldsymbol{y}'\boldsymbol{A}\boldsymbol{y}}{\boldsymbol{y}'\boldsymbol{B}\boldsymbol{y}}$$

die Verteilung F_{m_1,m_2}.

3.3. Wishart-Verteilung

(3.18) **Def.:** Die WISHART-Verteilung $W(\boldsymbol{\Sigma},m)$ wird definiert als die mehrdimensionale Verteilung der (p,p)-Matrix

$$\boldsymbol{X} = \boldsymbol{y}_1\boldsymbol{y}_1' + \boldsymbol{y}_2\boldsymbol{y}_2' + \dots + \boldsymbol{y}_m\boldsymbol{y}_m',$$

wobei $\boldsymbol{y}_1,\boldsymbol{y}_2,\dots,\boldsymbol{y}_m$ voneinander unabhängige p-dimensionale Zufallsgrößen sind, die jeweils die Verteilung $N(\boldsymbol{0},\boldsymbol{\Sigma})$ besitzen. $\boldsymbol{\Sigma}$ muß hier eine positiv definite symmetrische (p,p)-Matrix sein. Die WISHART-Verteilung ist also eine Verallgemeinerung der χ^2-Verteilung. m heißt Freiheitsgrad der WISHART-Verteilung.

(3.19) Im Falle $m \geqq p$ hat die WISHART-Verteilung $W(\boldsymbol{\Sigma},m)$ die Wahrscheinlichkeitsdichte

$$w(\boldsymbol{X};\boldsymbol{\Sigma},m) = \begin{cases} \dfrac{|\boldsymbol{X}|^{\frac{m-p-1}{2}}\, e^{-\frac{1}{2}\mathrm{Sp}(\boldsymbol{X}\boldsymbol{\Sigma}^{-1})}}{2^{\frac{mp}{2}}\,\pi^{\frac{p(p-1)}{4}}\,|\boldsymbol{\Sigma}|^{\frac{m}{2}}\prod\limits_{i=1}^{p}\Gamma\left(\dfrac{m+1-i}{2}\right)}, & \text{falls } \boldsymbol{X} \text{ positiv definit ist} \\ 0, & \text{falls } \boldsymbol{X} \text{ nicht positiv definit ist.} \end{cases}$$

(3.20) Die mathematische Erwartung einer nach $W(\boldsymbol{\Sigma},m)$ verteilten zufälligen Größe $\boldsymbol{X}$ ist

$$E(\boldsymbol{X}) = m\boldsymbol{\Sigma}.$$

(3.21) $\boldsymbol{Y}$ sei eine zufällige (p,n)-Matrix. Ihre Spalten seien voneinander unabhängig, jede einzelne Spalte besitze die Verteilung $N(\boldsymbol{0},\boldsymbol{\Sigma})$. Unter dieser Voraussetzung hat die verallgemeinerte quadratische Form $\boldsymbol{YAY}'$ genau dann die WISHART-Verteilung $W(\boldsymbol{\Sigma}, m)$, wenn $\boldsymbol{A}$ idempotent mit dem Rang m ist.

(3.22) $\boldsymbol{Y}$ sei eine zufällige (p,n)-Matrix. Ihre n Spalten seien voneinander unabhängig, jede einzelne Spalte besitze die Verteilung $N(\boldsymbol{0},\boldsymbol{\Sigma})$. $\boldsymbol{A}$ und $\boldsymbol{B}$ seien zwei idempotente (n,n)-Matrizen. Dann ist die Bedingung $\boldsymbol{AB} = \boldsymbol{0}$ notwendig und hinreichend dafür, daß die WISHART-verteilten verallgemeinerten quadratischen Formen $\boldsymbol{YAY'}$ und $\boldsymbol{YBY'}$ voneinander stochastisch unabhängig sind.

(3.23) $\boldsymbol{Y}$ sei eine zufällige (p,n)-Matrix. Ihre Spalten seien voneinander unabhängig, jede einzelne Spalte besitze die Verteilung $N(\boldsymbol{0},\boldsymbol{\Sigma})$. $\boldsymbol{A}$ sei eine symmetrische (n,n)-Matrix. Unter diesen Bedingungen ist die verallgemeinerte quadratische Form $\boldsymbol{YAY'}$ nach $W(\boldsymbol{\Sigma},m)$ verteilt, wenn nur für einen einzigen p-dimensionalen Nichtnullvektor $\boldsymbol{u}$ die gewöhnliche quadratische Form $\boldsymbol{u'YAY'u}$ nach $\boldsymbol{u'\Sigma u}\cdot\chi_m^2$ verteilt ist. Dieser Satz kann dazu dienen, die Untersuchung der WISHART-Verteilung auf die Untersuchung der χ^2-Verteilung zurückzuführen.

(3.24) $\boldsymbol{X}_1$ und $\boldsymbol{X}_2$ seien zwei zufällige (p,p)-Matrizen. Ist $\boldsymbol{X}_1$ nach $W(\boldsymbol{\Sigma},m_1)$ und $\boldsymbol{X}_2$ nach $W(\boldsymbol{\Sigma},m_2)$ verteilt und besteht stochastische Unabhängigkeit zwischen $\boldsymbol{X}_1$ und $\boldsymbol{X}_2$, so besitzt $\boldsymbol{X}_1 + \boldsymbol{X}_2$ die Verteilung $W(\boldsymbol{\Sigma},m_1 + m_2)$.

(3.25) Ist die zufällige (p,p)-Matrix $\boldsymbol{X}$ nach $W(\boldsymbol{\Sigma},m)$ verteilt und ist $\boldsymbol{U}$ eine (p,u)-Matrix vom Rang u, so hat $\boldsymbol{U'XU}$ die Verteilung $W(\boldsymbol{U'\Sigma U},m)$.

(3.26) Die Matrix $\boldsymbol{X}$ sei nach $W(\boldsymbol{\Sigma},m)$ verteilt. Sind sowohl $\boldsymbol{X}$ als auch $\boldsymbol{\Sigma}$ in Blockmatrizen unterteilt,

$$\boldsymbol{X} = \begin{pmatrix}\boldsymbol{X}_{11} & \boldsymbol{X}_{12}\\ \boldsymbol{X}_{21} & \boldsymbol{X}_{22}\end{pmatrix}, \qquad \boldsymbol{\Sigma} = \begin{pmatrix}\boldsymbol{\Sigma}_{11} & \boldsymbol{\Sigma}_{12}\\ \boldsymbol{\Sigma}_{21} & \boldsymbol{\Sigma}_{22}\end{pmatrix},$$

wobei $\boldsymbol{X}_{11}$ und $\boldsymbol{\Sigma}_{11}$ quadratische Matrizen der Ordnung p_1, $\boldsymbol{X}_{22}$ und $\boldsymbol{\Sigma}_{22}$ quadratische Matrizen der Ordnung p_2 sind, so hat, falls $m \geqq p_1$ gilt,

$$\boldsymbol{X}_{22.1} = \boldsymbol{X}_{22} - \boldsymbol{X}_{21}\boldsymbol{X}_{11}^{-1}\boldsymbol{X}_{12}$$

die Verteilung $W(\boldsymbol{\Sigma}_{22.1},m - p_1)$ mit

$$\boldsymbol{\Sigma}_{22.1} = \boldsymbol{\Sigma}_{22} - \boldsymbol{\Sigma}_{21}\boldsymbol{\Sigma}_{11}^{-1}\boldsymbol{\Sigma}_{12}.$$

(3.27) **Def.:** Die nichtzentrale WISHART-Verteilung $W(\boldsymbol{\Sigma},m,\mathbf{M})$ wird definiert als die Verteilung der (p,p)-Matrix

$$\boldsymbol{X} = \boldsymbol{y}_1\boldsymbol{y}_1' + \boldsymbol{y}_2\boldsymbol{y}_2' + \cdots + \boldsymbol{y}_m\boldsymbol{y}_m',$$

wobei $\boldsymbol{y}_i$ nach $N(\boldsymbol{\mu}_i,\boldsymbol{\Sigma})$ verteilt ist $(i = 1,\ldots,m)$, sämtliche $\boldsymbol{y}_i$ voneinander stochastisch unabhängig sind und

$$\underset{(p,m)}{\mathbf{M}} = (\boldsymbol{\mu}_1\ \boldsymbol{\mu}_2\ \ldots\ \boldsymbol{\mu}_m)$$

gilt.

(3.28) Es sei $\underset{(p,p)}{\boldsymbol{H}}$ nach $W(\boldsymbol{\Sigma},s,\mathbf{M})$, $\underset{(p,p)}{\boldsymbol{G}}$ nach $W(\boldsymbol{\Sigma},n-r)$ verteilt, und beide Matrizen seien stochastisch unabhängig ($n \geqq r+p$). Die Matrizen $\boldsymbol{H}$, $\boldsymbol{G}$, $\boldsymbol{\Sigma}$ und $\boldsymbol{\Theta} = \boldsymbol{\Sigma}^{-1}$ seien analog zu (3.26) in Blockmatrizen unterteilt, und es gelte

$$\mathbf{M}'\begin{pmatrix}\boldsymbol{\Theta}_{12}\\ \boldsymbol{\Theta}_{22}\end{pmatrix} = \boldsymbol{0}.$$

Dann hat die Matrix

$$\boldsymbol{G}_{22.1} = \boldsymbol{G}_{22} - \boldsymbol{G}_{21}\boldsymbol{G}_{11}^{-1}\boldsymbol{G}_{12}$$

die zentrale WISHART-Verteilung $W(\boldsymbol{\Sigma}_{22.1},n-r-p_1)$, die Matrix

$$[(\boldsymbol{G}_{22}+\boldsymbol{H}_{22})-(\boldsymbol{G}_{21}+\boldsymbol{H}_{21})(\boldsymbol{G}_{11}+\boldsymbol{H}_{11})^{-1}(\boldsymbol{G}_{12}+\boldsymbol{H}_{12})]-\boldsymbol{G}_{22.1}$$

die zentrale WISHART-Verteilung $W(\boldsymbol{\Sigma}_{22.1},s)$, und diese beiden zufälligen Matrizen sind voneinander stochastisch unabhängig. Hierbei ist

$$\boldsymbol{\Sigma}_{22.1} = \boldsymbol{\Sigma}_{22} - \boldsymbol{\Sigma}_{21}\boldsymbol{\Sigma}_{11}^{-1}\boldsymbol{\Sigma}_{12}$$

gesetzt.

3.4. Ein Satz über den Rang zufälliger Matrizen

(3.29) Ist $\boldsymbol{A}$ eine symmetrische (n,n)-Matrix vom Rang r und $\boldsymbol{Y}$ eine zufällige (p,n)-Matrix, die gemäß einer pn-dimensionalen Normalverteilung mit regulärer Kovarianzmatrix verteilt ist, so gilt mit Wahrscheinlichkeit 1

$$\operatorname{Rg}(\boldsymbol{YAY}') = \min(r,p).$$

4. Das lineare Hypothesenmodell der multivariaten Varianzanalyse

Wir referieren kurz den Sachverhalt beim Prüfen der allgemeinen linearen Hypothese für den univariaten Fall der Varianzanalyse, was uns zum bekannten F-Test führt, um darauf aufbauend den Übergang zum multivariaten Fall zu vollziehen. Der Leser, der mit der univariaten Varianzanalyse vertraut ist, wird sowohl die Analogien zum multivariaten Fall erkennen, als auch die neuen Aspekte, die man für die multivariate Varianzanalyse zu beachten hat.

4.1. Der univariate Fall

Wir wollen von n Meßwerten $y_j (j = 1, \ldots, n)$, die einer varianzanalytischen Auswertung unterworfen werden sollen, ausgehen. Jeder der einzelnen Meßwerte y_j soll einer normalverteilten Grundgesamtheit $N(\mu_j, \sigma_j^2)$ entstammen, und die einzelnen Messungen sollen voneinander unabhängig sein.

Für den Spaltenvektor $\boldsymbol{\mu}$, der als Komponenten die sämtlichen μ_j enthält, wird die Gültigkeit eines linearen Ansatzes

$$\underset{(n,1)}{\boldsymbol{\mu}} = \underset{(n,m)}{\boldsymbol{X}} \; \underset{(m,1)}{\boldsymbol{\beta}} \tag{4.1}$$

vorausgesetzt. Dabei sollen die Elemente von $\boldsymbol{\beta}$ unbekannte Parameter, dagegen die Elemente von $\boldsymbol{X}$ bekannte Zahlen sein. Die Matrix $\boldsymbol{X}$ heißt Versuchsplan- oder Anlagenmatrix; sie ist durch das jeweilige Experiment bestimmt. Weiterhin wollen wir annehmen, daß alle normalverteilten Gesamtheiten die gleiche Varianz besitzen, d. h. daß $\sigma_j^2 = \sigma^2$ für alle j gilt. Um eine Varianzanalyse durchführen zu können, werden wir fordern, daß der Rang r der Versuchsplanmatrix $\boldsymbol{X}$ von 0 verschieden ist und die Anzahl n der Beobachtungswerte größer als r ist:

$$r \geqq 1, \quad n \geqq r + 1 . \tag{4.2}$$

Faßt man die Meßwerte y_j zu einem Spaltenvektor $\boldsymbol{y}$ zusammen, so ist $\boldsymbol{y}$ nach den o. g. Voraussetzungen eine Realisierung der n- dimensionalen normalverteilten Gesamtheit $N(\boldsymbol{X\beta},\sigma^2\boldsymbol{I})$, wobei $\boldsymbol{I}$ die Einheitsmatrix ist, bzw. es gilt die Modellgleichung

$$\underset{(n,1)}{\boldsymbol{y}} = \underset{(n,m)}{\boldsymbol{X}}\ \underset{(m,1)}{\boldsymbol{\beta}} + \underset{(n,1)}{\boldsymbol{\epsilon}}. \tag{4.3}$$

Hier repräsentiert der Vektor $\boldsymbol{\epsilon}$ die zufälligen Schwankungen der Meßwerte.

Das Ziel einer Varianzanalyse besteht darin, Schätzungen für die unbekannten Parameter zu gewinnen und bestimmte Hypothesen zu überprüfen. Eine Hypothese wollen wir in der Form

$$H_0\colon \underset{(s,m)}{\boldsymbol{K}}\ \underset{(m,1)}{\boldsymbol{\beta}} = \underset{(s,1)}{\boldsymbol{0}} \tag{4.4}$$

und ihre Alternative in der Form

$$H_1\colon \boldsymbol{K\beta} \neq \boldsymbol{0}$$

annehmen, wobei $\boldsymbol{K}$ eine Matrix gegebener Konstanten mit positivem Rang sein soll, von der wir o. B. d. A. voraussetzen, daß die Anzahl ihrer Zeilen mit dem Rang übereinstimme:

$$\operatorname{Rg}(\boldsymbol{K}) = s \geqq 1\,.$$

Damit ist das lineare Hypothesenmodell für den univariaten Fall dargelegt.

Die Hypothese $H_0: \boldsymbol{K\beta} = \boldsymbol{0}$ wird mit der bekannten F-Teststatistik nachgeprüft. Man erhält sie, wenn man als Konstruktionsprinzip zur Aufstellung des Tests das Likelihood-Quotientenverfahren (siehe auch Ahrens (1968)) benutzt. Im folgenden wollen wir die F-Statistik formelmäßig angeben.

Typisch für die varianzanalytischen Modelle ist im Gegensatz zu den Regressionsmodellen, daß die einzelnen Spalten der Versuchsplanmatrix $\boldsymbol{X}$ vielfach nicht voneinander linear unabhängig sind. Dadurch wird die Aufstellung der Teststatistik etwas erschwert.

Es ist möglich, r linear unabhängige Spalten in $\boldsymbol{X}$ zu finden. Durch Umordnung der Spalten kann erreicht werden, daß die ersten r Spaltenvektoren linear unabhängig sind. Eine entsprechende Umordnung ist auch in $\boldsymbol{\beta}$ und $\boldsymbol{K}$ durchzuführen. Nach dieser Vorbereitung spalten wir die Matrix $\boldsymbol{X}$ in zwei Teilmatrizen $\boldsymbol{X}_1$ und $\boldsymbol{X}_2$ auf:

$$\underset{(n,m)}{\boldsymbol{X}} = (\underset{(n,r)}{\boldsymbol{X}_1} \ \vdots\ \underset{(n,m-r)}{\boldsymbol{X}_2}). \tag{4.5}$$

Der Aufspaltung von $\boldsymbol{X}$ entspricht auch eine Unterteilung von $\boldsymbol{K}$:

$$\underset{(s,m)}{\boldsymbol{K}} = (\underset{(s,r)}{\boldsymbol{K}_1} \ \vdots\ \underset{(s,m-r)}{\boldsymbol{K}_2}). \tag{4.6}$$

Als Teststatistik ergibt sich dann

$$F = \frac{\frac{1}{s}\, y'X_1(X_1'X_1)^{-1}K_1'[K_1(X_1'X_1)^{-1}K_1']^{-1}K_1(X_1'X_1)^{-1}X_1'y}{\frac{1}{n-r}\, y'[I - X_1(X_1'X_1)^{-1}X_1']y}. \tag{4.7}$$

Dieser Ausdruck ist in einem konkreten Anwendungsfall berechenbar, denn in ihn gehen neben den vorgegebenen Meßwerten nur die Matrizen X_1 und K_1 ein, die durch den jeweiligen Versuchsplan und die zu prüfende Hypothese festgelegt sind. Der Quotient ist bei Gültigkeit der Hypothese H_0 F-verteilt mit $f_1 = s$ und $f_2 = n - r$ Freiheitsgraden. Die Hypothese wird bei Vorgabe einer Irrtumswahrscheinlichkeit α verworfen, wenn

$$F > F_{s,n-r;\alpha} \tag{4.8}$$

gilt, andernfalls wird sie angenommen. Eine Ableitung von Gleichung (4.7) findet der Leser u. a. bei S. N. Roy (1957).

Wir müssen noch bemerken, daß im Fall $r < m$ nicht jede aufgestellte Hypothese H_0 wirklich testbar ist. Eine Hypothese ist testbar, wenn sie die Bedingung

$$K_2 = K_1(X_1'X_1)^{-1}X_1'X_2 \tag{4.9}$$

erfüllt. Nur bei Gültigkeit dieser Gleichung darf der angegebene F-Quotient (4.7) benutzt werden.

Zur Abkürzung wollen wir

$$\underset{(n,n)}{Q_H} = X_1(X_1'X_1)^{-1}K_1'[K_1(X_1'X_1)^{-1}K_1']^{-1}K_1(X_1'X_1)^{-1}X_1' \tag{4.10}$$

und

$$\underset{(n,n)}{Q_G} = I - X_1(X_1'X_1)^{-1}X_1' \tag{4.11}$$

setzen. Dann erhält der F-Quotient die Form

$$F = \frac{\frac{1}{s}\, y'Q_Hy}{\frac{1}{n-r}\, y'Q_Gy} = \frac{(n-r)\, y'Q_Hy}{s y'Q_Gy}. \tag{4.12}$$

Man kann zeigen, daß Q_G und Q_H durch die Versuchsplanmatrix X und die Hypothesenmatrix K eindeutig bestimmt sind, daß sie insbesondere nicht von einer willkürlich in X gewählten „Basismatrix" X_1 abhängen.

Auf Grund von (4.3) ist die quadratische Form $y'Q_Gy$ im Nenner des F-Quotienten $\sigma^2\chi^2_{n-r}$-verteilt. Bei Gültigkeit der Nullhypothese (4.4) zusätzlich zu

(4.3) folgt die quadratische Form im Zähler einer $\sigma^2\chi_s^2$-Verteilung, wobei Zähler und Nenner voneinander stochastisch unabhängig sind.

Bei der Analyse der bekannten Versuchspläne der Varianzanalyse (k-fache Klassifikation, hierarchische Klassifikation usw.), bei denen es um Nullhypothesen geht, die ganze Gruppen von Haupt- und Wechselwirkungseffekten betreffen, ergeben die quadratischen Formen im Zähler und Nenner von (4.12) die bekannten Quadratsummen aus den entsprechenden Tabellen der Varianzanalyse.

Das Problem der Schätzung der unbekannten Parameter β_k bzw. gewisser Linearkombinationen $\gamma_h = \sum_{k=1}^{m} c_{hk}\beta_k$ hängt eng mit der Frage der Hypothesenprüfung zusammen. Wir wollen von der Aufgabe ausgehen, daß der Vektor

$$\underset{(l,1)}{\boldsymbol{\gamma}} = \underset{(l,m)}{\boldsymbol{C}}\ \underset{(m,1)}{\boldsymbol{\beta}} \tag{4.13}$$

geschätzt werden soll. Ebenso, wie nicht jede willkürlich aufgestellte Hypothese (4.4) testbar ist, kann nicht jeder beliebige Vektor $\boldsymbol{\gamma}$ geschätzt werden. Voraussetzung für Schätzbarkeit ist, daß die gegebene Matrix $\boldsymbol{C}$, welche analog zu $\boldsymbol{K}$ in zwei Teilmatrizen $\boldsymbol{C}_1$ und $\boldsymbol{C}_2$ aufgespalten werden kann,

$$\underset{(l,m)}{\boldsymbol{C}} = (\underset{(l,r)}{\boldsymbol{C}_1} \ \vdots\ \underset{(l,m-r)}{\boldsymbol{C}_2}),$$

die sog. Schätzbarkeitsbedingung

$$\boldsymbol{C}_2 = \boldsymbol{C}_1(\boldsymbol{X}_1'\boldsymbol{X}_1)^{-1}\boldsymbol{X}_1'\boldsymbol{X}_2 \tag{4.14}$$

erfüllt. Falls diese Bedingung gilt, ist

$$\hat{\boldsymbol{\gamma}} = \boldsymbol{C}_1(\boldsymbol{X}_1'\boldsymbol{X}_1)^{-1}\boldsymbol{X}_1'\boldsymbol{y} \tag{4.15}$$

die gesuchte Schätzung für $\boldsymbol{\gamma}$. Unter allen linearen Schätzungen für $\boldsymbol{\gamma}$ besitzt $\hat{\boldsymbol{\gamma}}$ die kleinste Varianz. Außerdem ist diese Schätzung erwartungstreu.

Unter Benutzung von Parameterschätzungen kann der F-Test in eine andere Gestalt gebracht werden. Der Mittelwertsvektor $\boldsymbol{\mu} = \boldsymbol{X\beta}$ (siehe Gleichung (4.1)) besitzt die Schätzung

$$\hat{\boldsymbol{\mu}} = \boldsymbol{X}_1(\boldsymbol{X}_1'\boldsymbol{X}_1)^{-1}\boldsymbol{X}_1'\boldsymbol{y}. \tag{4.16}$$

Die Schätzbarkeitsbedingung ist in diesem Fall erfüllt, denn da die Spalten von $\boldsymbol{X}_2$ aus denen von $\boldsymbol{X}_1$ linear kombiniert werden können, gibt es eine Matrix $\boldsymbol{D}$ mit

$$\boldsymbol{X}_2 = \boldsymbol{X}_1\boldsymbol{D},$$

und man erhält

$$X_1(X_1'X_1)^{-1}X_1'X_2 = X_1(X_1'X_1)^{-1}X_1'X_1D = X_1D = X_2. \tag{4.17}$$

Bei Gebrauch von (4.16) ergibt sich für den Nenner des F-Quotienten (4.12), wenn man auch benutzt, daß die Matrix Q_G symmetrisch und idempotent ist,

$$y'Q_Gy = y'Q_G'Q_Gy = (y - \hat{\mu})'(y - \hat{\mu}), \tag{4.18}$$

$$y'Q_Gy = \sum_{j=1}^{n} (y_j - \hat{\mu}_j)^2. \tag{4.19}$$

Eine derartige Beziehung dürfte den meisten Lesern bekannt erscheinen, auf der rechten Seite steht die Summe der Quadrate der Abweichungen der Meßwerte y_j von den Schätzungen $\hat{\mu}_j$ der entsprechenden Mittelwerte.

Wir wollen an dieser Stelle noch betonen, daß

$$s^2 = \frac{1}{n-r} y'Q_Gy = \frac{1}{n-r} (y - \hat{\mu})'(y - \hat{\mu}) \tag{4.20}$$

eine erwartungstreue Schätzung der Versuchsfehlervarianz σ^2 ist.

Dieses s symbolisiert die Standardabweichung des Versuchsfehlers, während s in den anderen Formeln den Rang der Hypothesenmatrix symbolisiert.

Um den Zähler des F-Quotienten umformen zu können, soll eine Schätzung des Parametervektors

$$\delta = K\beta,$$

auf den die Hypothese erstreckt ist, bestimmt werden. Auf Grund der Testbarkeitsbedingung (4.9) ist δ schätzbar, und man erhält

$$\hat{\delta} = K_1(X_1'X_1)^{-1}X_1'y,$$

so daß

$$y'Q_Hy = \hat{\delta}'[K_1(X_1'X_1)^{-1}K_1']^{-1}\hat{\delta} \tag{4.21}$$

folgt. Man erkennt hieran, daß $y'Q_Hy$ um so kleiner ist, je mehr die Schätzung $\hat{\delta}$ der Hypothese $\delta = K\beta = 0$ entspricht.

Unter Benutzung von (4.18) und (4.21) erhält man für den F-Quotienten

$$F = \frac{(n-r)}{s} \frac{\hat{\delta}'[K_1(X_1'X_1)^{-1}K_1']^{-1}\hat{\delta}}{(y - \hat{\mu})'(y - \hat{\mu})}. \tag{4.22}$$

4.2. Der multivariate Fall

4.2.1. *Das multivariate lineare Modell*

In Verallgemeinerung der Situation, die bei der univariaten Varianzanalyse vorlag, wollen wir annehmen, daß n p-dimensionale Meßwertvektoren

$$\boldsymbol{y}_j = \begin{pmatrix} y_{1j} \\ \vdots \\ y_{pj} \end{pmatrix} \qquad (j = 1, 2, \ldots, n) \tag{4.23}$$

gegeben seien, mit denen eine mehrdimensionale Varianzanalyse durchgeführt werden soll. Wir gehen hier von der Vorstellung aus, daß an einem Individuum nicht nur ein Merkmal, sondern eine Reihe von p Merkmalen gewonnen wurde ($p \geqq 1$). Jeder Meßwertvektor $\boldsymbol{y}_j$ entstamme einer p-dimensionalen normalverteilten Gesamtheit $N(\boldsymbol{\mu}_j, \boldsymbol{\Sigma}_j)$, und die einzelnen Vektoren seien voneinander unabhängig.

Für die Matrix

$$\underset{(p,n)}{\mathbf{M}} = (\boldsymbol{\mu}_1 \boldsymbol{\mu}_2 \ldots \boldsymbol{\mu}_n)$$

soll der lineare Ansatz

$$\underset{(n,p)}{\mathbf{M}'} = \underset{(n,m)}{X} \; \underset{(m,p)}{\mathbf{B}} \tag{4.24}$$

gelten. Hierbei enthält $\mathbf{B}$ die unbekannten Parameter, X ist die Versuchsplan- oder Anlagenmatrix. Außerdem soll ganz entsprechend zum univariaten Fall vorausgesetzt werden, daß für jeden Meßwertvektor die gleiche Kovarianzmatrix zutrifft, d. h. daß $\boldsymbol{\Sigma}_j = \boldsymbol{\Sigma}$ für alle j gilt. $\boldsymbol{\Sigma}$ wird als symmetrisch und positiv definit angenommen. Damit tatsächlich eine mehrdimensionale Varianzanalyse durchgeführt werden kann, muß bezüglich der Anzahl n der Beobachtungsvektoren

$$n \geqq r + p \tag{4.25}$$

gefordert werden, wobei r der Rang von X, der positiv sein soll, ist.

Werden die einzelnen Meßwertvektoren $\boldsymbol{y}_j$ zu einer Meßwertmatrix

$$\underset{(p,n)}{Y} = (\boldsymbol{y}_1 \boldsymbol{y}_2 \ldots \boldsymbol{y}_n) \tag{4.26}$$

zusammengefaßt, so erhält man für das multivariate lineare Modell die Modellgleichung

$$\underset{(n,p)}{Y'} = \underset{(n,m)}{X} \; \underset{(m,p)}{\mathbf{B}} + \underset{(n,p)}{\mathbf{E}}. \tag{4.27}$$

4.2.2. *Die multivariate lineare Hypothese*

Die multivariate lineare Hypothese wird in der Form

$$H_0 : \underset{(s,m)}{\boldsymbol{K}} \underset{(m,p)}{\mathbf{B}} = \underset{(s,p)}{\boldsymbol{0}} \tag{4.28}$$

gegenüber der Alternative

$$H_1 : \boldsymbol{K}\mathbf{B} \neq \boldsymbol{0}$$

angenommen. Hierbei ist $\boldsymbol{K}$ eine vorgegebene Matrix. Ihr Rang s soll positiv und der Anzahl ihrer Zeilen gleich sein:

$$\operatorname{Rg}(\boldsymbol{K}) = s \geqq 1 .$$

Analog zum univariaten Fall muß auch bei der multivariaten linearen Hypothese darauf geachtet werden, daß die aufgestellte Hypothese die Bedingung der Testbarkeit erfüllt. Unterteilt man wie in Abschnitt 4.1. die Versuchsplanmatrix $\boldsymbol{X}$ in zwei Teilmatrizen $\boldsymbol{X}_1$ und $\boldsymbol{X}_2$ mit r und $m - r$ Spalten, so daß die Spalten von $\boldsymbol{X}_1$ linear unabhängig sind, und führt man auch die entsprechende Unterteilung in der Matrix $\boldsymbol{K}$ durch, so soll

$$\boldsymbol{K}_2 = \boldsymbol{K}_1(\boldsymbol{X}_1'\boldsymbol{X}_1)^{-1}\boldsymbol{X}_1'\boldsymbol{X}_2 \tag{4.29}$$

gelten.

Die Testbarkeitsbedingung besagt, daß die Spalten der Matrix $\boldsymbol{K}_2$ von den Spalten der Matrix $\boldsymbol{K}_1$ linear abhängig sein müssen. Daraus ergibt sich, daß

$$\operatorname{Rg}(\boldsymbol{K}_1) = \operatorname{Rg}(\boldsymbol{K}) = s$$

und folglich

$$r \geqq s \tag{4.30}$$

gilt.

4.2.3. *Parameterschätzungen*

Das Problem der Parameterschätzung kann nach dem Vorbild des univariaten Falles behandelt werden. Zur Schätzung der Matrix

$$\underset{(l,p)}{\mathbf{\Gamma}} = \underset{(l,m)}{\boldsymbol{C}} \underset{(m,p)}{\mathbf{B}} \tag{4.31}$$

wird die Gültigkeit der Schätzbarkeitsbedingung

$$\boldsymbol{C}_2 = \boldsymbol{C}_1(\boldsymbol{X}_1'\boldsymbol{X}_1)^{-1}\boldsymbol{X}_1'\boldsymbol{X}_2, \tag{4.32}$$

wobei C_1 die ersten r Spalten und C_2 die letzten $m - r$ Spalten von C enthält, vorausgesetzt. Unter dieser Bedingung ergibt sich als Schätzung

$$\hat{\mathbf{\Gamma}} = C_1(X_1'X_1)^{-1}X_1'Y'. \tag{4.33}$$

Sie besitzt als mathematische Erwartung

$$\begin{aligned} E(\hat{\mathbf{\Gamma}}) &= C_1(X_1'X_1)^{-1}X_1'E(Y') \\ &= C_1(X_1'X_1)^{-1}X_1'(X_1 \vdots X_2)\,\mathbf{B} \\ &= \left(C_1(X_1'X_1)^{-1}X_1'X_1 \vdots C_1(X_1'X_1)^{-1}X_1'X_2\right)\mathbf{B} \\ &= (C_1 \vdots C_2)\,\mathbf{B}, \\ E(\hat{\mathbf{\Gamma}}) &= \mathbf{\Gamma}, \end{aligned}$$

d. h. $\hat{\mathbf{\Gamma}}$ ist erwartungstreue Schätzung von $\mathbf{\Gamma}$.

4.2.4. *Teststatistiken zum Prüfen der multivariaten Hypothese*

Man findet in der Literatur der mehrdimensionalen Analyse unterschiedliche Verfahrensweisen zur Herleitung der Teststatistiken, die für die Prüfung der multivariaten Hypothese geeignet sind. Der hier beschrittene Weg der Herleitung, der ähnlich dem von S. N. Roy (1957) vorgeschlagenen ist, hat den Vorteil, daß er die Beziehungen zwischen der univariaten und multivariaten Analyse deutlich erkennen läßt.

Geht man von den p gemessenen Merkmalswerten y_{ij} eines Individuums aus, so ergibt sich durch Bilden einer Linearkombination

$$y_j^{(u)} = \boldsymbol{u}'\boldsymbol{y}_j = \sum_{i=1}^{p} u_i y_{ij} \tag{4.34}$$

ein neuer Merkmalswert dieses Individuums. Wird auf alle Meßwertvektoren $\boldsymbol{y}_j$ der gleiche vom Nullvektor verschiedene „Gewichtsvektor" $\boldsymbol{u}$ angewandt, so geht unsere multivariate Problemstellung in eine analoge univariate Aufgabe über:
An die Stelle der Meßwertmatrix Y' tritt der Vektor $\boldsymbol{y}^{(u)} = Y'\boldsymbol{u}$, als neuer Parametervektor wird $\boldsymbol{\beta}^{(u)} = \mathbf{B}\boldsymbol{u}$ und als Vektor der zufälligen Fehler $\boldsymbol{\epsilon}^{(u)} = \mathbf{E}\boldsymbol{u}$ eingeführt. Dann folgt aus der Modellgleichung (4.27)

$$\underset{(n,1)}{\boldsymbol{y}^{(u)}} = Y'\boldsymbol{u} = X\mathbf{B}\boldsymbol{u} + \mathbf{E}\boldsymbol{u} = \underset{(n,m)}{X}\;\underset{(m,1)}{\boldsymbol{\beta}^{(u)}} + \underset{(n,1)}{\boldsymbol{\epsilon}^{(u)}}. \tag{4.35}$$

Als Kovarianzmatrix von $\boldsymbol{y}^{(u)}$ erhält man $(\boldsymbol{u}'\boldsymbol{\Sigma}\boldsymbol{u})\,I = \sigma_u^2 I$, und als Hypothese für den neuen Parametervektor $\boldsymbol{\beta}^{(u)}$ entsteht

$$H_0^{(u)} : K\mathbf{B}\boldsymbol{u} = K\boldsymbol{\beta}^{(u)} = \boldsymbol{0}. \tag{4.36}$$

Zum Testen dieser künstlich gewonnenen univariaten Hypothese kann nach Abschnitt 4.1.

$$F(\boldsymbol{u}) = \frac{(n-r)\,\boldsymbol{y}^{(u)\prime} \boldsymbol{Q}_H \boldsymbol{y}^{(u)}}{s\,\boldsymbol{y}^{(u)\prime} \boldsymbol{Q}_G \boldsymbol{y}^{(u)}} = \frac{(n-r)\,\boldsymbol{u}'\boldsymbol{Y}\boldsymbol{Q}_H\boldsymbol{Y}'\boldsymbol{u}}{s\,\boldsymbol{u}'\boldsymbol{Y}\boldsymbol{Q}_G\boldsymbol{Y}'\boldsymbol{u}} \tag{4.37}$$

verwendet werden, wobei $\boldsymbol{Q}_H$ und $\boldsymbol{Q}_G$ durch die Gleichungen (4.10) und (4.11) definiert sind.

Die Gleichung (4.36) besagt, daß die Gültigkeit der multivariaten Hypothese (4.28) bei beliebigem Vektor $\boldsymbol{u}$ die Richtigkeit der entsprechenden univariaten Hypothese $H_0^{(u)}$ nach sich zieht. Umgekehrt folgt aus der Gültigkeit der für alle möglichen $\boldsymbol{u} \neq \boldsymbol{0}$ aufgestellten Hypothesen $H_0^{(u)}$, daß die multivariate Hypothese zutreffen muß. Man erkennt also, daß ein enger Zusammenhang zwischen der Hypothese H_0 und der Menge sämtlicher univariater Hypothesen $H_0^{(u)}$ besteht. Dieser Zusammenhang bildet die heuristische Grundlage für unser Verfahren zur Herleitung der Teststatistiken der multivariaten Analyse. Bei unserem Vorgehen wollen wir uns auf folgendes Postulat stützen.

Postulat 1: Die Werte einer Teststatistik der mehrdimensionalen Varianzanalyse sollen eindeutig festgelegt sein durch Angabe der Versuchsplanmatrix $\boldsymbol{X}$, der Hypothesenmatrix $\boldsymbol{K}$ sowie den Werteverlauf der für alle $\boldsymbol{u} \neq \boldsymbol{0}$ in Gleichung (4.37) definierten Funktion $F(\boldsymbol{u})$.

Das Postulat besagt, daß die Werte einer Teststatistik bei gegebenem Versuchsplan und feststehender Hypothese eindeutig durch die beiden Matrizen

$$\underset{(p,p)}{\boldsymbol{H}} = \boldsymbol{Y}\boldsymbol{Q}_H\boldsymbol{Y}' \tag{4.38}$$

und

$$\underset{(p,p)}{\boldsymbol{G}} = \boldsymbol{Y}\boldsymbol{Q}_G\boldsymbol{Y}' \tag{4.39}$$

bestimmt sind. Die Matrizen $\boldsymbol{X}$ und $\boldsymbol{K}$ unterliegen keinen stochastischen Einflüssen, es sind Matrizen gegebener Konstanten. Demnach sind sämtliche auf eine Teststatistik wirkende Zufallseinflüsse in $\boldsymbol{H}$ und $\boldsymbol{G}$ enthalten, und man kann daher die Teststatistik, wenn man ihre stochastischen Eigenschaften untersuchen will, als eine Funktion $f(\boldsymbol{H},\boldsymbol{G})$ ansehen.

Die Matrizen $\boldsymbol{Q}_H$ und $\boldsymbol{Q}_G$ sind symmetrisch und nach (2.75) und (2.74) idempotent. $\boldsymbol{Q}_H$ hat den Rang s und $\boldsymbol{Q}_G$ den Rang $n - r$. Da die Meßwertmatrix $\boldsymbol{Y}$ als Realisierung einer np-dimensionalen normalverteilten Gesamtheit mit regulärer Kovarianzmatrix angesehen werden kann und da nach Gleichung (4.25) $n - r \geqq p$ gilt, ergibt sich nach (3.29), daß mit Wahrscheinlichkeit 1

$$\operatorname{Rg}(\boldsymbol{H}) = \min(s,p), \tag{4.40}$$

$$\operatorname{Rg}(\boldsymbol{G}) = p \tag{4.41}$$

ist.

Unter Benutzung von (4.17) und (4.9) folgt

$$X_1(X_1'X_1)^{-1}X_1'X = X_1(X_1'X_1)^{-1}X_1'(X_1 \vdots X_2)$$
$$= \left(X_1(X_1'X_1)^{-1}X_1'X_1 \vdots X_1(X_1'X_1)^{-1}X_1'X_2\right) = (X_1 \vdots X_2) = X$$

und

$$K_1(X_1'X_1)^{-1}X_1'X = K_1(X_1'X_1)^{-1} X_1'(X_1 \vdots X_2)$$
$$= \left(K_1(X_1'X_1)^{-1}X_1'X_1 \vdots K_1(X_1'X_1)^{-1}X_1'X_2\right) = (K_1 \vdots K_2) = K,$$

so daß man

$$Q_G\mathbf{M}' = (I - X_1(X_1'X_1)^{-1}X_1')\,X\mathbf{B} = X\mathbf{B} - X\mathbf{B} = 0$$

und im Fall der Gültigkeit der Hypothese H_0

$$Q_H\mathbf{M}' = X_1(X_1'X_1)^{-1}K_1'[K_1(X_1'X_1)^{-1}K_1']^{-1}K_1(X_1'X_1)^{-1}X_1'X\mathbf{B}$$
$$= X_1(X_1'X_1)^{-1}K_1'[K_1(X_1'X_1)^{-1}K_1']^{-1}K\mathbf{B} = 0$$

erhält. Daraus ergibt sich

$$(Y - \mathbf{M})\,Q_G(Y - \mathbf{M})' = YQ_GY' - YQ_G\mathbf{M}' - \mathbf{M}Q_GY'$$
$$+ \mathbf{M}Q_G\mathbf{M}' = YQ_GY' = G$$

und entsprechend

$$(Y - \mathbf{M})\,Q_H(Y - \mathbf{M})' = YQ_HY' = H.$$

Das bedeutet nach (3.21), daß G die Wishart-Verteilung $W(\mathbf{\Sigma}, n - r)$ und H bei Gültigkeit der Hypothese die Wishart-Verteilung $W(\mathbf{\Sigma}, s)$ besitzt. Wegen $Q_HQ_G = 0$ folgt aus (3.22), daß G und H voneinander stochastisch unabhängig sind. Die Matrix

$$S = \frac{1}{n - r}\,G \tag{4.42}$$

erweist sich nach (3.20) als eine erwartungstreue Schätzung der unbekannten Kovarianzmatrix $\mathbf{\Sigma}$.

Für die Matrizen G und H können analog zu den Formeln (4.18) und (4.21) des univariaten Falls Beziehungen aufgestellt werden. Es gilt

$$G = \left(Y - \hat{\mathbf{M}}\right)\left(Y - \hat{\mathbf{M}}\right)', \tag{4.43}$$

wenn

$$\underset{(n,p)}{\hat{\mathbf{M}}'} = X_1(X_1'X_1)^{-1}X_1'Y' \tag{4.44}$$

die Schätzung für die Mittelwertsmatrix $\mathbf{M}' = X\mathbf{B}$ ist, und

$$H = \hat{\Delta}'[K_1(X_1'X_1)^{-1}K_1']^{-1}\hat{\Delta}, \tag{4.45}$$

wenn

$$\underset{(s,p)}{\hat{\Delta}} = K_1(X_1'X_1)^{-1}X_1'Y' \tag{4.46}$$

die Schätzung der Matrix $\Delta = K\mathbf{B}$, auf die sich der Test bezieht, bedeutet.

Durch ein zweites Postulat wollen wir die Menge der möglichen Teststatistiken weiter einschränken.

Postulat 2: Eine Teststatistik $f(H,G)$ der mehrdimensionalen Varianzanalyse soll unverändert bleiben, wenn die gegebenen p Merkmale einer beliebigen regulären Transformation R unterworfen werden.

Bei Anwendung einer Transformation R tritt an die Stelle der Meßwertmatrix Y' die neue Matrix $Y^{*\prime} = Y'R$, die Matrix $\mathbf{B}$ der unbekannten Parameter wird in $\mathbf{B}^* = \mathbf{B}R$ transformiert und die zufälligen Fehler in $\mathbf{E}^* = \mathbf{E}R$. Als Modellgleichung ergibt sich nach Anwendung der Transformation

$$Y^{*\prime} = X\mathbf{B}^* + \mathbf{E}^* \tag{4.47}$$

und als Hypothese

$$H_0^* : K\mathbf{B}^* = 0. \tag{4.48}$$

Das in dieser Weise transformierte Testproblem soll also den gleichen Wert der Teststatistik liefern, d. h. es soll

$$f(R'HR, R'GR) = f(H,G) \tag{4.49}$$

gelten. Inhaltlich bedeutet das Postulat, daß durch das Resultat eines multivariaten Tests nicht allein die benutzten p Merkmale, sondern der ganze von ihnen aufgespannte p-dimensionale Merkmalsraum charakterisiert werden soll. In dieser Invarianzeigenschaft liegen die Vorzüge der mehrdimensionalen Varianzanalyse gegenüber einigen anderen multivariaten Auswertungsverfahren, z. B. der Faktoranalyse, begründet.

Wir wollen Folgerungen aus dem zweiten Postulat herleiten. Da die sämtlichen regulären Transformationen R eine Gruppe bilden, wird durch sie eine Äquivalenzrelation in der Menge aller Paare (H, G) von (p,p)-Matrizen, die aus den Gleichungen (4.38) und (4.39) bei Variation von Y hervorgehen, definiert. Es besteht zwischen zwei Matrizenpaaren die Äquivalenz

$$(H_0,G_0) \sim (H_1,G_1), \tag{4.50}$$

wenn eine reguläre (p,p)-Matrix R existiert, so daß

$$H_1 = R'H_0R, \quad G_1 = R'G_0R \tag{4.51}$$

gilt. Nach Gleichung (4.49) ergeben äquivalente Matrizenpaare gleiche Werte der Teststatistik, so daß man f auch als eine Funktion auffassen kann, die über den Äquivalenzklassen von Matrizenpaaren $(\boldsymbol{H},\boldsymbol{G})$ erklärt ist.

Wir können zeigen, daß zwei Matrizenpaare $(\boldsymbol{H}_0,\boldsymbol{G}_0)$ und $(\boldsymbol{H}_1,\boldsymbol{G}_1)$ genau dann einander äquivalent sind, wenn die beiden Eigenwertprobleme

$$(\boldsymbol{H}_0 - \lambda \boldsymbol{G}_0)\,\boldsymbol{x} = \boldsymbol{0}$$

und

$$(\boldsymbol{H}_1 - \lambda \boldsymbol{G}_1)\,\boldsymbol{x} = \boldsymbol{0}$$

übereinstimmende charakteristische Wurzeln $\lambda_1, \lambda_2, \ldots, \lambda_p$ ergeben. Das bedeutet dann, daß eine Teststatistik als Funktion $g(\lambda_1, \lambda_2, \ldots, \lambda_p)$ der entsprechenden charakteristischen Wurzeln darzustellen ist; die charakteristischen Wurzeln sind die sogenannten Maximalinvarianten bezüglich der Gruppe aller regulären Transformationen $\boldsymbol{R}$ (LEHMANN (1959)).

Zum Beweis in der ersten Richtung bemerken wir, daß, wenn für zwei Matrizenpaare die Äquivalenz (4.50) besteht, die Beziehungen (4.51) gelten und daher die charakteristischen Gleichungen beider Eigenwertprobleme bis auf einen konstanten Faktor übereinstimmen:

$$|\boldsymbol{H}_1 - \lambda \boldsymbol{G}_1| = |\boldsymbol{R}'(\boldsymbol{H}_0 - \lambda \boldsymbol{G}_0)\,\boldsymbol{R}| = |\boldsymbol{R}|^2\,|\boldsymbol{H}_0 - \lambda \boldsymbol{G}_0| = 0\,.$$

Umgekehrt, wenn beide Eigenwertprobleme die gleichen charakteristischen Wurzeln besitzen, so gibt es nach (2.58) Darstellungen

$$\boldsymbol{R}_0'\boldsymbol{H}_0\boldsymbol{R}_0 = \boldsymbol{\Lambda}, \qquad \boldsymbol{R}_0'\boldsymbol{G}_0\boldsymbol{R}_0 = \boldsymbol{I},$$

$$\boldsymbol{R}_1'\boldsymbol{H}_1\boldsymbol{R}_1 = \boldsymbol{\Lambda}, \qquad \boldsymbol{R}_1'\boldsymbol{G}_1\boldsymbol{R}_1 = \boldsymbol{I},$$

wobei $\boldsymbol{R}_0$ und $\boldsymbol{R}_1$ reguläre Matrizen sind und $\boldsymbol{\Lambda}$ eine Diagonalmatrix ist, in deren Hauptdiagonale die charakteristischen Wurzeln λ_h stehen. Setzt man dann

$$\boldsymbol{R} = \boldsymbol{R}_0\boldsymbol{R}_1^{-1},$$

so ergeben sich die Beziehungen

$$\boldsymbol{H}_1 = \boldsymbol{R}'\boldsymbol{H}_0\boldsymbol{R}, \qquad \boldsymbol{G}_1 = \boldsymbol{R}'\boldsymbol{G}_0\boldsymbol{R},$$

d. h., es folgt die Äquivalenz. Das war zu beweisen.

Nach den vorangegangenen Betrachtungen kommt jede Funktion $g(\lambda_1, \lambda_2, \ldots, \lambda_p)$, wobei die λ_h die charakteristischen Wurzeln des Eigenwertproblems

$$(\boldsymbol{H} - \lambda \boldsymbol{G})\,\boldsymbol{x} = \boldsymbol{0} \tag{4.52}$$

sind, als Teststatistik in Frage. Wir wollen die Menge der möglichen Teststatistiken durch ein drittes Postulat noch weiter einengen.

Es ist sinnvoll zu fordern, daß der Wert einer Teststatistik um so größer (bzw. um so kleiner) werden soll, je stärker die zu verarbeitenden Meßwerte y_{ij} der Hypothese H_0 widersprechen. Nach Gleichung (4.45) gilt

$$\boldsymbol{H} = \hat{\boldsymbol{\Delta}}'[\boldsymbol{K}_1(\boldsymbol{X}_1'\boldsymbol{X}_1)^{-1}\boldsymbol{K}_1']^{-1}\hat{\boldsymbol{\Delta}},$$

d. h., daß $\boldsymbol{H}$ um so größer wird, je weiter $\hat{\boldsymbol{\Delta}}$ von der Nullmatrix, die bei Gültigkeit der Hypothese die mathematische Erwartung von $\hat{\boldsymbol{\Delta}}$ ist, abweicht. Demzufolge kann die gewünschte Monotonie der Teststatistik dadurch erreicht werden, daß eine monotone Abhängigkeit der Teststatistik von der Matrix $\boldsymbol{H}$ (bei festem $\boldsymbol{G}$), oder allgemeiner, von der Menge der charakteristischen Wurzeln $\lambda_1, \lambda_2, \ldots, \lambda_p$ postuliert wird.

Postulat 3: Eine Teststatistik $g(\lambda_1, \ldots, \lambda_p)$ der mehrdimensionalen Varianzanalyse soll monoton wachsend bzw. monoton fallend in allen Argumenten sein, d. h. für

$$0 \leqq \lambda_h^{(0)} \leqq \lambda_h^{(1)} \quad (h = 1, 2, \ldots, p) \tag{4.53}$$

soll

$$g(\lambda_1^{(0)}, \ldots, \lambda_p^{(0)}) \leqq g(\lambda_1^{(1)}, \ldots, \lambda_p^{(1)}) \tag{4.54}$$

bzw.

$$g(\lambda_1^{(0)}, \ldots, \lambda_p^{(0)}) \geqq g(\lambda_1^{(1)}, \ldots, \lambda_p^{(1)}) \tag{4.55}$$

gelten.

Durch die Postulate 1 bis 3 haben wir alle Grundforderungen, die an die Teststatistiken der mehrdimensionalen Varianzanalyse gestellt werden müssen, formuliert. Wie man leicht erkennt, existiert unter diesen Bedingungen eine Vielzahl echt unterschiedlicher Testmöglichkeiten. Es gelingt nicht, einer bestimmten Teststatistik prinzipiell vor allen anderen den Vorzug zu geben, denn keine der Teststatistiken ergibt, wenn vom Spezialfall

$$t = \min(s,p) = 1 \tag{4.56}$$

abgesehen wird, einen gleichmäßig (d. h. in bezug auf alle möglichen Alternativen) besten Test. In dem Spezialfall $t = 1$ ist nur eine der charakteristischen Wurzeln von Null verschieden, jede Teststatistik ist also eine in λ_1 monotone Funktion $g(\lambda_1)$. Alle entstehenden Tests mit echt monotonem $g(\lambda_1)$ sind einander äquivalent und werden hinsichtlich ihrer Güte von keinem anderen in Frage kommenden Test übertroffen, d. h., bei $t = 1$ gibt es einen gleichmäßig besten Test.

Von den p charakteristischen Wurzeln sind nach (4.40) jeweils nur $t = \min(p,s)$ größer als Null, die anderen verschwinden. Wir wollen annehmen, daß $\lambda_1 \geqq \lambda_2 \geqq \cdots \geqq \lambda_t$ gilt. Da kein gleichmäßig bester Test existiert, sind verschiedene Testkriterien vorgeschlagen worden. Die folgenden drei Kriterien sind am gebräuchlichsten und natürlich im univariaten

Fall dem üblichen F-Test äquivalent. Bei $t > 1$ sind die entstehenden Tests echt unterschiedlich.

1. Λ-Kriterium von WILKS (Likelihood-Quotienten-Kriterium):

$$\Lambda = \frac{|\boldsymbol{G}|}{|\boldsymbol{H} + \boldsymbol{G}|} = \prod_{h=1}^{t} \frac{1}{1 + \lambda_h} \tag{4.57}$$

(WILKS (1932), HSU (1940)).
Dieses Testkriterium erhält man nach dem Maximum-Likelihood-Quotientenverfahren als Konstruktionsprinzip (ANDERSON (1958)).

2. Spurkriterium:

$$T^2 = \mathrm{Sp}\,(\boldsymbol{H}\boldsymbol{G}^{-1}) = \sum_{h=1}^{t} \lambda_h \tag{4.58}$$

(LAWLEY (1938), HOTELLING (1951)).

3. Kriterium der größten charakteristischen Wurzel:

$$V = \lambda_1 \tag{4.59}$$

(S. N. ROY (1957)).
Dieses Testkriterium wurde auf der Basis des union-intersection-Prinzips von S. N. ROY entwickelt. Es ist dies eine heuristische Methode zur Konstruktion eines Tests der multivariaten Hypothese (S. N. ROY (1953)).

Die beiden ersten Teststatistiken Λ und T^2 sind nicht nur monoton wachsend bzw. fallend, sondern sogar echt monoton wachsend bzw. fallend. Eine Teststatistik $g(\lambda_1, \ldots, \lambda_p)$ nennen wir echt monoton wachsend bzw. echt monoton fallend, wenn aus (4.53) und $\lambda_h^{(0)} < \lambda_h^{(1)}$ für ein h mit $h \leq t$ folgt, daß in (4.54) bzw. (4.55) das Zeichen der Ungleichheit gilt. Diese Eigenschaft bekommt in unseren späteren Ausführungen (Abschnitt 5.2.) noch Bedeutung.

4.2.5. Verallgemeinerte Form der multivariaten linearen Hypothese

Bisher bezogen sich die statistischen Tests immer auf sämtliche p Merkmale, die an den einzelnen Individuen gemessen wurden bzw. auf den ganzen von den Merkmalen aufgespannten p-dimensionalen Raum. Es ist aber auch möglich, die multivariate lineare Hypothese derart zu modifizieren, daß nur ein Teilraum des vollen Merkmalsraums von dem Test betroffen wird.

In der verallgemeinerten Form lautet die Hypothese

$$H_0^{(U)}: \underset{(s,m)}{\boldsymbol{K}}\ \underset{(m,p)}{\mathbf{B}}\ \underset{(p,u)}{\boldsymbol{U}} = \underset{(s,u)}{\boldsymbol{0}},$$

die entsprechende Alternative ist

$$H_1^{(U)}: \boldsymbol{KBU} \neq \boldsymbol{0}.$$

$\boldsymbol{K}$ und $\boldsymbol{U}$ sind zwei vorgegebene Matrizen. Bezüglich $\boldsymbol{K}$ sollen die Festlegungen von Abschnitt 4.2.2. nach wie vor gelten, $\boldsymbol{U}$ möge einen positiven Rang haben, der mit der Anzahl u der Spalten von $\boldsymbol{U}$ übereinstimmt:

$$\operatorname{Rg}(\boldsymbol{U}) = u \geqq 1.$$

$\boldsymbol{K}$ und $\boldsymbol{U}$ ist ein Paar von Hypothesenmatrizen. Während $\boldsymbol{K}$ die verschiedenen Behandlungseffekte in Form von Kontrasts aufeinander bezieht (siehe univariater Fall) und nicht spezifisch für den multivariaten Fall ist, besitzt die Hypothesenmatrix $\boldsymbol{U}$ eine spezifische Bedeutung nur für den multivariaten Fall und hat kein Analogon im univariaten Fall. Mit $\boldsymbol{U}$ ist es möglich, die einzelnen Merkmale der p-dimensionalen Beobachtungsvektoren aufeinander zu beziehen (siehe S. N. Roy et al. (1971)). Es wird definiert

$$\underset{(u,u)}{\boldsymbol{H}^{(U)}} = \boldsymbol{U}'\boldsymbol{H}\boldsymbol{U}, \quad \underset{(u,u)}{\boldsymbol{G}^{(U)}} = \boldsymbol{U}'\boldsymbol{G}\boldsymbol{U}.$$

Die Teststatistiken für die abgewandelte Hypothese $H_0^{(U)}$ sind Funktionen der charakteristischen Wurzeln des Eigenwertproblems

$$(\boldsymbol{H}^{(U)} - \lambda \boldsymbol{G}^{(U)})\boldsymbol{x} = \boldsymbol{0}.$$

Überall, wo in den Betrachtungen zu den Tests bisher die Symbole $p, \boldsymbol{H}, \boldsymbol{G}$ auftraten, müssen jetzt $u, \boldsymbol{H}^{(U)}, \boldsymbol{G}^{(U)}$ eingesetzt werden. Die Bedingung (4.25) kann zu

$$n \geqq r + u$$

abgeschwächt werden.

Wir werden in unseren weiteren Ausführungen die Form (4.28) der Hypothese beibehalten und die verallgemeinerte Form nur an den Stellen, an denen sie unbedingt notwendig wird, verwenden.

4.3. Bemerkungen zu den Eigenschaften der Testkriterien Λ, T^2 und V

Wir wollen in diesem Abschnitt kurz über den Stand der theoretischen Untersuchungen berichten, der bisher im Zusammenhang mit den Verteilungen der Teststatistiken erreicht wurde. Dabei erheben wir keinen Anspruch auf Vollständigkeit, sondern versuchen, die wichtigsten Ergebnisse zu erläutern, vor allem auch, um dem Leser deutlich zu machen, daß es hierbei noch eine Reihe ungelöster theoretischer Probleme gibt. Der anwendungsorientierte Leser sollte jedoch daraus nicht den Schluß ziehen, daß der zum Teil unbefriedigende Stand der Kenntnisse über die Verteilung der Teststatistiken die Anwendungsmöglichkeiten der multivariaten Varianzanalyse wesentlich einschränkt. Da es hinreichend gute Approximationen für die Verteilungen der Teststatistiken gibt, wobei wir den Anwender auf eine F-Approximation orientieren möchten, besteht für eine Zurückhaltung kein Anlaß.

Dem theoretisch orientierten Leser soll mit diesem Abschnitt ein kurzer Überblick gegeben werden, der ihn veranlassen könnte, sich tiefer mit den Verteilungsproblemen zu beschäftigen.

Bei der Untersuchung der Eigenschaften der Testkriterien geht man von der kanonischen Form des allgemeinen linearen Hypothesenmodells aus. Die kanonische Form ist ein Spezialfall des allgemeinen Modells der Abschnitte 4.2.1. und 4.2.2. und ist so beschaffen, daß an ihr alle grundsätzlichen mathematischen Probleme des multivariaten Signifikanztests gelöst werden können. Die Übertragung der Ergebnisse auf den Allgemeinfall geschieht durch Transformationen, die S. N. Roy (1957) sehr detailliert angegeben hat.

Bei der kanonischen Gestalt des Problems ist die Versuchsplanmatrix $\boldsymbol{X}$ vom Typ (n, r) und besitzt den Aufbau

$$\underset{(n,r)}{\boldsymbol{X}} = \begin{pmatrix} \underset{(r,r)}{\boldsymbol{I}} \\ \cdots\cdots \\ \underset{(n-r,r)}{\boldsymbol{0}} \end{pmatrix}, \tag{4.60}$$

die Hypothesenmatrix $\boldsymbol{K}$ hat die Form

$$\underset{(s,r)}{\boldsymbol{K}} = \begin{pmatrix} \underset{(s,s)}{\boldsymbol{I}} & \vdots & \underset{(s,r-s)}{\boldsymbol{0}} \end{pmatrix}. \tag{4.61}$$

Spaltet man die Meßwertmatrix $\boldsymbol{Y}$ in drei Teilmatrizen $\boldsymbol{U}$, $\boldsymbol{V}$ und $\boldsymbol{W}$ mit s, $r-s$ und $n-r$ Spalten und die Parametermatrix $\mathbf{B}$ in zwei Teile $\mathbf{M}^{*\prime}$ und $\mathbf{M}^{**\prime}$ mit s und $r-s$ Zeilen auf, so ergibt sich dann als Modellgleichung

$$\begin{pmatrix} \boldsymbol{U}' \\ \boldsymbol{V}' \\ \boldsymbol{W}' \end{pmatrix} = \begin{pmatrix} \mathbf{M}^{*\prime} \\ \mathbf{M}^{**\prime} \\ \boldsymbol{0} \end{pmatrix} + \mathbf{E}, \tag{4.62}$$

und als Hypothese gilt

$$H_0\colon \underset{(p,s)}{\mathbf{M}^*} = \boldsymbol{0}. \tag{4.63}$$

Nach (4.38), (4.39) und (4.10), (4.11) folgt für die Matrizen $\boldsymbol{H}$ und $\boldsymbol{G}$ in kanonischer Gestalt

$$\boldsymbol{H} = \boldsymbol{U}\boldsymbol{U}', \quad \boldsymbol{G} = \boldsymbol{W}\boldsymbol{W}'. \tag{4.64}$$

Die drei in 4.2.4. behandelten Teststatistiken sind Funktionen der charakteristischen Wurzeln $\lambda_1, \lambda_2, \ldots, \lambda_p$ von

$$(\boldsymbol{U}\boldsymbol{U}' - \lambda \boldsymbol{W}\boldsymbol{W}')\,\boldsymbol{x} = \boldsymbol{0},$$

wobei nur $t = \min(s, p)$ Wurzeln von Null verschieden sind.

Die gemeinsame Verteilungsdichte von $\boldsymbol{U}$ und $\boldsymbol{W}$ lautet auf Grund von (4.62) nach S. N. Roy (1957)

$$f(\boldsymbol{U}, \boldsymbol{W}) = C \cdot e^{-\frac{1}{2}\operatorname{Sp}(\boldsymbol{\Sigma}^{-1}[(\boldsymbol{U}-\mathbf{M}^*)(\boldsymbol{U}-\mathbf{M}^*)' + \boldsymbol{W}\boldsymbol{W}'])}, \tag{4.65}$$

wobei

$$C = (2\pi)^{-\frac{1}{2}p(n-r+s)} \cdot |\boldsymbol{\Sigma}|^{-\frac{1}{2}(n-r+s)} \tag{4.66}$$

ist.

Unter speziellen Bedingungen können diese Formeln noch vereinfacht werden. Setzt man nämlich $\boldsymbol{\Sigma} = \boldsymbol{I}$ und außerdem

$$\underset{(p,s)}{\mathbf{M}^*} = \begin{pmatrix} \sqrt{\gamma_1} & \ldots & 0 & \ldots & 0 \\ \ldots & \ldots & \ldots & \ldots & \ldots \\ 0 & \ldots & \sqrt{\gamma_p} & 0 \ldots & 0 \end{pmatrix}$$

bzw.

$$\underset{(p,s)}{\mathbf{M}^*} = \begin{pmatrix} \sqrt{\gamma_1} & \ldots & 0 \\ \ldots & \ldots & \ldots \\ 0 & \ldots & \sqrt{\gamma_s} \\ 0 & \ldots & 0 \\ \ldots & \ldots & \ldots \\ 0 & \ldots & 0 \end{pmatrix},$$

so tritt an die Stelle von (4.65) und (4.66)

$$f(\boldsymbol{U}, \boldsymbol{W}; \gamma) = C \cdot e^{-\frac{1}{2}\left\{\operatorname{Sp}(\boldsymbol{U}\boldsymbol{U}' + \boldsymbol{W}\boldsymbol{W}') + \sum_{h=1}^{t} \gamma_h - 2\sum_{h=1}^{t} u_{hh}\sqrt{\gamma_h}\right\}} \tag{4.67}$$

und

$$C = (2\pi)^{-\frac{1}{2}p(n-r+s)}. \tag{4.68}$$

Die hier gewählte spezielle Gestalt von **Σ** und **M*** kann, ausgehend von dem kanonischen Hypothesenmodell der Gleichungen (4.62) und (4.63), durch bestimmte Transformationen hergestellt werden.

Die Gültigkeit der Nullhypothese $\mathbf{M}^* = \mathbf{0}$ ist gleichbedeutend mit

$$\gamma_1 = \cdots = \gamma_t = 0.$$

Aus der Formel (4.67) ist jedoch noch nicht explizit die Verteilung der charakteristischen Wurzeln $\lambda_1, \ldots, \lambda_t$ bei Gültigkeit der Nullhypothese erkennbar.

Die Nullverteilung dieser charakteristischen Wurzeln haben unabhängig voneinander und gleichzeitig R. A. FISHER (1939), M. A. GIRSHIK (1939), P. L. HSU (1939) und S. N. ROY (1939a, 1939b) aufgestellt.

Die Herleitung stützt sich auf die Voraussetzung, daß $\boldsymbol{H}$ und $\boldsymbol{G}$ WISHART-verteilt und voneinander stochastisch unabhängig sind, wobei zusätzlich $s \geqq p$ gefordert wird (beide Matrizen sollen mit Wahrscheinlichkeit 1 regulär sein).

Daß $\boldsymbol{H}$ und $\boldsymbol{G}$ bei Gültigkeit der Nullhypothese WISHART-verteilt und voneinander unabhängig sind, war bereits in Abschnitt 4.2.4. bewiesen worden. Es ergibt sich dies aber auch unmittelbar aus (4.62) und (4.64).

Unter diesen Voraussetzungen erhält man für die Verteilungsdichte der charakteristischen Wurzeln $\lambda_1, \lambda_2, \ldots, \lambda_p$ des Eigenwertproblems $(\boldsymbol{H} - \lambda \boldsymbol{G})\boldsymbol{x} = \boldsymbol{0}$

$$f(\lambda_1, \ldots, \lambda_p) = \begin{cases} K \prod\limits_{h=1}^{p} \lambda_h^{\frac{1}{2}(s-p-1)} \prod\limits_{h=1}^{p} (\lambda_h + 1)^{-\frac{1}{2}(n-r+s)} \prod\limits_{h<i} (\lambda_h - \lambda_i) \\ \qquad\qquad \text{für } \lambda_1 \geqq \lambda_2 \geqq \cdots \geqq \lambda_p \geqq 0 \\ 0 \quad \text{für alle anderen Kombinationen der } \lambda_h. \end{cases} \tag{4.69}$$

Dabei ist

$$K = \frac{\pi^{\frac{1}{2}p} \prod\limits_{h=1}^{p} \Gamma\left(\frac{1}{2}(n - r + s + 1 - h)\right)}{\prod\limits_{h=1}^{p} \left\{\Gamma\left(\frac{1}{2}(n - r + 1 - h)\right) \Gamma\left(\frac{1}{2}(s + 1 - h)\right) \Gamma\left(\frac{1}{2}(p + 1 - h)\right)\right\}} \tag{4.70}$$

und

$$\Gamma(a) = \int\limits_0^\infty x^{a-1} e^{-x} dx \tag{4.71}$$

die Γ-Funktion.

Die Bedingung $s \geqq p$ bedeutet keine echte Einschränkung der Allgemeinheit, da man die Verteilung für den Fall $s < p$ nach ANDERSON (1958) aus der Verteilung (4.69) erhält, indem man dort die Parameter p, s und $n - r$

durch s, p und $n - r + s - p$ ersetzt. Die gleiche Substitution ist in (4.70) durchzuführen.

Die kritischen Bereiche der Teststatistiken zum Signifikanzniveau α sind durch

$$\Lambda \equiv \frac{|\boldsymbol{G}|}{|\boldsymbol{H} + \boldsymbol{G}|} \equiv \prod_{h=1}^{t} \frac{1}{1 + \lambda_h} < \Lambda_\alpha, \tag{4.72}$$

$$T^2 \equiv \mathrm{Sp}\,(\boldsymbol{H}\boldsymbol{G}^{-1}) \equiv \sum_{h=1}^{t} \lambda_h > T_\alpha^{\,2}, \tag{4.73}$$

$$V \equiv \lambda_1 > V_\alpha \tag{4.74}$$

fixiert, wobei die kritischen Werte Λ_α, $T_\alpha^{\,2}$ und V_α durch die Gleichungen

$$P(\Lambda < \Lambda_\alpha \mid H_0) = P(T^2 > T_\alpha^{\,2} \mid H_0) = P(V > V_\alpha \mid H_0) = \alpha \tag{4.75}$$

definiert sind.

Aus (4.75) ist ersichtlich, daß man zur Durchführung eines Signifikanztests zu vorgegebener Irrtumswahrscheinlichkeit α die Kenntnis der Verteilung der zu benutzenden Teststatistik bei Annahme der Gültigkeit von H_0 besitzen muß. Es wäre prinzipiell möglich, aus der Kenntnis der Nullverteilung (4.69) der charakteristischen Wurzeln die Verteilung der Teststatistiken Λ, T^2 und V herzuleiten, die sich zum Beispiel für $V = \lambda_1$ als Randverteilung der Verteilung aller charakteristischen Wurzeln ergeben würde. Jedoch erweist sich im konkreten Fall dieser Weg als außerordentlich kompliziert.

Die Verteilung der Teststatistiken liegt sowohl für den Nullfall als auch für den Nichtnullfall (d. h. bei Gültigkeit der Alternativhypothese) nur für einige Spezialfälle der Parameter $n - r, p$ und s explizit vor, und somit sind die bisher aufgestellten Tabellen kritischer Werte Λ_α, $T_\alpha^{\,2}$ und V_α im allgemeinen nicht sehr umfangreich. Zur praktischen Durchführung eines Signifikanztests ist man daher oft auf mehr oder weniger gute Näherungen der Nullverteilungen von Λ, T^2 und V angewiesen.

Im folgenden wollen wir eine kurze Übersicht über die Verteilungseigenschaften der Testkriterien bei Gültigkeit der Nullhypothese geben (siehe auch Pincus (1970), K. M. S. Humak (1977)).

4.3.1. *Das Likelihood-Quotientenkriterium Λ von Wilks*

Nach Anderson (1958) kann Λ bei Gültigkeit der Nullhypothese als Produkt von p unabhängigen Beta-verteilten zufälligen Veränderlichen

$$\Lambda = \frac{|\boldsymbol{G}|}{|\boldsymbol{H} + \boldsymbol{G}|} = \prod_{j=1}^{p} \beta\left(x; \frac{1}{2}(n - r + 1 - j), \frac{1}{2} s\right) \tag{4.76}$$

dargestellt werden. Für die Spezialfälle $p,s = 1, 2$ ergibt sich daraus die folgende Äquivalenz zum F-Test:

$$p = 1,\ s \text{ bel.}: \frac{n-r}{s}\,\frac{1-\Lambda}{\Lambda} \text{ ist } F_{s,n-r}\text{-verteilt};$$

$$p = 2,\ s \text{ bel.}: \frac{n-r-1}{s}\,\frac{1-\sqrt{\Lambda}}{\sqrt{\Lambda}} \text{ ist } F_{2s,2(n-r-1)}\text{-verteilt};$$

$$s = 1,\ p \text{ bel.}: \frac{n-r-p+1}{p}\,\frac{1-\Lambda}{\Lambda} \text{ ist } F_{p,n-r-p+1}\text{-verteilt};\tag{4.77}$$

$$s = 2,\ p \text{ bel.}: \frac{n-r-p+1}{p}\,\frac{1-\sqrt{\Lambda}}{\sqrt{\Lambda}} \text{ ist } F_{2p,2(n-r-p+1)}\text{-verteilt}.$$

Für andere Werte von p und s und große n ist es möglich, gute Approximationen für die Verteilung von Λ zu erhalten, die auf einer von Bartlett (1947) vorgeschlagenen Näherung beruhen. Danach ist bei Gültigkeit der Nullhypothese

$$-\left(n-r-\frac{p-s+1}{2}\right)\log\Lambda \tag{4.78}$$

approximativ χ^2-verteilt mit ps Freiheitsgraden. Somit sind für große n zur Ermittlung der kritischen Werte von Λ nur χ^2-Tafeln erforderlich.

Von Pillai und Gupta (1969) wird für $p = 3, 4, 5$ und 6 die exakte Verteilungsdichte von Λ in Reihendarstellung angegeben. Sie erhalten für den Parameterbereich

$$s = 11,\ 12,\ 13,\ 14\ (2)\ 22$$

und

$$n - r - p + 1 = 1\ (1)\ 10\ (2)\ 20,\ 24,\ 30,\ 40,\ 60,\ 120,$$

für

$$\alpha = 0.10,\ 0.05,\ 0.025,\ 0.01,\ 0.005$$

kritische Werte der Verteilung von (4.57).

Schatzoff (1966) gibt für denselben Parameterbereich eine Tabelle von Korrekturgliedern an, die multiplikativ auf die kritischen Werte der χ^2-Approximation von (4.78) angewandt werden. (Tafeln der Korrekturglieder siehe auch S. N. Roy et al. (1971).)

Rao (1951) gibt eine bessere Approximation für das Λ-Kriterium an, die auf die F-Verteilung führt. Er weist nach, daß

$$\frac{1-\Lambda^{1/u}}{\Lambda^{1/u}} \cdot \frac{mu-2\gamma}{ps} \tag{4.79}$$

$$\text{für} \quad m = n - r - \frac{p-s+1}{2}, \; u = \sqrt{\frac{p^2s^2-4}{p^2+s^2-5}}, \; \gamma = \frac{ps-2}{4}$$

durch eine $F_{ps,mu-2\gamma}$-Verteilung approximiert wird.

Bei Gültigkeit der Alternativhypothese kann für (4.78) eine Approximation durch die nichtzentrale χ^2-Verteilung verwendet werden (Hsu (1940)). Diese Aussage gewinnt Bedeutung für die Betrachtung der Gütefunktion des Tests (siehe Abschnitt 4.3.4.).

4.3.2. Das Spurkriterium T^2 nach Lawley und Hotelling

Die exakte Verteilung von

$$T^2 \equiv \mathrm{Sp}\,(\boldsymbol{H}\boldsymbol{G}^{-1}) = \sum_{h=1}^{t} \lambda_h,$$

wobei $t = \min(p, s)$ ist, bei Gültigkeit der Nullhypothese war bis vor kurzem, abgesehen von den drei Spezialfällen $p = 1$, $s = 1$ und $p = 2$, nicht bekannt. In den beiden Fällen $p = 1$ und $s = 1$ besteht die folgende Äquivalenz zum F-Test:

$$p = 1: \quad \frac{n-r}{s}\,T^2 \text{ ist } F_{s,n-r}\text{-verteilt;}$$

$$s = 1: \quad \frac{n-r-p+1}{p}\,T^2 \text{ ist } F_{p,n-r-p+1}\text{-verteilt.}$$

Für $p = 2$ hat Hotelling (1950) die exakte Nullverteilung angegeben. Außerdem ist bekannt (Morrow (1948)), daß die Grenzverteilung von $(n-r-p+1)\,T^2$ für $n \to \infty$ eine χ^2-Verteilung mit ps Freiheitsgraden ist.

Grubbs (1954) untersuchte die exakte Verteilung der Größe

$$T_0^2 \equiv (n-r)\,\mathrm{Sp}\,(\boldsymbol{H}\boldsymbol{G}^{-1}) \tag{4.80}$$

und hat für den Nullfall Tabellen kritischer Werte für folgenden Parameterbereich berechnet:

$p = 2$

$s = 2\,(1)\,20\,(5)\,40\,(10)\,100$

$n - r = 2\,(1)\,20\,(2)\,30\,(5)\,50\,(10)\,100$

$\alpha = 0.01,\ 0.05.$

Davis (1970) sowie Pillai und Young (1971) erweiterten die Untersuchungen der exakten Verteilung von T_0^2 auf $p = 3, 4$ und gaben Tabellen kritischer Werte an.

Eine Darstellung der exakten Nullverteilung von T^2 in geschlossener analytischer Form für beliebige Parameter $p, n - r$ und s gelang Krishnaiah und Chang (1970) unter Verwendung inverser Laplace-Transformationen. Jedoch sind aus dieser Darstellung kritische Werte vorerst nur für den einfachen Fall $p = 2$ berechnet worden.

Trotz dieser Schwierigkeiten bei der Untersuchung der exakten Verteilung von T^2 bzw. T_0^2 wird die Spurstatistik in vielen Anwendungen benutzt. Das liegt vor allem daran, daß es recht gute Approximationen für T^2 und T_0^2 gibt, die einmal auf die χ^2-Verteilung und zum anderen auch auf die bekannte F-Verteilung führen.

Für große Stichproben ($n \to \infty$) gab Ito (1960) eine Approximation für $T_0^2 = (n - r) \operatorname{Sp} (\boldsymbol{H}\boldsymbol{G}^{-1})$ an, die bei Gültigkeit der Nullhypothese auf eine zentrale χ^2-Verteilung mit ps Freiheitsgraden und bei Gültigkeit der Alternativhypothese auf die nichtzentrale χ^2-Verteilung mit ps Freiheitsgraden und dem Nichtzentralitätsparameter $\Psi = \sum_{h=1}^{t} \gamma_h$ führt. $\gamma_1, \ldots, \gamma_t$ sind die sich bei Gültigkeit der Alternativhypothese $\mathbf{M}^* \neq \boldsymbol{0}$ ergebenden charakteristischen Wurzeln der Gleichung $|\mathbf{M}^*\mathbf{M}^{*\prime} - \gamma\boldsymbol{\Sigma}| = 0$.

Eine andere Approximation für großes n benutzten Pillai und Samson (1959), die auf der Methode der Anpassung einer Pearson-Kurve durch Quotienten von Momenten beruht. Sie berechneten kritische Werte für

$$\alpha = 0.05, 0.01,$$

$$m_1 = \frac{1}{2} (|s - p| - 1) = 2, 3, 4,$$

$$m_2 = \frac{1}{2} (n - r - p - 1) = 2, 3, 4.$$

Wir verwenden in diesem Buch eine Approximation von T^2 durch eine F-Verteilung. Sie wurde von J. Läuter (1974) vorgeschlagen (Einzelheiten siehe Abschnitt 4.4.).

4.3.3. *Das Kriterium der größten charakteristischen Wurzel* $V = \lambda_1$

Wenn $\infty > \lambda_1 \geqq \lambda_2 \geqq \cdots \geqq \lambda_t > 0$ die von Null verschiedenen charakteristischen Wurzeln von $\boldsymbol{H}\boldsymbol{G}^{-1}$ sind, dann ist für ein vorgegebenes α der kritische Bereich durch

$$V \equiv \lambda_1 > V_\alpha$$

fixiert.

Durch die Transformation

$$l_h = \frac{\lambda_h}{1 + \lambda_h} \tag{4.81}$$

erhält man die charakteristischen Wurzeln $1 > l_1 \geqq \cdots \geqq l_t > 0$ von $\boldsymbol{H}(\boldsymbol{H} + \boldsymbol{G})^{-1}$.

S. N. Roy (1957) gab für 2, 3 und 4 charakteristische Wurzeln l_h einen endlichen rekursiven Algorithmus zur exakten Bestimmung der Verteilung der größten charakteristischen Wurzel bei Gültigkeit der Nullhypothese an, der auf der Verwendung der unvollständigen Beta-Funktion beruht.

Für einen großen Stichprobenumfang n erwiesen sich die von Pillai (1956a) angegebenen Approximationen für die Verteilungsdichte der größten oder kleinsten charakteristischen Wurzel als sehr nützlich. Sie gehen auf Untersuchungen zurück, die schon von Whittlesey (1954) durchgeführt wurden. Auf dieser Basis berechnete Pillai (1960) kritische Werte der Verteilung von $l_{\max}$ für

$$t = 2, 3, 4, 5, 6,$$

$$m_1 = \frac{1}{2} (|s - p| - 1) = 0, 1\ (1)\ 5, 7, 10, 15,$$

$$m_2 = \frac{1}{2} (n - r - p - 1) = 5\ (5)\ 25, 30, 40, 60, 80, 100, 130,$$

$$160, 200, 300, 500, 1000,$$

und

$$\alpha = 0.05, 0.01.$$

Die Tafeln von Pillai findet der Leser auch in S. N. Roy et al. (1971).

Auf der Basis der Pillaischen Approximation berechnete Heck (1960) kritische Werte für die Verteilung der größten von $t = 2, 3, 4, 5$ charakteristischen Wurzeln für die Parameter

$$m_1 = \frac{1}{2} (|s - p| - 1) = -\frac{1}{2}, 0\ (1)\ 10,$$

$$m_2 = \frac{1}{2} (n - r - p - 1) = 5, \ldots, 1000,$$

$$\alpha = 0.01, 0.025, 0.05$$

und stellte dafür Nomogramme auf, die für praktische Zwecke sehr nützlich sind, weil sie Interpolationen gestatten. Die vollständigen Nomogramme sind auch bei S. N. Roy et al. (1971) reproduziert. Für $\alpha = 0.01$ und 0.05 geben wir im Anhang die Nomogramme wieder.

Die Übersicht über die Eigenschaften der Nullverteilungen der drei Testkriterien Λ, T^2 und V erhebt keinen Anspruch auf Vollständigkeit und soll nur zeigen, auf welche Schwierigkeiten man bei der Ermittlung kritischer Werte der Teststatistiken stößt.

4.3.4. Bemerkungen zu den Güteeigenschaften der Testkriterien

Unter der Güte eines Testkriteriums Z versteht man die Wahrscheinlichkeit, daß Z in den Ablehnungsbereich, also die kritische Region fällt, wenn man die Verteilung von Z bei Gültigkeit der Alternativhypothese H_1 zugrunde legt. Wenn R_c den kritischen Bereich bezeichnet, dann ist die Güte π eines Kriteriums Z definiert als

$$\pi = P(Z \in R_c | H_1). \tag{4.82}$$

Hieraus ist ersichtlich, daß man für Güteuntersuchungen von Testkriterien die Verteilungen dieser Kriterien unter der Voraussetzung kennen muß, daß eine beliebige Alternative H_1 zur Nullhypothese gilt. Man spricht in diesem Zusammenhang von der sogenannten Nichtnullverteilung einer Teststatistik. Hierbei gilt es, vornehmlich zwei Fragen zu beantworten:

a) Wie verhält sich die Gütefunktion π eines jeden Testkriteriums in Abhängigkeit von ihren Parametern?

b) Welche Präferenzen bei der Wahl eines Testkriteriums können auf Grund vergleichender Studien der Gütefunktionen gesetzt werden?

Es sei vorweggenommen, daß es für diese beiden Fragestellungen in bezug auf die Testkriterien der multivariaten Varianzanalyse zur Zeit noch keine erschöpfenden und befriedigenden Antworten gibt.

Die explizite Darstellung der Gütefunktionen der Testkriterien erfordert außerordentlich komplizierte analytische Hilfsmittel und ist mit Ausnahme weniger Spezialfälle noch nicht vorhanden. Jedoch auch ohne ihre Kenntnis ist aus der kanonischen Darstellung (4.67) des Problems ersichtlich, von welchen Parametern die Nichtnullverteilung abhängt.

Die Gütefunktion π eines Testkriteriums wäre nach (4.82) dann aus

$$\begin{aligned}\pi &= \int_{R_c} f(\boldsymbol{U}, \boldsymbol{W} | H_1)\, d\boldsymbol{U}\, d\boldsymbol{W} = \int_{R_c} f(\boldsymbol{U}, \boldsymbol{W}; \gamma)\, d\boldsymbol{U}\, d\boldsymbol{W} \\ &= \pi(\gamma_1, \ldots, \gamma_t)\end{aligned} \tag{4.83}$$

zu berechnen.

Hieraus geht hervor, daß die Gütefunktionen der Testkriterien, die auf den charakteristischen Wurzeln $\lambda_1, \ldots, \lambda_t$ von $\boldsymbol{UU}'(\boldsymbol{WW}')^{-1}$ beruhen, nur von den Parametern p, s, $n - r$, den Nichtzentralitäten $\gamma_1, \ldots, \gamma_t$, die die

Abweichungen von der Nullhypothese zum Ausdruck bringen, und von der Größe α des kritischen Bereiches abhängen.

Vom Standpunkt der Theorie des Prüfens statistischer Hypothesen wäre es wünschenswert, Aussagen darüber zu haben, gegenüber welchen Klassen von Alternativen ein bestimmter Test am empfindlichsten ist. Das setzt umfassende vergleichende Untersuchungen der Gütefunktionen der Testkriterien voraus. Bisher jedoch sind nur Aussagen bekannt, die sich auf den Fall eines Nichtzentralitätsparameters beziehen, d. h. für $\mathrm{Rg}(\mathbf{M}^*) = 1$. Im folgenden seien einige der in den letzten Jahren erzielten quantitativen Ergebnisse genannt.

J. Roy (1965) berechnete exakte Werte der Gütefunktion von Λ für die folgenden Parameterwerte:

$$p = 2; \quad s = 1\,(1)\,10; \quad n - r = 10, 20, 50, 100, \infty;$$

$$\gamma_1 = 2\,(2)\,20\,(4)\,40, 50; \quad \alpha = 0.05.$$

Ferner gibt er für

$$p = 3, 4, 5, 6; \quad s = 1\,(1)\,5; \quad n - r = 50, 100, 200, \infty;$$

$$\gamma_1 = 2\,(2)\,20\,(4)\,40, 50 \quad \text{und} \quad \alpha = 0.05$$

unter Verwendung von Gammareihen eine Approximation für die Güte des Λ-Tests an.

Eine andere Approximation erhielt J. Roy durch Jacobi-Polynome.

Vergleichende Untersuchungen der Gütefunktionen des Λ- und des T^2-Tests nahm Ito (1962) vor. Er ging von der von Hsu (1940) getroffenen Feststellung aus, daß in dem Maße, wie die Stichprobenumfänge gegen Unendlich streben, sich die Gütefunktionen der beiden Testkriterien für alle möglichen Alternativen angleichen. Ito zeigte, daß für den Fall $\mathrm{Rg}(\mathbf{M}^*) = 1$, d. h. es existiert nur ein Nichtzentralitätsparameter γ_1, keines der beiden Kriterien einen Vorrang besitzt, falls einigermaßen große, d. h. praktisch vertretbare Stichprobenumfänge vorliegen.

Für $p = 1, 2, 3, 4$; $s = 2, 3$; $n - r = 100, 200, \infty$; $\gamma_1 = 1\,(1)\,8$ und $\alpha = 0.05$ berechnete er approximative Werte der Gütefunktionen des Λ- und T^2-Tests.

Sehr detaillierte Aussagen über die nichtzentralen Verteilungen der größten und kleinsten (d. h. $p = 2$) bzw. der größten, mittleren und kleinsten (d. h. $p = 3$) charakteristischen Wurzel erzielten Pillai und Dotson (1969), indem sie die von Constantine (1963) und James (1960) angegebene explizite Darstellung der Nichtnullverteilung zugrunde legten.

Dabei ist zu beachten, daß es sich bei der von Constantine angegebenen Verteilung nicht um die Nichtnullverteilung irgendeines der üblichen Testkriterien handelt, sondern um die gemeinsame Verteilungsdichte von p charakteristischen Wurzeln $\lambda_1, \ldots, \lambda_p$ unter der Voraussetzung, daß p

Nichtzentralitätsparameter $\gamma_1, \ldots, \gamma_p$ existieren. Die Darstellung dieser Verteilungsdichte erfordert außerordentlich komplizierte analytische Hilfsmittel.

Ausgangspunkt für die explizite Darstellung dieser Verteilungsdichte bilden die aus der kanonischen Form hervorgegangenen stochastischen Matrizen $\boldsymbol{U}$ und $\boldsymbol{W}$. Das Ergebnis von CONSTANTINE lautet für $s \geqq p$:

$$
\begin{aligned}
f(\lambda_1, \ldots, \lambda_p; \gamma_1, \ldots, \gamma_p) &= e^{\frac{1}{2}\mathrm{Sp}\,\boldsymbol{\Omega}} \\
&\times {}_1F_1\left[\frac{1}{2}(s+n-r), \frac{1}{2}p; \frac{1}{2}\boldsymbol{\Omega}, (\boldsymbol{I}+\boldsymbol{F}^{-1})^{-1}\right] \\
&\times \frac{\Gamma_p\left(\frac{1}{2}(s+n-r)\right)\pi^{\frac{1}{2}p^2}}{\Gamma_p\left(\frac{1}{2}s\right)\Gamma_p\left(\frac{1}{2}(n-r)\right)\Gamma_p\left(\frac{1}{2}\right)} \\
&\times \frac{|\boldsymbol{F}|^{\frac{1}{2}(s-p-1)}\prod\limits_{h<j}(\lambda_h-\lambda_j)}{|\boldsymbol{I}+\boldsymbol{F}|^{\frac{1}{2}(s+n-r)}},
\end{aligned}
\tag{4.84}
$$

mit

$$\boldsymbol{F} = \boldsymbol{U}'(\boldsymbol{W}\boldsymbol{W}')^{-1}\boldsymbol{U},$$

$$\boldsymbol{\Omega} = \mathbf{M}^{*\prime}\boldsymbol{\Sigma}^{-1}\mathbf{M}^{*},$$

$$\Gamma_p(a) = \prod_{h=1}^{p}\Gamma(a+1-h)$$

und ${}_1F_1(a, b; \boldsymbol{S}, \boldsymbol{T})$ als confluenter hypergeometrischer Funktion mit Matrixargumenten.

Für den praktisch interessanten Fall $s \leqq p$ erhält man die Verteilungsdichte wieder durch Substitution der Parameter p, s und $n - r$ wie bei der Nullverteilung (4.69).

Für $\boldsymbol{\Omega} = \boldsymbol{0}$ ergibt sich aus (4.84) die Nullverteilung (4.69).

Für einen Nichtzentralitätsparameter γ_1 gab S. N. ROY (1942) und für zwei Parameter γ_1, γ_2 gab T. W. ANDERSON (1946) schon die Nichtnullverteilung an.

Von der Verteilung (4.84) gingen PILLAI und DOTSON (1969) aus und berechneten Werte der Gütefunktion für den Fall der allgemeinen linearen Hypothese bei großen und kleinen Stichprobenumfängen. Für die Nichtzentralitätsparameter γ_1, γ_2 bzw. $\gamma_1, \gamma_2, \gamma_3$ setzten sie einmal $\gamma_1^2 + \gamma_2^2 = \text{const}$ und $\gamma_1 + \gamma_2 + \gamma_3 = \text{const}$ an und variierten γ_1, γ_2 und γ_3.

Gnanadesikan et al. (1964) äußerten Zweifel, daß analytische Methoden des Vergleichs von Gütefunktionen, wie sie auf der Basis der Nichtnullverteilung von James (1960) und Constantine (1963) von verschiedenen Autoren durchgeführt wurden und werden, definitiv die relative Empfindlichkeit der verschiedenen Teststatistiken bezüglich einer Nichtnullstruktur bestimmen, da eine Nichtnullstruktur auf Grund verschiedener einfacher und natürlicher Abstandsmaße, die im mehrdimensionalen Parameterraum definiert sind, untersucht werden kann.

So zum Beispiel dient die Funktion $\gamma_1 + \cdots + \gamma_t$ der Nichtzentralitäten als eine „Metrik" zur Beschreibung struktureller Abweichungen von der Nullhypothese $\gamma_1 = \cdots = \gamma_t = 0$ und stellt einen quadratischen euklidischen Abstand im $(\sqrt{\gamma_1}, \ldots, \sqrt{\gamma_t})$-Raum dar, während z. B. $\sqrt{\gamma_1^2 + \cdots + \gamma_t^2}$ die euklidische Metrik im $(\gamma_1, \ldots, \gamma_t)$-Raum darstellt.

Wegen der großen Vielfalt möglicher Funktionen $g(\gamma_1, \ldots, \gamma_t)$, die zur Beschreibung struktureller Abweichungen von der Nullhypothese in Frage kommen können, sehen Gnanadesikan et al. (1964) Monte-Carlo-Studien als das geeignete Hilfsmittel an, um das Güteverhalten von Teststatistiken der multivariaten Varianzanalyse beurteilen zu können.

Die Monte-Carlo-Studien von Gnanadesikan et al. (1964) wurden für folgende Parameterkombinationen durchgeführt: $p = 2$; $s = 2, 5, 10$ und somit $t = \min(p,s) = 2$; $n - r = 3, 5, 10, 20, 25, 50$.

Ausgangspunkt waren die charakteristischen Wurzeln $1 > l_1 \geqq \cdots \geqq l_t > 0$ von $\boldsymbol{H}(\boldsymbol{H} + \boldsymbol{G})^{-1}$, die aus den charakteristischen Wurzeln $\infty > \lambda_1 \geqq \cdots \geqq \lambda_t > 0$ von $\boldsymbol{H}\boldsymbol{G}^{-1}$ vermöge der Transformation

$$l_h = \frac{\lambda_h}{1 + \lambda_h} \quad (h = 1, \ldots, t)$$

hervorgehen.

Es wurden die folgenden 5 Teststatistiken betrachtet:

Likelihood-Quotienten-Statistik

$$\Lambda^* = \prod_{h=1}^{t} (1 - l_h) \quad (0 < \Lambda^* < 1), \tag{4.85}$$

Spur-Statistik

$$T^2 = \sum_{h=1}^{t} \lambda_h \quad (0 < T^2 < \infty), \tag{4.86}$$

größte charakteristische Wurzel

$$V^* = l_1 \quad (0 < V^* < 1), \tag{4.87}$$

$$D = \sum_{h=1}^{t} l_h \quad (0 < D < t), \tag{4.88}$$

$$U = \prod_{h=1}^{t} l_h \quad (0 < U < 1). \tag{4.89}$$

Für die Nichtzentralitäten γ_1 und γ_2 wurden sieben verschiedene Funktionen gewählt, die als „Metriken" für die Abweichungen von der Nullbedingung $\gamma_1 = \gamma_2 = 0$ dienten.

Auf der Basis der kanonischen Form der Nichtnullverteilung (4.67) sind für jede Kombination der Parameter $(n - r)$, s und (γ_1, γ_2) 500 Werte jeder der fünf Teststatistiken berechnet worden. Für die Güte der Teststatistiken ergab sich folgender Trend:

$$D \geqq U \geqq \Lambda^* \geqq T^2 \geqq V^*. \tag{4.90}$$

Jedoch kommen noch Abweichungen von dieser Anordnung vor. So scheint für $\gamma_1 \gg \gamma_2$ die Statistik V^* die größte Güte zu haben, während für $(n - r) \leqq 10$ offenbar die Statistik U die größte Güte besitzt.

Die hier angeführten quantitativen Eigenschaften der Null- und Nichtnullverteilungen der Teststatistiken für die multivariate Varianzanalyse stellen nur ein kleines Spektrum der auf diesem Gebiet in dem letzten Jahrzehnt erzielten Forschungsergebnisse dar.

Nicht unerwähnt bleiben dürfen die Untersuchungen zu den mehr qualitativen Eigenschaften der Testkriterien. Hier seien vor allem die Ergebnisse von DAS GUPTA, S., ANDERSON, T. W., und MUDHOLKAR, G. S. (1964), SRIVASTAVA, J. N. (1964) sowie von ROY, S. N., und MIKHAIL, W. F. (1961) genannt. Sie erzielten Aussagen über Monotonie-Eigenschaften der Testkriterien, die besagen, daß die Güte jedes der drei Testkriterien eine monoton wachsende Funktion der Nichtzentralitätsparameter $|\gamma_h|$ $(h = 1, \ldots, t)$ ist. Hieraus folgt die sehr wichtige Eigenschaft der Unverfälschtheit der Tests, also

$$\pi(\gamma_1, \ldots, \gamma_t) > \alpha, \tag{4.91}$$

d. h., die Güte jedes Tests ist für alle möglichen Alternativen größer als der Fehler 1. Art. Für das Testkriterium $V = \lambda_1$ gelang es S. N. ROY (1953), eine monotone untere Schranke der Gütefunktion $\pi(\gamma_1, \ldots, \gamma_t)$ zu konstruieren, jedoch ist für kleine Werte der Nichtzentralitätsparameter $\gamma_1, \ldots, \gamma_t$ nichts über den Abstand der Gütefunktion von dieser unteren Schranke bekannt.

Die zum Teil noch ungelösten Verteilungsprobleme der Teststatistiken für das multivariate lineare Hypothesenmodell bedeuten nur für den Leser eine Beschränkung der Allgemeingültigkeit, der eine abgerundete, mathematisch vollkommene Lösung multivariater Probleme erwartet hat. Der erfahrene Statistiker weiß, daß diese Forderung selbst bei univariaten Problemen nicht in jedem Falle erfüllt ist.

Die in diesem Abschnitt erläuterten Probleme sollten den Leser mit den Schwierigkeiten vertraut machen, die bei multivariaten Aufgabenstellungen auftreten. Sie geben keinen Anlaß für eine pessimistische Beurteilung. Die folgenden Kapitel werden dem Leser zeigen, wie praxiswirksam Probleme der multivariaten Statistik behandelt werden können.

4.4. Über eine hier verwendete approximative Verteilung von T^2

Die Autoren dieses Buches haben nicht nur die Absicht, die theoretischen Probleme der mehrdimensionalen Varianzanalyse und der Diskriminanzanalyse zu publizieren, sondern wollen auch die unmittelbar praktische Anwendung dieser Verfahren fördern. Von dieser Zielstellung ausgehend, möchten sie die Spurstatistik $T^2 = \text{Sp}\,(\boldsymbol{HG}^{-1})$ zum Gebrauch empfehlen. Diese Statistik ist sehr einfach, ohne Auflösung eines Eigenwertproblems, zu berechnen und läßt sich bei theoretischen Überlegungen wegen der bekannten Additivitätseigenschaften der Spur leicht handhaben. Wie die Ausführungen in den Kapiteln 5., 6. und 7. zeigen werden, kann T^2 gleichzeitig als multivariates Trennmaß, d. h. als Maß zur Bestimmung des Informationsgehaltes der untersuchten Merkmale, benutzt werden.

4.4.1. Approximation der Nullverteilung

Die statistischen Eigenschaften von T^2 sind nach den Darlegungen von Abschnitt 4.3.2. nur teilweise geklärt, jedoch bieten sich Möglichkeiten, die Größe T^2 im Falle der Gültigkeit der Nullhypothese durch die F-Verteilung zu approximieren. Auf diese Weise lassen sich sowohl die Quantile von T^2 zu vorgegebenen Irrtumswahrscheinlichkeiten als auch umgekehrt zu vorgegebenen Quantilen von T^2 die entsprechenden „kritischen" Irrtumswahrscheinlichkeiten gewinnen. Wir wenden im folgenden eine von J. Läuter (1974) angegebene Approximation der T^2-Verteilung durch die F-Verteilung an. Weitere F-Approximationen stammen von Lawley (1938), Pillai (1955), Pillai und Young (1971) sowie McKeon (1973). Die ersten beiden Approximationen sind ungenauer als die Näherung von Läuter. Die Approximation von Pillai/Young bzw. McKeon, die auf den ersten drei Momenten der Spurstatistik basiert, ist zwar präziser als die hier angegebene Näherung, besitzt aber die Nachteile, daß sie nicht bei allen vorkommenden Kombinationen von p, f_1, f_2 tatsächlich auf eine F-Verteilung führt und daß ihre Anwendung mehr Rechenarbeit als die hier benutzte Näherung erfordert. Eine Untersuchung der T^2-Quantile dieser Approximation für $\alpha = 0{,}05$, $p = 1, \ldots, 100$, $f_1 = 1, \ldots, 100$ und $f_2 = p + 2, \ldots, 500$ ergab in allen Fällen, in denen das Verfahren von Pillai/Young bzw. McKeon überhaupt anwendbar ist, zur Näherung von Läuter eine Differenz unterhalb 1%.

Da für die F-Verteilung sowohl Quantiltabellen als auch entsprechende Computerprogramme in großer Zahl existieren, ist die F-Approximation für die Anwendung der mehrdimensionalen Varianzanalyse günstiger als andere Näherungen, wie z. B. die Approximation der Quantile von T^2 durch die Quantile der χ^2-Verteilung mit ps Freiheitsgraden von Ito (1956), die Approximation der Verteilungsfunktion von T^2 durch unvollständige Betafunktionen von PILLAI (1954, 1956b) und die Approximation durch eine PEARSON-Kurve von PILLAI und SAMSON (1959). Die bekannte, sehr einfache Näherung der Verteilung von T^2 durch die χ^2-Verteilung mit ps Freiheitsgraden ist nur für sehr große Stichproben zu empfehlen, da sie bei kleinerem n erhebliche Fehler mit sich bringt.

Die F-Approximation von J. LÄUTER ist so beschaffen, daß sie bei $t = \min(p,s) = 1$ und beim Grenzübergang $n \to \infty$ mit der exakten Verteilung von T^2 übereinstimmt und daß sie außerdem in den ersten beiden Momenten die exakten Werte einhält, die von LAWLEY (1938) sowie von PILLAI und SAMSON (1959) angegeben wurden.

Die Approximation geht von der WISHART-Verteilung der beiden (p,p)-Matrizen $\boldsymbol{H}$ und $\boldsymbol{G}$ mit $f_1 = s$ bzw. $f_2 = n - r$ Freiheitsgraden und der stochastischen Unabhängigkeit dieser beiden zufälligen Matrizen aus. Setzt man

$$\left.\begin{aligned} g_1 &= \frac{f_1 p (f_2 - p)}{f_1 + f_2 - f_1 p - 1} \qquad (4.92)\\ g_2 &= f_2 - p + 1 \qquad (4.93) \end{aligned}\right\}, \quad \text{falls } f_1 + f_2 - f_1 p - 1 > 0,$$

$$\left.\begin{aligned} g_1 &= \infty \qquad (4.94)\\ g_2 &= (f_2 - p + 1) - \frac{(f_2 - p - 1)(f_2 - p - 3)(f_1 + f_2 - f_1 p - 1)}{(f_2 - 1)(f_1 + f_2 - p - 1)} \qquad (4.95) \end{aligned}\right\},$$

$$\text{falls } f_1 + f_2 - f_1 p - 1 \leqq 0,$$

so ergibt sich, daß die Teststatistik

$$\tilde{F} = \frac{f_2 - p - 1}{f_1 p} \, \frac{g_2}{g_2 - 2} \operatorname{Sp}(\boldsymbol{H}\boldsymbol{G}^{-1}) \qquad (4.96)$$

bei Gültigkeit der Nullhypothese annähernd eine F-Verteilung mit den beiden Freiheitsgraden g_1 und g_2 hat. Hierbei können g_1 und g_2 gebrochene Zahlen sein. Die Approximation ist nur für $f_2 \geqq p + 2$ bzw. $n \geqq r + p + 2$ anwendbar. Liegt einer der anderen beiden Fälle $n = r + p$ oder $n = r + p + 1$ vor — das bedeutet ja, daß die Anzahl der Meßwertvektoren extrem niedrig ist —, so kann kein Signifikanztest nach dieser Methode durchgeführt werden. In den praktischen Anwendungen werden diese Grenzfälle kaum auftreten. f_1 und p können beliebige positive ganze Zahlen sein.

Man erkennt sofort, daß unter den genannten Bedingungen immer $g_1 \geqq 1$ gilt. Für den zweiten Freiheitsgrad erhält man $g_2 > 2$. Das ergibt sich für $f_2 \geqq p + 3$ unmittelbar aus den angeführten Formeln und für $f_2 = p + 2$ aus der Beziehung

$$g_2 = 2 + \frac{2f_1 + 2p + 2}{(f_1 + 1)(p + 1)} > 2,$$

die in diesem Spezialfall durch Umformung von (4.95) entsteht.

Bei Benutzung der angegebenen approximativen Verteilung lassen sich die multivariaten Signifikanztests mit Hilfe der überall verfügbaren F-Tafeln durchführen. Die Nullhypothese H_0 wird verworfen, falls für eine vorgegebene Irrtumswahrscheinlichkeit α

$$\tilde{F} > F_{g_1,g_2;\alpha}$$

gilt, wobei $F_{g_1,g_2;\alpha}$ aus der F-Quantiltabelle entnommen ist.[1])

Wir wollen für zwei Beispiele die Freiheitsgrade g_1 und g_2 sowie das entsprechende F-Quantil bestimmen. Im Fall $p = 2$, $f_1 = 9$, $f_2 = 22$ ergibt sich

$$f_1 + f_2 - f_1 p - 1 = 12,$$

$$g_1 = \frac{18 \cdot 20}{12} = 30, \quad g_2 = 21,$$

$$F_{g_1,g_2;0.05} = 2.01,$$

im Fall $p = 2$, $f_1 = 9$, $f_2 = 7$ erhält man

$$f_1 + f_2 - f_1 p - 1 = -3,$$

$$g_1 = \infty, \quad g_2 = 6 - \frac{4 \cdot 2 \cdot (-3)}{6 \cdot 13} = 6\frac{4}{13},$$

$$F_{g_1,g_2;0.05} = 3.53.$$

Bei beiden Beispielen ist eine Kontrolle möglich, indem man die Ergebnisse mit den von GRUBBS (1954) (siehe S. N. ROY et al. (1971), Seite 165—171) bestimmten Quantilen von $\tilde{F}$ vergleicht. Im ersten Fall gilt nach GRUBBS für das exakte Quantil von $\tilde{F}$ $\tilde{F}_{0.05} = 2.01$, im zweiten Fall $\tilde{F}_{0.05} = 3.49$.

In Abschnitt 4.3. hatten wir erwähnt, daß die Nullverteilung der charakteristischen Wurzeln unverändert bleibt, wenn man p,s und $n - r$ durch s,p und $n - r + s - p$ ersetzt. Im Einklang hiermit weisen die Formeln (4.92) bis (4.96) des approximativen multivariaten Tests bestimmte innere Symmetrien auf. Diese treten besonders hervor, wenn man

$$l = f_2 - p + 1 \tag{4.97}$$

setzt. Dann gilt nämlich

$$\left.\begin{aligned} g_1 &= \frac{f_1 p(l-1)}{l + f_1 + p - f_1 p - 2} \quad (4.98)\\ g_2 &= l \quad (4.99)\end{aligned}\right\}, \text{ falls } l + f_1 + p - f_1 p - 2 > 0,$$

[1]) Im Fall gebrochener Freiheitsgrade werden die Quantile aus den Tafelwerten durch eine geeignete Interpolation gewonnen.

$$\left.\begin{aligned} g_1 &= \infty \\ g_2 &= l - \frac{(l-2)(l-4)(l+f_1+p-f_1p-2)}{(l+p-2)(l+f_1-2)} \end{aligned}\right\}, \quad \text{falls } l+f_1+p-f_1p-2 \leqq 0, \qquad (4.100)\ (4.101)$$

$$\tilde{F} = \frac{l-2}{f_1 p}\,\frac{g_2}{g_2-2}\,\mathrm{Sp}\,(\boldsymbol{H}\boldsymbol{G}^{-1}). \qquad (4.102)$$

Die Formeln sind anwendbar für $l \geqq 3$, $f_1 \geqq 1$, $p \geqq 1$. Man erkennt, daß eine Vertauschung von f_1 und p bei Konstanthalten von l keinen Einfluß auf den Signifikanztest hat.

Die Testvorschrift, die durch die Gleichungen (4.92) bis (4.96) festgelegt wurde, ist relativ kompliziert, insbesondere dadurch, daß der Wert der Teststatistik $\tilde{F}$, je nachdem, ob (4.93) oder (4.95) gilt, in unterschiedlicher Weise von f_1, f_2, p abhängt. Um die späteren Darlegungen über die multivariaten Signifikanztests zu erleichtern, wollen wir noch eine Vergröberung des Tests angeben. Diese besteht darin, daß in jedem vorliegenden Fall

$$g_2 = f_2 - p + 1$$

gesetzt wird. Dann ergibt sich

$$g_1 = \begin{cases} \dfrac{f_1 p (f_2 - p)}{f_1 + f_2 - f_1 p - 1}, & \text{falls } f_1 + f_2 - f_1 p - 1 > 0, \\ \infty, & \text{falls } f_1 + f_2 - f_1 p - 1 \leqq 0, \end{cases} \qquad (4.103)$$

$$g_2 = f_2 - p + 1, \qquad (4.104)$$

$$\tilde{F} = \frac{f_2 - p + 1}{f_1 p}\,\mathrm{Sp}\,(\boldsymbol{H}\boldsymbol{G}^{-1}). \qquad (4.105)$$

Der vergröberte Test ist für $f_2 \geqq p + 1$ bzw. $n \geqq r + p + 1$ anwendbar. Für $f_1 + f_2 - f_1 p - 1 > 0$, insbesondere also für $p = 1$ und für $f_1 = 1$, stimmt der vergröberte Test mit dem ursprünglichen überein, während sich im entgegengesetzten Fall die Approximation verschlechtert. In dem Fall $f_1 + f_2 - f_1 p - 1 \leqq 0$ besteht nicht mehr in den ersten beiden Momenten, sondern nur noch in den Erwartungswerten Übereinstimmung zwischen der exakten und der approximierenden Verteilung. Für das Beispiel $p = 2$, $f_1 = 9$, $f_2 = 7$ ergibt sich bei Anwendung der vergröberten Vorschrift

$$g_1 = \infty, \quad g_2 = 6, \quad F_{g_1, g_2; 0.05} = 3.67,$$

wogegen der exakte Wert nach GRUBBS (1954)

$$\tilde{F}_{0.05} = 3.58$$

ist. Man erkennt, daß sich der Fehler gegenüber der ersten Approximation erhöht hat.

In den späteren Anwendungen des Signifikanztests wollen wir teilweise nur die vergröberte Testvorschrift angeben. Wir möchten aber dennoch allen Lesern, die auch bei kleineren Werten von f_2 eine höhere Präzision des Tests erwarten, den Ratschlag geben, die ausführlichere Testvorschrift, entsprechend den Gleichungen (4.92) bis (4.96), anzuwenden.

4.4.2. *Approximation der Nichtnullverteilung*

Die durch (4.92) bis (4.96) angegebene F-Approximation von T^2 läßt sich, zumindest teilweise, auch auf den nichtzentralen Fall ausdehnen. Es wird vorausgesetzt, daß die (p,p)-Matrix $\boldsymbol{G}$ nach $W(\boldsymbol{\Sigma}, f_2)$ zentral WISHART-verteilt und die (p,p)-Matrix $\boldsymbol{H}$ gemäß $W(\boldsymbol{\Sigma}, f_1, \mathbf{M})$ nichtzentral WISHART-verteilt sei (siehe (3.27)). $\mathbf{M}$ soll eine (p,f_1)-Matrix vom Rang 1 sein, d. h. $\gamma_1 = \operatorname{Sp}(\mathbf{M}'\boldsymbol{\Sigma}^{-1}\mathbf{M})$ ist der einzige in der Verteilung von $\boldsymbol{H}$ nichtverschwindende Nichtzentralitätsparameter.

Unter diesen Bedingungen wird die Verteilung der HOTELLINGschen Statistik $T^2 = \operatorname{Sp}(\boldsymbol{H}\boldsymbol{G}^{-1})$ betrachtet $(p \geqq 1, f_1 \geqq 1,\ f_2 \geqq p + 2)$. Für $f_1 + f_2 - f_1 p - 1 > 0$ ist

$$\tilde{F} = \frac{f_2 - p + 1}{f_1 p} T^2$$

annähernd nichtzentral F-verteilt mit den Freiheitsgraden

$$g_1 = \frac{f_1 p(f_2 - p)}{f_1 + f_2 - f_1 p - 1}, \qquad g_2 = f_2 - p + 1$$

und der Nichtzentralität $\lambda = \dfrac{g_1}{f_1 p} \gamma_1$.

Für $f_1 + f_2 - f_1 p - 1 \leqq 0$ wird

$$\tilde{F} = \frac{f_2 - p - 1}{f_1 p + \gamma_1} \frac{g_2}{g_2 - 2} T^2$$

durch die zentrale F-Verteilung mit den Freiheitsgraden $g_1 = \infty$,

$$g_2 = (f_2 - p + 1) - \frac{(f_1 p + 2\gamma_1)(f_2 - p - 1)(f_2 - p - 3)(f_1 + f_2 - f_1 p - 1)}{(f_1 p + 2\gamma_1)(f_2 - 1)(f_1 + f_2 - p - 1) + \gamma_1^2 (f_2 - p)}$$

angenähert. Diese Approximationen gelten in dem Sinne, daß Übereinstimmung in den Momenten erster und zweiter Ordnung vorliegt (J. LÄUTER (1978b)). Für $p = 1$ und für $f_1 = 1$ bestehen keinerlei Abweichungen zwischen der Verteilung von $\tilde{F}$ und der approximierenden F-Verteilung. Ebenso wie im zentralen Fall ergibt sich auch hier $g_2 > 2$. Die beiden Fälle $f_1 + f_2$

$- f_1 p - 1 > 0$ und $f_1 + f_2 - f_1 p - 1 \leqq 0$ gehen stetig ineinander über, denn g_2 ist eine stetige Funktion von p, f_1 und f_2, und für $g_1 \to \infty$ konvergiert die nichtzentrale F-Verteilung $F_{g_1, g_2, g_1\gamma_1/(f_1 p)}$ gegen die zentrale F-Verteilung $\left(1 + \gamma_1/(f_1 p)\right) F_{\infty, g_2}$.

In Abschnitt 7.12. wird diese Approximation für die Planung der Stichprobenumfänge der mehrdimensionalen Varianzanalyse benutzt.

4.5. Praktisches Verfahren zur Aufstellung eines multivariaten Tests

In Abschnitt 4.2.4. haben wir den engen Zusammenhang eines multivariaten Tests mit dem entsprechenden univariaten Test herausgearbeitet. Zu einer multivariaten Testaufgabe findet man die zugehörige univariate Aufgabe, indem man die Merkmalsanzahl p auf 1 reduziert, sonst aber alles unverändert läßt. Bei beiden Aufgaben stimmen die Versuchsplanmatrizen $\boldsymbol{X}$, die Hypothesenmatrizen $\boldsymbol{K}$ sowie n, r und s überein. Folglich besitzen auch beide Aufgaben die gleichen Matrizen $\boldsymbol{Q}_H$ und $\boldsymbol{Q}_G$.

Im univariaten Fall wird der F-Quotient

$$F = \frac{(n - r)\boldsymbol{y}'\boldsymbol{Q}_H\boldsymbol{y}}{s\boldsymbol{y}'\boldsymbol{Q}_G\boldsymbol{y}}, \quad f_1 = s, \quad f_2 = n - r \tag{4.106}$$

als Teststatistik benutzt, wobei $\boldsymbol{y}'\boldsymbol{Q}_G\boldsymbol{y}$ und $\boldsymbol{y}'\boldsymbol{Q}_H\boldsymbol{y}$ quadratische Formen in den Meßwerten $y_1, \ldots, y_n$ sind, die bei Gültigkeit der Hypothese $\sigma^2\chi^2$-verteilt und voneinander stochastisch unabhängig sind. Im multivariaten Fall ist die Teststatistik eine monotone Funktion der charakteristischen Wurzeln λ_h des Eigenwertproblems

$$(\boldsymbol{H} - \lambda \boldsymbol{G})\, \boldsymbol{x} = \boldsymbol{0}, \tag{4.107}$$

wobei

$$\boldsymbol{H} = \boldsymbol{Y}\boldsymbol{Q}_H\boldsymbol{Y}', \quad \boldsymbol{G} = \boldsymbol{Y}\boldsymbol{Q}_G\boldsymbol{Y}' \tag{4.108}$$

gilt. Da $\boldsymbol{Q}_H$ und $\boldsymbol{Q}_G$ im univariaten und im multivariaten Fall übereinstimmen, ist es naheliegend, die Formeln für die Matrizen $\boldsymbol{H}$ und $\boldsymbol{G}$ des multivariaten Tests aus den quadratischen Formen $\boldsymbol{y}'\boldsymbol{Q}_H\boldsymbol{y}$ und $\boldsymbol{y}'\boldsymbol{Q}_G\boldsymbol{y}$ des entsprechenden univariaten Tests herzuleiten. Selbstverständlich wird hierbei vorausgesetzt, daß die quadratischen Formen des univariaten Falls bekannt sind. Auf diese Weise kann man den relativ komplizierten Weg der Bestimmung von $\boldsymbol{H}$ und $\boldsymbol{G}$ über die Formeln (4.10) und (4.11) vermeiden.

Es gilt für den univariaten Fall

$$\boldsymbol{y}'\boldsymbol{Q}_H\boldsymbol{y} = \sum_{j,k=1}^{n} q_{Hjk} y_j y_k, \quad \boldsymbol{y}'\boldsymbol{Q}_G\boldsymbol{y} = \sum_{j,k=1}^{n} q_{Gjk} y_j y_k, \tag{4.109}$$

wenn man die Elemente von $\boldsymbol{Q}_H$ und $\boldsymbol{Q}_G$ mit q_{Hjk} und q_{Gjk} benennt.

Die Matrizen $\boldsymbol{H}$ und $\boldsymbol{G}$ der multivariaten Aufgabe haben die Gestalt

$$\boldsymbol{H} = \sum_{j,k=1}^{n} q_{Hjk} \begin{pmatrix} y_{1j}y_{1k} & y_{1j}y_{2k} & \cdots & y_{1j}y_{pk} \\ y_{2j}y_{1k} & y_{2j}y_{2k} & \cdots & y_{2j}y_{pk} \\ \cdots & \cdots & \cdots & \cdots \\ y_{pj}y_{1k} & y_{pj}y_{2k} & \cdots & y_{pj}y_{pk} \end{pmatrix} = \sum_{j,k} q_{Hjk}\boldsymbol{y}_j\boldsymbol{y}_k' \tag{4.110}$$

und

$$\boldsymbol{G} = \sum_{j,k=1}^{n} q_{Gjk} \begin{pmatrix} y_{1j}y_{1k} & y_{1j}y_{2k} & \cdots & y_{1j}y_{pk} \\ y_{2j}y_{1k} & y_{2j}y_{2k} & \cdots & y_{2j}y_{pk} \\ \cdots & \cdots & \cdots & \cdots \\ y_{pj}y_{1k} & y_{pj}y_{2k} & \cdots & y_{pj}y_{pk} \end{pmatrix} = \sum_{j,k} q_{Gjk}\boldsymbol{y}_j\boldsymbol{y}_k', \tag{4.111}$$

sie enthalten also in der Hauptdiagonalen quadratische Formen, die den einzelnen Merkmalen $y_1, \ldots, y_p$ entsprechen, und außerhalb der Hauptdiagonalen Bilinearformen von je zwei Merkmalen, wobei $\boldsymbol{Q}_H$ und $\boldsymbol{Q}_G$ die Koeffizientenmatrizen der Formen sind. Daher ist die Gestalt von $\boldsymbol{H}$ und $\boldsymbol{G}$ aus den Formeln von $\boldsymbol{y}'\boldsymbol{Q}_H\boldsymbol{y}$ und $\boldsymbol{y}'\boldsymbol{Q}_G\boldsymbol{y}$ sehr leicht zu gewinnen. Bei der formalen Überführung der quadratischen Formen des univariaten Falls in die Matrizen $\boldsymbol{H}$ und $\boldsymbol{G}$ ist, wie man durch Vergleich von (4.109) mit (4.110) und (4.111) erkennt, jeweils das Produkt y_jy_k zweier Meßwerte durch das entsprechende Produkt $\boldsymbol{y}_j\boldsymbol{y}_k'$ von Meßwertvektoren zu ersetzen. Eine analoge Ersetzungsregel ist auch anzuwenden, wenn die quadratischen Formen der univariaten Aufgabe nicht in ihrer Normalgestalt, aus der sofort die Koeffizientenmatrix abzulesen ist, gegeben sind. Wenn beispielsweise

$$\boldsymbol{y}'\boldsymbol{Q}_H\boldsymbol{y} = \sum_{j=1}^{a} c_j \left(\sum_{k=1}^{n} a_{kj}y_k\right)^2, \tag{4.112}$$

$$\boldsymbol{y}'\boldsymbol{Q}_G\boldsymbol{y} = \sum_{j=1}^{b} d_j \left(\sum_{k=1}^{n} b_{kj}y_k\right)^2 \tag{4.113}$$

gilt, so entsteht

$$\boldsymbol{H} = \sum_{j=1}^{a} c_j \left(\sum_{k=1}^{n} a_{kj}\boldsymbol{y}_k\right)\left(\sum_{k=1}^{n} a_{kj}\boldsymbol{y}_k\right)', \tag{4.114}$$

$$\boldsymbol{G} = \sum_{j=1}^{b} d_j \left(\sum_{k=1}^{n} b_{kj}\boldsymbol{y}_k\right)\left(\sum_{k=1}^{n} b_{kj}\boldsymbol{y}_k\right)', \tag{4.115}$$

an die Stelle des Quadrates z^2 einer univariaten Linearkombination z tritt also im multivariaten Fall das entsprechende Matrizenprodukt $\boldsymbol{z}\boldsymbol{z}'$.

Wir demonstrieren diese Methode an einigen Beispielen:

1. Vergleich der Mittelwerte zweier normalverteilter Grundgesamtheiten: Für den univariaten Fall gilt, wie der Leser sicher von dem bekannten t-Test her wissen wird,

$$\boldsymbol{y}'\boldsymbol{Q}_H\boldsymbol{y} = \frac{n_1 n_2}{n_1 + n_2}(y_{1.} - y_{2.})^2,$$

$$\boldsymbol{y}'\boldsymbol{Q}_G\boldsymbol{y} = \sum_{k=1}^{n_1}(y_{1k} - y_{1.})^2 + \sum_{k=1}^{n_2}(y_{2k} - y_{2.})^2,$$

$$f_1 = 1, \qquad f_2 = n_1 + n_2 - 2.$$

Hierbei sind $y_{11}, \ldots, y_{1n_1}$ und $y_{21}, \ldots, y_{2n_2}$ die vorgegebenen Beobachtungswerte aus den Grundgesamtheiten 1 und 2. $y_{1.}$ und $y_{2.}$ sind die arithmetischen Mittel beider Meßwertgesamtheiten.

Die Übertragung ins Multivariate ergibt

$$\boldsymbol{H} = \frac{n_1 n_2}{n_1 + n_2}(\boldsymbol{y}_{1.} - \boldsymbol{y}_{2.})(\boldsymbol{y}_{1.} - \boldsymbol{y}_{2.})',$$

$$\boldsymbol{G} = \sum_{k=1}^{n_1}(\boldsymbol{y}_{1k} - \boldsymbol{y}_{1.})(\boldsymbol{y}_{1k} - \boldsymbol{y}_{1.})' + \sum_{k=1}^{n_2}(\boldsymbol{y}_{2k} - \boldsymbol{y}_{2.})(\boldsymbol{y}_{2k} - \boldsymbol{y}_{2.})'.$$

Hier sind $\boldsymbol{y}_{11}, \ldots, \boldsymbol{y}_{1n_1}$ und $\boldsymbol{y}_{21}, \ldots, \boldsymbol{y}_{2n_2}$ die p-dimensionalen Meßwertvektoren beider Grundgesamtheiten und $\boldsymbol{y}_{1.}$, $\boldsymbol{y}_{2.}$ die entsprechenden Mittelwertsvektoren.

Somit folgt für die von uns nach Abschnitt 4.4. angewandte Teststatistik, wenn man auch Gleichung (4.42) berücksichtigt,

$$\begin{aligned}
\tilde{F} &= \frac{f_2 - p + 1}{f_1 p}\,\mathrm{Sp}\,(\boldsymbol{H}\boldsymbol{G}^{-1}) \\
&= \frac{n_1 + n_2 - p - 1}{p(n_1 + n_2 - 2)}\,\frac{n_1 n_2}{n_1 + n_2}\,\mathrm{Sp}\left((\boldsymbol{y}_{1.} - \boldsymbol{y}_{2.})(\boldsymbol{y}_{1.} - \boldsymbol{y}_{2.})'\,\boldsymbol{S}^{-1}\right) \\
&= \frac{n_1 + n_2 - p - 1}{p(n_1 + n_2 - 2)}\,\frac{n_1 n_2}{n_1 + n_2}\,\mathrm{Sp}\left((\boldsymbol{y}_{1.} - \boldsymbol{y}_{2.})'\,\boldsymbol{S}^{-1}(\boldsymbol{y}_{1.} - \boldsymbol{y}_{2.})\right) \\
&= \frac{n_1 + n_2 - p - 1}{p(n_1 + n_2 - 2)}\,\frac{n_1 n_2}{n_1 + n_2}\,(\boldsymbol{y}_{1.} - \boldsymbol{y}_{2.})'\,\boldsymbol{S}^{-1}(\boldsymbol{y}_{1.} - \boldsymbol{y}_{2.}).
\end{aligned}$$

Diese Teststatistik besitzt, da hier der Spezialfall $f_1 = s = 1$ vorliegt (siehe Abschnitt 4.3.2.), bei Gültigkeit der Hypothese exakt die F-Verteilung mit den beiden Freiheitsgraden

$$g_1 = \frac{f_1 p(f_2 - p)}{f_1 + f_2 - f_1 p - 1} = p, \qquad g_2 = f_2 - p + 1 = n_1 + n_2 - p - 1.$$

2. Vergleich der Mittelwerte mehrerer Grundgesamtheiten (allgemeine Form der einfachen Klassifikation):

Die quadratischen Formen, die im univariaten Fall den F-Test zum Vergleich der Mittelwerte von J Grundgesamtheiten ergeben, lauten

$$y'Q_H y = \sum_{j=1}^{J} n_j(y_{j.} - y_{..})^2,$$

$$y'Q_G y = \sum_{j=1}^{J} \sum_{k=1}^{n_j} (y_{jk} - y_{j.})^2,$$

die Freiheitsgrade sind

$$f_1 = J - 1, \qquad f_2 = n - J.$$

Hierbei sind $y_{j1}, \ldots, y_{jn_j}$ die Messungen, die der Gesamtheit j entnommen sind, $y_{j.}$ ist das arithmetische Mittel dieser Werte ($j = 1, \ldots, J$) und $y_{..}$ das totale Mittel der Werte sämtlicher Gesamtheiten.

Es folgt für $\boldsymbol{H}$ und $\boldsymbol{G}$

$$\boldsymbol{H} = \sum_{j=1}^{J} n_j(\boldsymbol{y}_{j.} - \boldsymbol{y}_{..})(\boldsymbol{y}_{j.} - \boldsymbol{y}_{..})',$$

$$\boldsymbol{G} = \sum_{j=1}^{J} \sum_{k=1}^{n_j} (\boldsymbol{y}_{jk} - \boldsymbol{y}_{j.})(\boldsymbol{y}_{jk} - \boldsymbol{y}_{j.})',$$

und als Teststatistik ergibt sich nach (4.105) und (4.42)

$$\tilde{F} = \frac{f_2 - p + 1}{f_1 p} \operatorname{Sp}(\boldsymbol{H}\boldsymbol{G}^{-1})$$

$$= \frac{n - J - p + 1}{(J-1)\,p(n-J)} \operatorname{Sp}\left(\sum_{j=1}^{J} n_j (\boldsymbol{y}_{j.} - \boldsymbol{y}_{..})(\boldsymbol{y}_{j.} - \boldsymbol{y}_{..})' \boldsymbol{S}^{-1}\right),$$

$$\tilde{F} = \frac{n - J - p + 1}{(J-1)\,p(n-J)} \sum_{j=1}^{J} n_j(\boldsymbol{y}_{j.} - \boldsymbol{y}_{..})' \boldsymbol{S}^{-1}(\boldsymbol{y}_{j.} - \boldsymbol{y}_{..}).$$

Diese Teststatistik ist bei Gültigkeit der Hypothese $\mu_1 = \mu_2 = \cdots = \mu_J$ annähernd F-verteilt mit den beiden Freiheitsgraden

$$g_1 = \begin{cases} \dfrac{f_1 p(f_2 - p)}{f_1 + f_2 - f_1 p - 1} = \dfrac{(J-1)\,p(n-J-p)}{n - (J-1)\,p - 2}, & \text{falls } n - (J-1)\,p - 2 > 0 \\ \infty, & \text{falls } n - (J-1)\,p - 2 \leq 0, \end{cases}$$

$$g_2 = f_2 - p + 1 = n - J - p + 1.$$

Die verfeinerte Form des Tests ist in Abschnitt 7.2. dargestellt.

5. Multivariates Trennmaß, Diskriminanzfunktionen, spezielle Tests

In vielen Fällen wird sich der Anwender der mehrdimensionalen Varianzanalyse nicht allein mit dem Ergebnis eines einzigen multivariaten Signifikanztests begnügen, er wird tiefere Einblicke in die Struktur des analysierten Beobachtungsmaterials fordern. Das vorliegende Kapitel soll die Grundlage für weitere detaillierte Untersuchungen des Datenmaterials schaffen, so daß eine Übersicht über die in den Daten bestehenden Zusammenhänge möglich wird. Diese Zusatzuntersuchungen stützen sich auf die Methodik der mehrdimensionalen Varianzanalyse.

5.1. Multivariates Trennmaß, redundante Merkmale

In den empirischen Wissenschaften steht man oft vor der Aufgabe, den Informationsgehalt bestimmter Meßgrößen objektiv abschätzen zu müssen. Zur Lösung dieses Problems wird durch die mehrdimensionale Varianzanalyse ein mathematisches Modell bereitgestellt.

Wir werden bei unseren Überlegungen wieder von einem multivariaten linearen Ansatz der Form (4.27) und einer Hypothese H_0 der Gestalt (4.28) ausgehen. Die Matrix $\boldsymbol{X}$ legt einen Versuchsplan fest, die Matrix $\boldsymbol{K}$ definiert die Hypothese. Da wir zunächst von einer statistischen Analyse absehen, wollen wir die Parametermatrix $\mathbf{B}$ und die Kovarianzmatrix $\mathbf{\Sigma}$ als gegeben annehmen. $\mathbf{B}$ und $\mathbf{\Sigma}$ sind durch das Experiment, welches wir betrachten, eindeutig bestimmt.

Wir werden ein Maß definieren, welches zum Ausdruck bringt, inwieweit die Parametermatrix $\mathbf{B}$ die Hypothese H_0 verletzt. Die strenge Gültigkeit der Hypothese soll dem Wert 0 dieses Maßes entsprechen. Da das Maß in den Anwendungen meist die zwischen den Elementen der Matrix $\mathbf{B}$ bestehenden Differenzen widerspiegelt, und da es gleichzeitig auch Gütekriterium einer durchgeführten Diskrimination ist, werden wir es als Trennmaß bezeichnen.

Definition des Trennmaßes

In den früheren Abschnitten haben wir kennengelernt, daß, wenn eine Meßwertmatrix $\boldsymbol{Y}$ gegeben ist, der Wert $T^2 = \mathrm{Sp}\,(\boldsymbol{H}\boldsymbol{G}^{-1})$ als Maß für die

Abweichung von der Hypothese H_0 genommen werden kann. Wird T^2 gemäß den Gleichungen (4.42) und (4.45) umgeformt und werden anschließend S und $\hat{\Delta}$ durch die entsprechenden Erwartungswerte $\boldsymbol{\Sigma}$ und $\boldsymbol{\Delta} = \boldsymbol{K}\mathbf{B}$ ersetzt, so gelangt man zu einem Trennmaß T^2, das nicht mehr dem Zufall unterliegt, aber im übrigen völlig analog zu T^2 aufgebaut ist. Es wird definiert

$$\mathrm{T}^2 = \frac{1}{n-r}\,\mathrm{Sp}\left(\mathbf{B}'\boldsymbol{K}'[\boldsymbol{K}_1(\boldsymbol{X}_1'\boldsymbol{X}_1)^{-1}\boldsymbol{K}_1']^{-1}\boldsymbol{K}\mathbf{B}\boldsymbol{\Sigma}^{-1}\right)$$

$$= \frac{1}{n-r}\,\mathrm{Sp}\left([\boldsymbol{K}_1(\boldsymbol{X}_1'\boldsymbol{X}_1)^{-1}\boldsymbol{K}_1']^{-1}\boldsymbol{K}\mathbf{B}\boldsymbol{\Sigma}^{-1}\mathbf{B}'\boldsymbol{K}'\right)^{1)}. \tag{5.1}$$

Da die Matrix $\boldsymbol{K}_1(\boldsymbol{X}_1'\boldsymbol{X}_1)^{-1}\boldsymbol{K}_1'$, wie man unter Benutzung der Testbarkeitsbedingung (4.29) nachweisen kann, von der willkürlich in $\boldsymbol{X}$ gewählten „Basismatrix" $\boldsymbol{X}_1$ unabhängig ist, wird der Wert T^2 durch $\mathbf{B}, \boldsymbol{\Sigma}, \boldsymbol{X}$ und $\boldsymbol{K}$ eindeutig bestimmt. Das definierte Trennmaß drückt aus, wie stark die Parametermatrix $\mathbf{B}$ gegen die Hypothese $\boldsymbol{\Delta} = \boldsymbol{K}\mathbf{B} = \boldsymbol{0}$ verstößt. Man erkennt sofort, daß genau dann, wenn die Hypothese richtig ist, $\mathrm{T}^2 = 0$ gilt. Setzt man

$$\underset{(p,p)}{\mathbf{H}} = \mathbf{B}'\boldsymbol{K}'[\boldsymbol{K}_1(\boldsymbol{X}_1'\boldsymbol{X}_1)^{-1}\boldsymbol{K}_1']^{-1}\boldsymbol{K}\mathbf{B}, \tag{5.2}$$

so folgt

$$\mathrm{T}^2 = \frac{1}{n-r}\,\mathrm{Sp}\,(\mathbf{H}\boldsymbol{\Sigma}^{-1}). \tag{5.3}$$

Abhängigkeit von der Merkmalsmenge

Das multivariate Trennmaß T^2 bezieht sich auf alle p Merkmale bzw. auf den ganzen von ihnen erzeugten p-dimensionalen Merkmalsraum. Werden aus den p Merkmalen mit Hilfe einer linearen Transformation

$$\underset{(u,1)}{\boldsymbol{z}} = \underset{(u,p)}{\boldsymbol{U}'}\,\underset{(p,1)}{\boldsymbol{y}} \tag{5.4}$$

u neue Merkmale z_i gebildet, so kann auch für diese bzw. für den von ihnen aufgespannten u-dimensionalen Raum — es werde $\mathrm{Rg}\,(\boldsymbol{U}) = u$ vorausgesetzt — das Trennmaß gebildet werden:

$$\mathrm{T}^2(z_1, \ldots, z_u) = \frac{1}{n-r}\,\mathrm{Sp}\left(\boldsymbol{U}'\mathbf{H}\boldsymbol{U}(\boldsymbol{U}'\boldsymbol{\Sigma}\boldsymbol{U})^{-1}\right). \tag{5.5}$$

---

[1]) Das Trennmaß T^2 steht in enger Beziehung zu der von Kullback (1959) eingeführten Divergenz.

Dieses neue Maß bezeichnen wir mit $T^2(z_1, \ldots, z_u)$, im Gegensatz zu dem Trennmaß $T^2(y_1, \ldots, y_p)$ des Gesamtraumes nach (5.3).

Satz: **Das multivariate Trennmaß hängt monoton vom zugrunde liegenden Merkmalsraum ab; genauer: wenn die Transformationsmatrix U der Gleichung (5.4) in zwei Teile mit u_1 bzw. u_2 Spalten zerfällt, $U = (U_1 U_2)$, so gilt**

$$T^2(z_1, \ldots, z_{u_1}) \leqq T^2(z_1, \ldots, z_{u_1}, z_{u_1+1}, \ldots, z_{u_1+u_2}). \tag{5.6}$$

Beweis: Es werde

$$\mathbf{H}_{hi}^{(U)} = U_h' \mathbf{H} U_i, \quad \mathbf{\Sigma}_{hi}^{(U)} = U_h' \mathbf{\Sigma} U_i \qquad (h = 1, 2;\ i = 1, 2)$$

gesetzt. Dann gilt

$$T^2(z_1, \ldots, z_{u_1}) = \frac{1}{n-r} \operatorname{Sp}(\mathbf{H}_{11}^{(U)} \mathbf{\Sigma}_{11}^{(U)-1}),$$

$$T^2(z_1, \ldots, z_{u_1+u_2}) = \frac{1}{n-r} \operatorname{Sp}\left(\begin{pmatrix} \mathbf{H}_{11}^{(U)} & \mathbf{H}_{12}^{(U)} \\ \mathbf{H}_{21}^{(U)} & \mathbf{H}_{22}^{(U)} \end{pmatrix} \begin{pmatrix} \mathbf{\Theta}_{11}^{(U)} & \mathbf{\Theta}_{12}^{(U)} \\ \mathbf{\Theta}_{21}^{(U)} & \mathbf{\Theta}_{22}^{(U)} \end{pmatrix}\right),$$

wobei

$$\mathbf{\Theta}^{(U)} = \begin{pmatrix} \mathbf{\Theta}_{11}^{(U)} & \mathbf{\Theta}_{12}^{(U)} \\ \mathbf{\Theta}_{21}^{(U)} & \mathbf{\Theta}_{22}^{(U)} \end{pmatrix} = \begin{pmatrix} \mathbf{\Sigma}_{11}^{(U)} & \mathbf{\Sigma}_{12}^{(U)} \\ \mathbf{\Sigma}_{21}^{(U)} & \mathbf{\Sigma}_{22}^{(U)} \end{pmatrix}^{-1} = \mathbf{\Sigma}^{(U)-1}$$

ist. Aus (2.78) folgt

$$\mathbf{\Sigma}_{11}^{(U)-1} = \mathbf{\Theta}_{11}^{(U)} - \mathbf{\Theta}_{12}^{(U)} \mathbf{\Theta}_{22}^{(U)-1} \mathbf{\Theta}_{21}^{(U)},$$

so daß man

$$\begin{aligned} &T^2(z_1, \ldots, z_{u_1+u_2}) - T^2(z_1, \ldots, z_{u_1}) \\ &= \frac{1}{n-r} \operatorname{Sp}(\mathbf{H}_{11}^{(U)} \mathbf{\Theta}_{11}^{(U)} + \mathbf{H}_{12}^{(U)} \mathbf{\Theta}_{21}^{(U)} + \mathbf{H}_{21}^{(U)} \mathbf{\Theta}_{12}^{(U)} + \mathbf{H}_{22}^{(U)} \mathbf{\Theta}_{22}^{(U)} \\ &\quad - \mathbf{H}_{11}^{(U)} \mathbf{\Theta}_{11}^{(U)} + \mathbf{H}_{11}^{(U)} \mathbf{\Theta}_{12}^{(U)} \mathbf{\Theta}_{22}^{(U)-1} \mathbf{\Theta}_{21}^{(U)}) \\ &= \frac{1}{n-r} \operatorname{Sp}\left(\begin{pmatrix} \mathbf{H}_{11}^{(U)} & \mathbf{H}_{12}^{(U)} \\ \mathbf{H}_{21}^{(U)} & \mathbf{H}_{22}^{(U)} \end{pmatrix} \begin{pmatrix} \mathbf{\Theta}_{12}^{(U)} \\ \mathbf{\Theta}_{22}^{(U)} \end{pmatrix} \mathbf{\Theta}_{22}^{(U)-1} (\mathbf{\Theta}_{21}^{(U)} \mathbf{\Theta}_{22}^{(U)})\right) \end{aligned} \tag{5.7}$$

erhält. Die Matrix, von der die Spur zu bilden ist, kann als Produkt zweier symmetrischer, positiv semidefiniter Matrizen aufgefaßt werden. Nach (2.51) ist diese Spur dann nichtnegativ. Das war zu beweisen.

Die Differenz (5.7) kann als Informationsgewinn, der durch Hinzunahme der Merkmale $z_{u_1+1}, \ldots, z_{u_1+u_2}$ zu den Merkmalen $z_1, \ldots, z_{u_1}$ erzielt wird, interpretiert werden. Wenn die Differenz gleich Null ist, gelten die zusätzlichen Merkmale als *redundant* in bezug auf die ersten u_1 Merkmale.

Abhängigkeit von der Hypothese

Wir können auch zeigen, daß das multivariate Trennmaß monoton von der Hypothese abhängt.

Satz: Liegen bei festem Modell (4.27) die zwei linearen Hypothesen H_0: $\boldsymbol{K}\mathbf{B} = \boldsymbol{0}$ und H_0^*: $\boldsymbol{K}^*\mathbf{B} = \boldsymbol{0}$ vor, wobei die zweite eine Abschwächung der ersten ist, d. h.

$$\underset{(s^*,m)}{\boldsymbol{K}^*} = \underset{(s^*,s)}{\boldsymbol{P}'} \underset{(s,m)}{\boldsymbol{K}}$$

gilt, so folgt für die entsprechenden Trennmaße

$$\mathrm{T}^2 (y_1, \ldots, y_p; H_0^*) \leqq \mathrm{T}^2 (y_1, \ldots, y_p; H_0).$$

Beweis: Es gilt nach (5.1) und (5.5)

$$\mathrm{T}^2 (y_1, \ldots, y_p; H_0) = \frac{1}{n-r} \operatorname{Sp} \left([\boldsymbol{K}_1(\boldsymbol{X}_1'\boldsymbol{X}_1)^{-1}\boldsymbol{K}_1']^{-1}\boldsymbol{K}\mathbf{B}\boldsymbol{\Sigma}^{-1}\mathbf{B}'\boldsymbol{K}'\right),$$

$$\mathrm{T}^2 (y_1, \ldots, y_p; H_0^*) = \frac{1}{n-r} \operatorname{Sp} \left([\boldsymbol{P}'\boldsymbol{K}_1(\boldsymbol{X}_1'\boldsymbol{X}_1)^{-1}\boldsymbol{K}_1'\boldsymbol{P}]^{-1}\boldsymbol{P}'\boldsymbol{K}\mathbf{B}\boldsymbol{\Sigma}^{-1}\mathbf{B}'\boldsymbol{K}'\boldsymbol{P}\right).$$

Hieraus ergibt sich die Behauptung auf dem gleichen Wege wie im letzten Satz

$$\frac{1}{n-r} \operatorname{Sp} (\boldsymbol{U}'\mathbf{H}\boldsymbol{U}(\boldsymbol{U}'\boldsymbol{\Sigma}\boldsymbol{U})^{-1}) \leqq \frac{1}{n-r} \operatorname{Sp} (\mathbf{H}\boldsymbol{\Sigma}^{-1})$$

verifiziert wurde. Der Beweis ist damit erbracht.

Normiertes Trennmaß

Sollen auch Werte des Trennmaßes, die sich bei unterschiedlichen Modellansätzen ergeben, miteinander vergleichbar sein, so ist es zuweilen sinnvoll, anstelle von T^2 das normierte Trennmaß

$$\mathrm{T}_1^2 = r\mathrm{T}^2 \tag{5.8}$$

zu gebrauchen. Bezüglich einer Begründung dieses Ansatzes verweisen wir den Leser auf Abschnitt 7.4.

5.2. Diskriminanzfunktionen, Diskriminanzmerkmale

Definitionen

Die Gleichung (5.4) beschreibt den Übergang von den ursprünglichen p Merkmalen zu u neuen Merkmalen, wobei $u \leqq p$ ist. Wir wollen eine spezielle lineare Merkmalstransformation betrachten, bei der sich die Dimension des Raumes unter Umständen erniedrigen kann, ohne daß dabei das multivariate Trennmaß kleiner wird.

Wir betrachten die Transformation

$$\underset{(s,1)}{\boldsymbol{v}} = \underset{(s,p)}{\boldsymbol{\Delta}}\ \underset{(p,p)}{\boldsymbol{\Sigma}^{-1}}\ \underset{(p,1)}{\boldsymbol{y}} = \boldsymbol{KB\Sigma}^{-1}\boldsymbol{y}, \tag{5.9}$$

bei der aus den p Merkmalen $y_1, \ldots, y_p$ s neue Merkmale $v_1, \ldots, v_s$ entstehen. Alle Merkmale, die in dem von $v_1, \ldots, v_s$ erzeugten Merkmalsraum liegen, sollen Diskriminanzmerkmale heißen. Ein Diskriminanzmerkmal $v = \boldsymbol{u}'\boldsymbol{y}$ ist also dadurch gekennzeichnet, daß sein Koeffizientenvektor $\boldsymbol{u}'$ eine Linearkombination der Zeilen von $\boldsymbol{\Delta\Sigma}^{-1}$ ist. Die einem Diskriminanzmerkmal entsprechende Linearform

$$u_1 y_1 + \cdots + u_p y_p = \boldsymbol{u}'\boldsymbol{y}$$

wird Diskriminanzfunktion genannt.

Invarianz des Trennmaßes

Der Raum der Diskriminanzmerkmale möge die Dimension q haben. Dann ist q auch der Rang von $\boldsymbol{\Delta} = \boldsymbol{KB}$. Im Falle der Gültigkeit der Hypothese $\boldsymbol{\Delta} = \boldsymbol{0}$ ist $q = 0$. Ohne Beschränkung der Allgemeinheit kann angenommen werden, daß die ersten q Diskriminanzmerkmale $v_1, \ldots, v_q$ linear unabhängig sind. Wenn $\boldsymbol{\Delta}$ in zwei Teilmatrizen zerlegt wird,

$$\boldsymbol{\Delta} = \begin{pmatrix} \underset{(q,p)}{\boldsymbol{\Delta}_1} \\ \underset{(s-q,p)}{\boldsymbol{\Delta}_2} \end{pmatrix}, \tag{5.10}$$

so heißt dies, daß Rg $(\boldsymbol{\Delta}_1) = q$ gilt und daß die Zeilen von $\boldsymbol{\Delta}_2$ aus den Zeilen von $\boldsymbol{\Delta}_1$ linear kombinierbar sind:

$$\boldsymbol{\Delta}_2 = \boldsymbol{R\Delta}_1. \tag{5.11}$$

Der Raum der Diskriminanzmerkmale kann dann durch die Beziehung

$$\underset{(q,1)}{\boldsymbol{v}_1} = \boldsymbol{\Delta}_1\boldsymbol{\Sigma}^{-1}\boldsymbol{y} \tag{5.12}$$

determiniert werden.

Satz: Das multivariate Trennmaß des Raumes der Diskriminanzmerkmale ist gleich dem Trennmaß des Gesamtraumes:

$$\mathrm{T}^2(v_1, \ldots, v_q) = \mathrm{T}^2(y_1, \ldots, y_p). \tag{5.13}$$

Beweis: Wir werden uns auf die Gleichungen (5.12), (5.5), (5.2), (5.11) und (5.1) stützen. Es gilt dann

$$\begin{aligned} & T^2(v_1, \ldots, v_q) \\ &= \frac{1}{n-r} \operatorname{Sp}\left(\boldsymbol{\Delta}_1 \boldsymbol{\Sigma}^{-1} \boldsymbol{\Delta}' [\boldsymbol{K}_1 (\boldsymbol{X}_1' \boldsymbol{X}_1)^{-1} \boldsymbol{K}_1']^{-1} \boldsymbol{\Delta} \boldsymbol{\Sigma}^{-1} \boldsymbol{\Delta}_1' (\boldsymbol{\Delta}_1 \boldsymbol{\Sigma}^{-1} \boldsymbol{\Sigma} \boldsymbol{\Sigma}^{-1} \boldsymbol{\Delta}_1')^{-1}\right) \\ &= \frac{1}{n-r} \operatorname{Sp}\left([\boldsymbol{K}_1 (\boldsymbol{X}_1' \boldsymbol{X}_1)^{-1} \boldsymbol{K}_1']^{-1} \begin{pmatrix} \boldsymbol{\Delta}_1 \\ \boldsymbol{R} \boldsymbol{\Delta}_1 \end{pmatrix} \boldsymbol{\Sigma}^{-1} \boldsymbol{\Delta}_1' (\boldsymbol{\Delta}_1 \boldsymbol{\Sigma}^{-1} \boldsymbol{\Delta}_1')^{-1} \boldsymbol{\Delta}_1 \boldsymbol{\Sigma}^{-1} \boldsymbol{\Delta}'\right) \\ &= \frac{1}{n-r} \operatorname{Sp}\left([\boldsymbol{K}_1 (\boldsymbol{X}_1' \boldsymbol{X}_1)^{-1} \boldsymbol{K}_1']^{-1} \boldsymbol{\Delta} \boldsymbol{\Sigma}^{-1} \boldsymbol{\Delta}'\right) = T^2(y_1, \ldots, y_p). \end{aligned}$$

Damit ist der Satz bewiesen.

Dieser Satz gibt die Berechtigung, bei vielen Betrachtungen anstelle der p ursprünglich gegebenen Merkmale die q Diskriminanzmerkmale zu verwenden. Einen echten Gewinn bringt der Satz allerdings nur, wenn $q < p$ ist. Das ist jedoch bei allen Anwendungen, bei denen der Rang s der Hypothesenmatrix kleiner als p ist, zutreffend.

Redundanz und Diskriminanzfunktionen

Wir können nun eine neue Charakterisierung der redundanten Merkmale, die in Abschintt 5.1. definiert worden waren, angeben. Es sollen die Originalmerkmale $y_1, \ldots, y_p$ betrachtet werden, und dabei soll näher untersucht werden, wann die letzten $p_2 = p - p_1$ Merkmale $y_{p_1+1}, \ldots, y_p$ in bezug auf die ersten p_1 Merkmale redundant sind.

Satz: Die letzten $p_2 = p - p_1$ Merkmale y_i sind gegenüber den ersten p_1 Merkmalen genau dann redundant, wenn in allen Diskriminanzfunktionen die auf die letzten p_2 Merkmale bezogenen Koeffizienten verschwinden, d. h., wenn in der Matrix $\boldsymbol{KB\Sigma}^{-1}$ die letzten p_2 Spalten gleich Null sind.

Beweis: Setzt man

$$\boldsymbol{\Theta} = \begin{pmatrix} \underset{(p_1,p_1)}{\boldsymbol{\Theta}_{11}} & \underset{(p_1,p_2)}{\boldsymbol{\Theta}_{12}} \\ \underset{(p_2,p_1)}{\boldsymbol{\Theta}_{21}} & \underset{(p_2,p_2)}{\boldsymbol{\Theta}_{22}} \end{pmatrix} = \boldsymbol{\Sigma}^{-1}, \tag{5.14}$$

so ergibt sich nach (5.7)

$$\begin{aligned} T^2(y_1, \ldots, y_p) - T^2(y_1, \ldots, y_{p_1}) &= \frac{1}{n-r} \operatorname{Sp}\left(\boldsymbol{H} \begin{pmatrix} \boldsymbol{\Theta}_{12} \\ \boldsymbol{\Theta}_{22} \end{pmatrix} \boldsymbol{\Theta}_{22}^{-1} (\boldsymbol{\Theta}_{21} \boldsymbol{\Theta}_{22})\right) \\ &= \frac{1}{n-r} \operatorname{Sp}\left((\boldsymbol{\Theta}_{21} \boldsymbol{\Theta}_{22}) \boldsymbol{B}' \boldsymbol{K}' [\boldsymbol{K}_1 (\boldsymbol{X}_1' \boldsymbol{X}_1)^{-1} \boldsymbol{K}_1']^{-1} \boldsymbol{K} \boldsymbol{B} \begin{pmatrix} \boldsymbol{\Theta}_{12} \\ \boldsymbol{\Theta}_{22} \end{pmatrix} \boldsymbol{\Theta}_{22}^{-1}\right). \end{aligned} \tag{5.15}$$

Falls die letzten p_2 Spalten von $\boldsymbol{KB\Sigma}^{-1}$ gleich Null sind, wenn also

$$\boldsymbol{KB}\begin{pmatrix}\boldsymbol{\Theta}_{12}\\ \boldsymbol{\Theta}_{22}\end{pmatrix}=\boldsymbol{0} \tag{5.16}$$

gilt, erhält man sofort

$$\mathrm{T}^2(y_1,\ldots,y_p)-\mathrm{T}^2(y_1,\ldots,y_{p_1})=0,$$

d. h., die letzten Merkmale sind redundant. Umgekehrt, falls Redundanz vorliegt, also die Spur auf der rechten Seite von (5.15) verschwindet, folgt aus (2.52) und (2.54)

$$(\boldsymbol{\Theta}_{21}\boldsymbol{\Theta}_{22})\,\mathbf{B}'\boldsymbol{K}'[\boldsymbol{K}_1(\boldsymbol{X}_1'\boldsymbol{X}_1)^{-1}\boldsymbol{K}_1']^{-1}\boldsymbol{KB}\begin{pmatrix}\boldsymbol{\Theta}_{12}\\ \boldsymbol{\Theta}_{22}\end{pmatrix}=\boldsymbol{0}$$

und

$$\boldsymbol{KB}\begin{pmatrix}\boldsymbol{\Theta}_{12}\\ \boldsymbol{\Theta}_{22}\end{pmatrix}=\boldsymbol{0}.$$

Damit ist der Satz vollständig bewiesen.

Diskriminanzmerkmale und Eigenwertproblem

Im folgenden Satz soll eine Beziehung zwischen den Diskriminanzmerkmalen und dem Eigenwertproblem

$$\left(\frac{1}{n-r}\,\mathbf{H}-\lambda\boldsymbol{\Sigma}\right)\boldsymbol{e}=\boldsymbol{0} \tag{5.17}$$

hergestellt werden.

Satz: Der Raum der Diskriminanzmerkmale stimmt mit dem Raum der Merkmale $\boldsymbol{e}'\boldsymbol{y}$ überein, wobei $\boldsymbol{e}$ eine beliebige Linearkombination der charakteristischen Vektoren $\boldsymbol{e}_h$ des Eigenwertproblems (5.17), die zu den von Null verschiedenen charakteristischen Wurzeln λ_h gehören, ist.

Beweis: Es gilt $\mathrm{Rg}(\mathbf{H})=\mathrm{Rg}(\boldsymbol{KB})=q$. Daher haben der Raum der Diskriminanzmerkmale und der mit ihm zu vergleichende Raum der Merkmale $\boldsymbol{e}'\boldsymbol{y}$ die gleiche Dimension. Es genügt deshalb, wenn noch gezeigt wird, daß jedes Diskriminanzmerkmal in dem Raum der genannten Merkmale $\boldsymbol{e}'\boldsymbol{y}$ liegt.

Wir beweisen hierzu, daß die Koeffizientenvektoren der Diskriminanzmerkmale orthogonal auf allen charakteristischen Vektoren von (5.17), die zu $\lambda=0$ gehören, stehen. Ist $\boldsymbol{e}_h^{(0)}$ ein charakteristischer Vektor zu $\lambda=0$, so gilt

$$\mathbf{H}\boldsymbol{e}_h^{(0)}=\mathbf{B}'\boldsymbol{K}'[\boldsymbol{K}_1(\boldsymbol{X}_1'\boldsymbol{X}_1)^{-1}\boldsymbol{K}_1']^{-1}\boldsymbol{K}\mathbf{B}\boldsymbol{e}_h^{(0)}=\boldsymbol{0}.$$

Hieraus folgt

$$\boldsymbol{e}_h^{(0)\prime}\mathbf{B}'\boldsymbol{K}'[\boldsymbol{K}_1(\boldsymbol{X}_1'\boldsymbol{X}_1)^{-1}\boldsymbol{K}_1']^{-1}\boldsymbol{K}\mathbf{B}\boldsymbol{e}_h^{(0)}=\boldsymbol{0},$$

so daß man nach (2.46)

$$\boldsymbol{KBe}_h^{(0)} = \boldsymbol{KB\Sigma}^{-1}\boldsymbol{\Sigma e}_h^{(0)} = \boldsymbol{0}$$

erhält. Die letzte Gleichung ist die Orthogonalitätsrelation für das Eigenwertproblem (5.17), jede Zeile von $\boldsymbol{KB\Sigma}^{-1}$ steht also orthogonal auf $\boldsymbol{e}_h^{(0)}$. Der Beweis ist damit geführt.

Nichtelementare Diskriminanzmerkmale

Es war bereits gezeigt worden, daß das multivariate Trennmaß sämtlicher Diskriminanzmerkmale mit dem Trennmaß des Ursprungsraumes übereinstimmt. Im folgenden soll versucht werden, mit einer vorgegebenen Anzahl u von Diskriminanzmerkmalen ($u \leqq q$) ein möglichst großes Trennmaß zu erreichen. Diese Zielstellung ist für die Anwendungen wesentlich, denn oft möchte man die bei einem Experiment geltenden Zusammenhänge in einem Merkmalsraum sehr kleiner Dimension darstellen. Bei der Dimensionserniedrigung soll sich das Trennmaß möglichst wenig verkleinern.

Satz: In der Menge aller (p,u)-Matrizen $\boldsymbol{U}$ vom Rang u (p und u sind fest) gibt es spezielle Matrizen, für die das Trennmaß $\mathrm{T}^2(z_1, \ldots, z_u)$, wobei $\boldsymbol{z} = \boldsymbol{U}'\boldsymbol{y}$ ist, maximal wird. Und zwar wird das Maximum genau dann erreicht, wenn die Spalten von $\boldsymbol{U}$ einen Teilraum des vollen p-dimensionalen Raumes aufspannen, der auch durch u charakteristische Vektoren $\boldsymbol{e}_h$ ($h = 1, \ldots, u$) des Eigenwertproblems (5.17) erzeugbar ist, die zu den u größten charakteristischen Wurzeln λ_h gehören.

Der Beweis dieses Satzes folgt direkt aus (2.69).

Der Satz besagt, wenn $\boldsymbol{e}_1, \boldsymbol{e}_2, \ldots, \boldsymbol{e}_q$ die charakteristischen Vektoren des Problems (5.17) zu den charakteristischen Wurzeln $\lambda_1, \lambda_2, \ldots, \lambda_q$ ($\lambda_1 \geqq \lambda_2 \geqq \cdots \geqq \lambda_q$) sind, daß das Diskriminanzmerkmal

$$w_1 = \boldsymbol{e}_1'\boldsymbol{y} \tag{5.18}$$

unter allen durch eine Linearkombination zu bildenden Merkmalen das maximale Trennmaß besitzt $\left(\mathrm{T}^2(w_1) = \lambda_1\right)$, daß das Paar der Diskriminanzmerkmale

$$w_1 = \boldsymbol{e}_1'\boldsymbol{y}, \quad w_2 = \boldsymbol{e}_2'\boldsymbol{y} \tag{5.19}$$

unter allen Merkmalspaaren das höchste Trennmaß hat $\left(\mathrm{T}^2(w_1, w_2) = \lambda_1 + \lambda_2\right)$, daß

$$w_1 = \boldsymbol{e}_1'\boldsymbol{y}, \quad w_2 = \boldsymbol{e}_2'\boldsymbol{y}, \quad w_3 = \boldsymbol{e}_3'\boldsymbol{y} \tag{5.20}$$

ein besttrennendes Merkmalstripel ist $\left(\mathrm{T}^2(w_1, w_2, w_3) = \lambda_1 + \lambda_2 + \lambda_3\right)$ usw. Außerdem beinhaltet der Satz, daß alle Merkmalskombinationen, die nicht aus den charakteristischen Vektoren der größten charakteristischen Wurzeln hervorgehen, kein maximales Trennmaß haben können.

$w_1, w_2, w_3, \ldots$ werden wir als „nichtelementare" Diskriminanzmerkmale bezeichnen, da sie im Gegensatz zu den früher benutzten „elementaren" Diskriminanzmerkmalen $v_1, v_2, v_3, \ldots$ nur durch Lösung eines Eigenwertproblems bestimmbar sind.

Es sei hier betont, daß der letzte Satz nur deshalb gültig ist, weil das benutzte Trennmaß $\mathrm{T}^2 = \frac{1}{n-r} \cdot \mathrm{Sp}\,(\mathbf{H\Sigma}^{-1}) = \sum_{h=1}^{p} \lambda_h$ eine echt monotone Funktion der λ_h ist. Der Satz könnte jedoch auch bewiesen werden, wenn das Trennmaß durch eine beliebige andere echt monoton wachsende bzw. fallende Funktion der charakteristischen Wurzeln λ_h erklärt worden wäre. Dieser Satz ist die eigentliche Ursache dafür, daß wir in Abschnitt 4.2.4. bei der Herleitung der multivariaten Teststatistiken das Postulat 3 angeführt und besonders auf die echt monotonen Teststatistiken hingewiesen haben. Will man eine nicht in allen Argumenten λ_h echt monotone Funktion, beispielsweise $V = \max \lambda_h$, als Teststatistik benutzen und ganz entsprechend ein Trennmaß definieren, so lassen sich nicht sämtliche Diskriminanzmerkmale eindeutig durch dieses Trennmaß festlegen.

5.3. Schätzungen des multivariaten Trennmaßes und der Diskriminanzfunktionen

In den Abschnitten 5.1. und 5.2. war vorausgesetzt worden, daß die Matrizen $\mathbf{B}$ und $\mathbf{\Sigma}$ bekannt sind. In der Praxis jedoch sind diese Matrizen nicht gegeben, so daß man Schätzungen an ihre Stelle setzen muß. Es wird gesetzt

$$S = \frac{1}{n-r} G \qquad \text{anstelle von } \mathbf{\Sigma}, \tag{5.21}$$

$$\hat{\Delta} = K_1(X_1'X_1)^{-1}X_1'Y' \qquad \text{anstelle von } \mathbf{\Delta} = \boldsymbol{K}\mathbf{B}, \tag{5.22}$$

$$\frac{1}{n-r} H \qquad \text{anstelle von } \frac{1}{n-r}\mathbf{H}. \tag{5.23}$$

Diese Schätzungen sind konsistent, d. h. bei großem Stichprobenumfang sind sie gute Näherungen für $\mathbf{\Sigma}$, $\mathbf{\Delta}$ bzw. $\frac{1}{n-r}\mathbf{H}$, in folgendem Sinne: Wird in der allgemeinen Modellgleichung (4.27) die Versuchsplanmatrix X vervielfacht, wird also an ihre Stelle die Matrix

$$X^{(j)} = \left.\begin{pmatrix} X \\ X \\ \vdots \\ X \end{pmatrix}\right\} j \text{ Blöcke}$$

gesetzt, so gilt für die entsprechenden Schätzungen $\boldsymbol{S}^{(j)}$, $\hat{\boldsymbol{\Delta}}^{(j)}$ und $\boldsymbol{H}^{(j)}$ bei $j \to \infty$, daß $(\boldsymbol{S}^{(j)} - \boldsymbol{\Sigma})$, $(\hat{\boldsymbol{\Delta}}^{(j)} - \boldsymbol{KB})$ und $\left(\frac{1}{jn - r}\boldsymbol{H}^{(j)} - \frac{1}{jn - r}\mathbf{H}\right)$ stochastisch gegen Null konvergieren. Weiterhin ergibt sich, daß

$$T^2 = \operatorname{Sp}(\boldsymbol{HG}^{-1}) \tag{5.24}$$

eine konsistente Schätzung für $\mathrm{T}^2 = \frac{1}{n - r}\operatorname{Sp}(\mathbf{H\Sigma}^{-1})$ ist, daß die Koeffizienten des geschätzten Diskriminanzvektors

$$\boldsymbol{v} = \hat{\boldsymbol{\Delta}}\boldsymbol{S}^{-1}\boldsymbol{y} \tag{5.25}$$

konsistente Schätzungen für die Koeffizienten von (5.9), die charakteristischen Wurzeln $\lambda_1, \ldots, \lambda_t$ des Eigenwertproblems

$$\left(\frac{1}{n - r}\boldsymbol{H} - \lambda\boldsymbol{S}\right)\boldsymbol{e} = \boldsymbol{0} \tag{5.26}$$

konsistente Schätzungen der t größten Wurzeln von (5.17) und die charakteristischen Vektoren $\boldsymbol{e}_h$ von (5.26) konsistente Schätzungen der Lösungen von (5.17) sind, wobei zur Vereinfachung vorausgesetzt ist, daß für die $\boldsymbol{e}_h$ passende Normierungen gewählt werden und keine mehrfachen von Null verschiedenen Wurzeln λ_h existieren. Die exakten Beweise aller dieser Tatsachen sollen übergangen werden.

Die Sätze über die Monotonie des Trennmaßes (Abschnitt 5.1.) lassen sich auch auf T^2 übertragen, auch Gleichung (5.13) und die Sätze von Abschnitt 5.2., die die Beziehungen der Diskriminanzmerkmale zu den von den charakteristischen Vektoren erzeugten Räumen betreffen, gelten entsprechend für die Schätzungen. Die Beweise dieser Sätze kann der Leser ohne größere Schwierigkeiten nachvollziehen.

5.4. Die Ermittlung entbehrlicher Merkmale

Wir wollen bei unseren Betrachtungen von p gegebenen Merkmalen ausgehen und uns das Ziel stellen, die Zahl der Merkmale auf p_1 zu erniedrigen. Es werde $p_2 = p - p_1$ gesetzt. Das eigentliche Problem besteht darin, daß festzulegen ist, welche Merkmale ausgesondert werden sollen und welche nicht. Dabei werden nicht die wahren Parameter $\boldsymbol{\Delta}$ und $\boldsymbol{\Sigma}$, sondern ihre Schätzungen benutzt. Bei unseren Darlegungen wollen wir uns lediglich auf die statistischen Gegebenheiten stützen und nicht irgendwelche außerstatistischen Gesichtspunkte berücksichtigen, wie etwa die unterschiedlichen Kosten, die bei der Messung der einzelnen Merkmale entstehen.

Merkmalselimination nach der Unentbehrlichkeit

Regel 1: Wenn man bestrebt ist, nach Aussonderung von p_2 Merkmalen eine Menge von p_1 Merkmalen möglichst hohen Trennmaßes T^2 zu erhalten, dann sollte man die Auswahl so treffen, daß die Differenz

$$U = T^2(y_1, \ldots, y_p) - T^2(y_{i_1}, y_{i_2}, \ldots, y_{i_{p_1}}) \tag{5.27}$$

zwischen dem geschätzten ursprünglichen Trennmaß $T^2(y_1, \ldots, y_p)$ und dem geschätzten zukünftigen Trennmaß $T^2(y_{i_1}, \ldots, y_{i_{p_1}})$ möglichst klein wird. Diese Differenz U werden wir als „Unentbehrlichkeit" bezeichnen, weil sie ausdrückt, inwieweit die p_2 ausgesonderten Merkmale unentbehrlich sind. Ein hoher Wert von U bedeutet, daß die p_2 Merkmale dringend benötigt werden.

Die Benutzung der Schätzungen des Trennmaßes in (5.27) ist legitim, da T^2 eine konsistente Schätzung von T^2 ist.

Im folgenden wollen wir Gleichung (5.27) in eine andere Gestalt bringen. Dazu nehmen wir an, daß die p_2 letzten Merkmale $y_{p_1+1}, y_{p_1+2}, \ldots, y_p$ ausgesondert und die ersten p_1 Merkmale $y_1, \ldots, y_{p_1}$ beibehalten werden. Wenn man

$$\boldsymbol{H} = \begin{pmatrix} \boldsymbol{H}_{11} & \boldsymbol{H}_{12} \\ \boldsymbol{H}_{21} & \boldsymbol{H}_{22} \end{pmatrix}, \ \boldsymbol{G} = \begin{pmatrix} \boldsymbol{G}_{11} & \boldsymbol{G}_{12} \\ \boldsymbol{G}_{21} & \boldsymbol{G}_{22} \end{pmatrix}, \ \boldsymbol{S}^{-1} = \boldsymbol{T} = \begin{pmatrix} \boldsymbol{T}_{11} & \boldsymbol{T}_{12} \\ \boldsymbol{T}_{21} & \boldsymbol{T}_{22} \end{pmatrix} \tag{5.28}$$

setzt, so ergibt sich ganz analog zu (5.7)

$$U = \mathrm{Sp}\,(\boldsymbol{H}\boldsymbol{G}^{-1}) - \mathrm{Sp}\,(\boldsymbol{H}_{11}\boldsymbol{G}_{11}^{-1}) = \frac{1}{n-r}\,\mathrm{Sp}\left(\boldsymbol{H}\begin{pmatrix} \boldsymbol{T}_{12} \\ \boldsymbol{T}_{22} \end{pmatrix} \boldsymbol{T}_{22}^{-1}(\boldsymbol{T}_{21}\boldsymbol{T}_{22})\right)$$

$$= \frac{1}{n-r}\,\mathrm{Sp}\left((\boldsymbol{T}_{21}\boldsymbol{T}_{22})\boldsymbol{H}\begin{pmatrix} \boldsymbol{T}_{12} \\ \boldsymbol{T}_{22} \end{pmatrix} \boldsymbol{T}_{22}^{-1}\right). \tag{5.29}$$

Die Matrix

$$\underset{(s,p)}{\boldsymbol{C}} = \hat{\boldsymbol{\Delta}}\boldsymbol{S}^{-1} = \hat{\boldsymbol{\Delta}}\begin{pmatrix} \boldsymbol{T}_{11} & \boldsymbol{T}_{12} \\ \boldsymbol{T}_{21} & \boldsymbol{T}_{22} \end{pmatrix} \tag{5.30}$$

der Koeffizienten der Diskriminanzfunktionen (5.25) kann in zwei Teile $\boldsymbol{C}_1$ und $\boldsymbol{C}_2$ mit p_1 bzw. p_2 Spalten zerlegt werden. Dabei enthält $\boldsymbol{C}_1$ die Koeffizienten, die sich auf die ersten p_1 Merkmale beziehen, und $\boldsymbol{C}_2$ diejenigen, die auf die letzten p_2 Merkmale bezogen sind. Es folgt dann nach (4.45)

$$U = \frac{1}{n-r}\,\mathrm{Sp}\left(\boldsymbol{C}_2'[\boldsymbol{K}_1(\boldsymbol{X}_1'\boldsymbol{X}_1)^{-1}\boldsymbol{K}_1']^{-1}\boldsymbol{C}_2\boldsymbol{T}_{22}^{-1}\right). \tag{5.31}$$

Diese Formel zeigt, in welcher Weise die Unentbehrlichkeit von den Koeffizienten der Diskriminanzfunktionen, die den letzten p_2 Merkmalen entsprechen, abhängt.

Im Spezialfall, daß nur ein einziges Merkmal, und zwar das Merkmal y_i, ausgesondert werden soll, erhält man aus (5.31)

$$U_i = \frac{1}{n-r} \mathbf{c}_i'[\boldsymbol{K}_1(\boldsymbol{X}_1'\boldsymbol{X}_1)^{-1}\boldsymbol{K}_1']^{-1}\mathbf{c}_i \frac{1}{t_{ii}}. \tag{5.32}$$

Hierbei ist $\mathbf{c}_i$ die i-te Spalte von $\boldsymbol{C}$ und t_{ii} das i-te Hauptdiagonalelement von $\boldsymbol{T} = \boldsymbol{S}^{-1}$. Es ist jeweils das Merkmal y_i am ehesten entbehrlich, dessen U_i am kleinsten ist.

Merkmalselimination nach dem Signifikanztest

Anstelle von Regel 1 kann der Merkmalsreduktion auch ein anderes Prinzip zugrunde gelegt werden.

Regel 2: Es wird die Menge von p_2 Merkmalen ausgesondert, für die auf Grund eines Signifikanztests am ehesten anzunehmen ist, daß ihre Merkmale redundant sind. Eine Definition der „wahren“ Redundanz war in Abschnitt 5.1. angegeben worden.

Mit Hilfe von (3.6) kann man leicht nachweisen, daß die Matrix

$$\hat{\mathbf{\Delta}}'[\boldsymbol{K}_1(\boldsymbol{X}_1'\boldsymbol{X}_1)^{-1}\boldsymbol{K}_1']^{-1/2} = \boldsymbol{Y}\boldsymbol{X}_1(\boldsymbol{X}_1'\boldsymbol{X}_1)^{-1}\boldsymbol{K}_1'[\boldsymbol{K}_1(\boldsymbol{X}_1'\boldsymbol{X}_1)^{-1}\boldsymbol{K}_1']^{-1/2}$$

die mathematische Erwartung

$$\mathbf{B}'\boldsymbol{K}'[\boldsymbol{K}_1(\boldsymbol{X}_1'\boldsymbol{X}_1)^{-1}\boldsymbol{K}_1']^{-1/2}$$

besitzt, daß ihre s Spalten voneinander stochastisch unabhängig sind und jede dieser Spalten die Kovarianzmatrix $\mathbf{\Sigma}$ hat. Das besagt nach (4.45) und (3.27), daß die Matrix $\boldsymbol{H}$, wenn über die Gültigkeit der Hypothese H_0 nichts vorausgesetzt wird, der nichtzentralen WISHART-Verteilung

$$W(\mathbf{\Sigma}, s, \mathbf{B}'\boldsymbol{K}'[\boldsymbol{K}_1(\boldsymbol{X}_1'\boldsymbol{X}_1)^{-1}\boldsymbol{K}_1']^{-1/2})$$

folgt.

Geht man davon aus, daß die letzten p_2 Merkmale gegenüber den ersten p_1 Merkmalen redundant sind, so gilt nach dem Redundanzkriterium von Abschnitt 5.2. (siehe (5.10))

$$\boldsymbol{K}\mathbf{B}\begin{pmatrix}\mathbf{\Theta}_{12}\\ \mathbf{\Theta}_{22}\end{pmatrix} = \boldsymbol{0}.$$

Nach (3.28) erhält man dann für den Test auf Redundanz die Teststatistik

$$\tilde{F} = \frac{f_2 - p - 1}{f_1 p_2} \frac{g_2}{g_2 - 2} \operatorname{Sp}\Big([((\boldsymbol{G}_{22} + \boldsymbol{H}_{22}) - (\boldsymbol{G}_{21} + \boldsymbol{H}_{21})(\boldsymbol{G}_{11} + \boldsymbol{H}_{11})^{-1}$$

$$(\boldsymbol{G}_{12} + \boldsymbol{H}_{12})) - (\boldsymbol{G}_{22} - \boldsymbol{G}_{21}\boldsymbol{G}_{11}^{-1}\boldsymbol{G}_{12})]\,[\boldsymbol{G}_{22} - \boldsymbol{G}_{21}\boldsymbol{G}_{11}^{-1}\boldsymbol{G}_{12}]^{-1}\Big), \tag{5.33}$$

die sich auf Grund von Umformungen mit Hilfe der Matrizenrechnung auch in der Gestalt

$$\tilde{F} = \frac{f_2 - p - 1}{f_1 p_2} \frac{g_2}{g_2 - 2}$$

$$\left[U - \frac{1}{f_2} \operatorname{Sp}\left((T_{21} T_{22}) \begin{pmatrix} H_{11} \\ H_{21} \end{pmatrix} (G_{11} + H_{11})^{-1} (H_{11} H_{12}) \begin{pmatrix} T_{12} \\ T_{22} \end{pmatrix} T_{22}^{-1}\right)\right] \tag{5.34}$$

oder in der Form

$$\tilde{F} = \frac{f_2 - p - 1}{f_1 p_2} \frac{g_2}{g_2 - 2} \frac{1}{f_2} \operatorname{Sp}\left(C_2'[K_1(X_1'X_1)^{-1}K_1' + \hat{\Delta}_1 G_{11}^{-1} \hat{\Delta}_1']^{-1} C_2 T_{22}^{-1}\right) \tag{5.35}$$

darstellen läßt. Hierbei umfaßt $\hat{\Delta}_1$ die ersten p_1 Spalten von $\hat{\Delta}$, und es gilt

$$f_1 = s, \quad f_2 = n - r, \quad p = p_1 + p_2,$$

$$g_1 = \frac{f_1 p_2 (f_2 - p)}{f_1 + f_2 - p_1 - f_1 p_2 - 1} \tag{5.36}$$

$$g_2 = f_2 - p + 1 \tag{5.37}$$

falls $f_1 + f_2 - p_1 - f_1 p_2 - 1 > 0$,

$$g_1 = \infty \tag{5.38}$$

$$g_2 = (f_2 - p + 1) - \frac{(f_2 - p - 1)(f_2 - p - 3)(f_1 + f_2 - p_1 - f_1 p_2 - 1)}{(f_2 - p_1 - 1)(f_1 + f_2 - p - 1)}, \tag{5.39}$$

falls $f_1 + f_2 - p_1 - f_1 p_2 - 1 \leqq 0$.

$\tilde{F}$ ist unter der Bedingung, daß die letzten p_2 Merkmale redundant sind, annähernd F-verteilt mit den Freiheitsgraden g_1 und g_2. Die Hypothese der Redundanz wird also verworfen, sobald $\tilde{F} > F_{g_1, g_2; \alpha}$ ist. Andernfalls wird sie als richtig angesehen.

Es sei bemerkt, daß sich die Ausdrücke für die Freiheitsgrade dadurch ergeben, daß man in den Gleichungen (4.98) bis (4.101) $p = p_2$ und $l = f_2 - p + 1$ setzt.

Bei Benutzung von Regel 2 werden diejenigen p_2 Merkmale ausgesondert, für die $\tilde{F}$ minimal ist.

Wenn man $p_2 = 1$ setzt, d. h. wenn geprüft werden soll, ob das letzte Merkmal y_p redundant ist, so ist die Teststatistik

$$\tilde{F}_p = \frac{f_2 - p + 1}{f_1} \left[U_p - \frac{1}{f_2} t_p' \begin{pmatrix} H_{11} \\ H_{21} \end{pmatrix} (G_{11} + H_{11})^{-1} (H_{11} H_{12}) t_p \frac{1}{t_{pp}}\right]$$

$$= \frac{f_2 - p + 1}{f_1 f_2} c_p'[K_1(X_1'X_1)^{-1}K_1' + \hat{\Delta}_1 G_{11}^{-1} \hat{\Delta}_1']^{-1} c_p \frac{1}{t_{pp}} \tag{5.40}$$

mit den Freiheitsgraden

$$g_1 = f_1 = s, \quad g_2 = f_2 - p + 1 = n - r - p + 1 \tag{5.41}$$

anzuwenden. Hierbei ist $\boldsymbol{t}_p$ die p-te Spalte von $\boldsymbol{T} = \boldsymbol{S}^{-1}$. Die Größe $\tilde{F}_p$ ist exakt F-verteilt. Analog zu $\tilde{F}_p$ kann die Prüfgröße $\tilde{F}_i$ eines beliebigen Merkmals gebildet werden.

Vergleich der Eliminationsmethoden

Wir wollen nun die Beziehungen zwischen den beiden für die Merkmalsreduktion angegebenen Regeln behandeln. Dabei wollen wir zur Abkürzung

$$k = \frac{f_2 - p - 1}{f_1 p_2} \frac{g_2}{g_2 - 2} \tag{5.42}$$

setzen. Nach (5.34) gilt

$$\tilde{F} \leqq kU \tag{5.43}$$

und

$$kU - \tilde{F} = \frac{k}{f_2} \operatorname{Sp} \left(\boldsymbol{T}_{22}^{-1/2} \boldsymbol{C}_2' [\boldsymbol{K}_1 (\boldsymbol{X}_1' \boldsymbol{X}_1)^{-1} \boldsymbol{K}_1']^{-1} \hat{\boldsymbol{\Delta}}_1\right.$$

$$\left.(\boldsymbol{G}_{11} + \hat{\boldsymbol{\Delta}}_1' [\boldsymbol{K}_1 (\boldsymbol{X}_1' \boldsymbol{X}_1)^{-1} \boldsymbol{K}_1']^{-1} \hat{\boldsymbol{\Delta}}_1)^{-1} \hat{\boldsymbol{\Delta}}_1' [\boldsymbol{K}_1 (\boldsymbol{X}_1' \boldsymbol{X}_1)^{-1} \boldsymbol{K}_1']^{-1} \boldsymbol{C}_2 \boldsymbol{T}_{22}^{-1/2}\right).$$

Da die charakteristischen Wurzeln der Matrix

$$[\boldsymbol{K}_1 (\boldsymbol{X}_1' \boldsymbol{X}_1)^{-1} \boldsymbol{K}_1']^{-1/2} \hat{\boldsymbol{\Delta}}_1 (\boldsymbol{G}_{11} + \hat{\boldsymbol{\Delta}}_1' [\boldsymbol{K}_1 (\boldsymbol{X}_1' \boldsymbol{X}_1)^{-1} \boldsymbol{K}_1']^{-1} \hat{\boldsymbol{\Delta}}_1)^{-1}$$

$$\hat{\boldsymbol{\Delta}}_1' [\boldsymbol{K}_1 (\boldsymbol{X}_1' \boldsymbol{X}_1)^{-1} \boldsymbol{K}_1']^{-1/2}$$

nach (2.65) nicht größer als $\dfrac{\lambda_{\max}^{(1)}}{1 + \lambda_{\max}^{(1)}}$ sind, wobei $\lambda_{\max}^{(1)}$ die größte charakteristische Wurzel von

$$(\boldsymbol{H}_{11} - \lambda \boldsymbol{G}_{11}) \boldsymbol{x} = \boldsymbol{0}$$

ist, folgt aus (2.42)

$$kU - \tilde{F} \leqq \frac{k}{f_2} \frac{\lambda_{\max}^{(1)}}{1 + \lambda_{\max}^{(1)}} \operatorname{Sp} (\boldsymbol{T}_{22}^{-1/2} \boldsymbol{C}_2' [\boldsymbol{K}_1 (\boldsymbol{X}_1' \boldsymbol{X}_1)^{-1} \boldsymbol{K}_1']^{-1} \boldsymbol{C}_2 \boldsymbol{T}_{22}^{-1/2})$$

$$= k \frac{\lambda_{\max}^{(1)}}{1 + \lambda_{\max}^{(1)}} U$$

und somit

$$\tilde{F} \geqq k \frac{U}{1 + \lambda_{\max}^{(1)}}. \tag{5.44}$$

Hieraus ergeben sich noch die beiden Abschätzungen

$$\tilde{F} \geqq k \frac{U}{1 + \lambda_{\max}}, \tag{5.45}$$

$$\tilde{F} \geqq k \frac{U}{1 + T^2(y_1, \ldots, y_{p_1})} = k \frac{U}{1 + T^2(y_1, \ldots, y_p) - U}, \tag{5.46}$$

wobei $\lambda_{\max}$ die größte charakteristische Wurzel von

$$(\boldsymbol{H} - \lambda \boldsymbol{G})\, \boldsymbol{x} = \boldsymbol{0}$$

ist. Für den Spezialfall $s = 1$ erhält man aus (5.35) und (5.31)

$$\tilde{F} = k \frac{U}{1 + T^2(y_1, \ldots, y_{p_1})} = k \frac{U}{1 + T^2(y_1, \ldots, y_p) - U}, \tag{5.47}$$

d. h., dann gilt in (5.46) das Gleichheitszeichen.

Ein weiteres einfaches Resultat liegt im Fall $p = 2$, $p_1 = p_2 = 1$ vor. Dann gilt, wie man zeigen kann,

$$\tilde{F} = k \frac{U + |\boldsymbol{H}\boldsymbol{G}^{-1}|}{1 + T^2(y_1, y_2) - U}. \tag{5.48}$$

Man erkennt also: Will man aus der Menge aller p Merkmale p_2 Merkmale eliminieren, so sind Regel 1 und Regel 2 in den Spezialfällen $s = 1$ und $p_1 = p_2 = 1$ äquivalent, da in (5.47) und (5.48) die Größe $\tilde{F}$ eine monoton wachsende Funktion von U ist. Es erweist sich aber, daß beide Regeln im allgemeinen Fall nicht zu den gleichen Eliminationen führen. Im Allgemeinfall muß die Merkmalsmenge mit der kleinsten Unentbehrlichkeit U nicht diejenige sein, die am ehesten mit der Hypothese der Redundanz verträglich ist. Wir werden in unseren Anwendungen vornehmlich Regel 1 benutzen, insbesondere auch wegen des geringeren rechentechnischen Aufwands.

Hat man die Größe U berechnet, so kennt man $\tilde{F}$ normalerweise noch nicht; man kann aber die Ungleichungen (5.43), (5.45) und (5.46) anwenden. So läßt sich aus

$$\frac{f_2 - p - 1}{f_1 p_2} \frac{g_2}{g_2 - 2} \frac{U}{1 + T^2(y_1, \ldots, y_p) - U} > F_{g_1, g_2; \alpha} \tag{5.49}$$

und ebenso aus

$$\frac{f_2 - p - 1}{f_1 p_2} \frac{g_2}{g_2 - 2} \frac{U}{1 + \lambda_{\max}} > F_{g_1, g_2; \alpha} \tag{5.50}$$

mit einer Irrtumswahrscheinlichkeit unterhalb α der Schluß ziehen, daß die betreffenden p_2 Merkmale nicht redundant sind.

Die Diskrepanz zwischen Regel 1 und Regel 2 läßt sich nicht ohne weiteres beseitigen. Die Größe U ist selbst keine echt befriedigende Teststatistik, da ihre Verteilung im Falle der Gültigkeit der Redundanzhypothese nicht nur von f_1, f_2, p_1 und p_2, sondern auch von der Beschaffenheit der ersten p_1 Merkmale abhängt und da diese Abhängigkeit, wie man u. a. aus (5.47) erkennt, auch nicht asymptotisch für $f_2 \to \infty$ unwirksam wird. Wenn man das multivariate Trennmaß von vornherein anders definieren würde (vgl. Abschnitt 5.6.), so würden sich diese Schwierigkeiten umgehen lassen, es würde sich nach unseren Erfahrungen aber andererseits der Rechenaufwand für die gesamte Analyse erhöhen.

5.5. Die Ermittlung überflüssiger Dimensionen des Diskriminanzraumes

Die nächste Frage, die behandelt werden soll, betrifft die Dimension des Diskriminanzraumes. Wenn man von den t nichtelementaren Diskriminanzmerkmalen $w_1, w_2, \ldots, w_t$ (hier ist $t = \min(p,s)$) nur t_1 benutzen will, so muß man nach den Sätzen von Abschnitt 5.2. die letzten $t - t_1$ Merkmale $w_{t_1+1}, \ldots, w_t$, die den niedrigsten charakteristischen Wurzeln entsprechen, weglassen, weil sich dabei das Trennmaß T^2 bzw. T^2 um den kleinstmöglichen Betrag verringert.

Durch einen Signifikanztest läßt sich die Hypothese, daß die letzten $t - t_1$ Diskriminanzmerkmale gegenüber den ersten t_1 Merkmalen redundant sind, überprüfen. Für den Test kann die Statistik

$$\tilde{F} = \frac{f_2 - p + t_1 - 1}{(f_1 - t_1)(p - t_1)} \frac{g_2}{g_2 - 2} (\lambda_{t_1+1} + \lambda_{t_1+2} + \cdots + \lambda_t) \tag{5.51}$$

angewandt werden. Hierin sind die $t - t_1$ kleinsten von Null verschiedenen charakteristischen Wurzeln des Eigenwertproblems (5.26) benutzt, und es gilt $f_1 = s$, $f_2 = n - r$. Wenn man

$$g_1 = g_1(p - t_1, f_1 - t_1, f_2 - p + t_1 + 1) \tag{5.52}$$

$$g_2 = g_2(p - t_1, f_1 - t_1, f_2 - p + t_1 + 1) \tag{5.53}$$

setzt, wobei $g_1(p, f_1, l)$ und $g_2(p, f_1, l)$ die durch (4.98) bis (4.101) definierten Funktionen sind, so hat $\tilde{F}$ unter der Bedingung, daß die in der „wahren" Eigenwertgleichung (5.17) auftretende Matrix $\mathbf{H}$ den Rang t_1 besitzt, annähernd eine F-Verteilung mit den Freiheitsgraden g_1 und g_2. Dieser Test kann auch in der vergröberten Form nach dem Muster der Gleichungen (4.103) bis (4.105) angegeben werden.

Im Falle $t_1 = 0$ stimmt der formulierte Test mit dem Test überein, der in Abschnitt 4.4. für die Prüfung der Hypothese $H_0: \boldsymbol{KB} = \boldsymbol{0}$ vorgeschlagen wurde. Bei $n \to \infty$ geht er in einen exakt gültigen χ^2-Test über; bei sehr großem n ist

$$\chi^2 = (f_2 - p + t_1 + 1)(\lambda_{t_1+1} + \cdots + \lambda_t) \tag{5.54}$$

χ^2-verteilt mit $(f_1 - t_1)(p - t_1)$ Freiheitsgraden (vgl. Rao (1973)). Es sei noch besonders betont, daß die Prüfgröße (5.54) nicht die genannte χ^2-Verteilung besitzt, sobald weniger als t_1 „wahre" charakteristische Wurzeln von Null verschieden sind.

5.6. Multivariates Trennmaß auf der Grundlage der Λ-Statistik

Es gibt viele Möglichkeiten, ein multivariates Trennmaß zu definieren. Die in Kapitel 5. dargestellte Theorie könnte z. B. ganz analog entwickelt werden, wenn man sich nicht auf das Spurkriterium, sondern auf das Wilkssche Λ-Kriterium stützen würde. Als Trennmaß könnte

$$\Lambda_0 = \log |(n - r)\boldsymbol{\Sigma} + \mathbf{H}| - \log |(n - r)\boldsymbol{\Sigma}| \tag{5.55}$$

bzw. im Falle geschätzter Matrizen

$$L_0 = \log |\boldsymbol{G} + \boldsymbol{H}| - \log |\boldsymbol{G}| \tag{5.56}$$

angewandt werden. Alle Darlegungen der Abschnitte 5.1. bis 5.3. lassen sich auch auf dieses Trennmaß übertragen. Bei der Merkmalsreduktion kann man als Analogon zu (5.27) die Größe

$$L_0(y_1, \ldots, y_p) - L_0(y_{i_1}, y_{i_2}, \ldots, y_{i_{p_1}})$$

zugrunde legen. Gleichzeitig läßt sich mit dieser Größe auch ein Redundanztest durchführen. Von Bartlett (1947) stammt ein Test, mit dem auf dieser Grundlage geprüft werden kann, ob die $t - t_1$ kleinsten von Null verschiedenen charakteristischen Wurzeln λ_h des Eigenwertproblems (5.26) signifikant von Null abweichen. Dabei wird die Teststatistik

$$\chi^2 = \left(f_2 - \frac{p - f_1 + 1}{2}\right)\left(\log(1 + \lambda_{t_1+1}) + \cdots + \log(1 + \lambda_t)\right), \tag{5.57}$$

die annähernd χ^2-verteilt mit $(p - t_1)(f_1 - t_1)$ Freiheitsgraden ist, angewandt. Weitere Einzelheiten zu diesen Problemen kann man Rao (1973) entnehmen.

6. Varianzanalytische Betrachtungen an einer oder zwei normalverteilten Grundgesamtheiten

In diesem Kapitel wollen wir unsere konkreten anwendungsorientierten Darlegungen über die mehrdimensionale Varianzanalyse beginnen. Wir beschränken uns hier jedoch auf die Betrachtung von maximal zwei Grundgesamtheiten, wogegen in den späteren Kapiteln die allgemeineren varianzanalytischen Modelle besprochen werden. Vom mathematischen Standpunkt aus gesehen ist dieses Kapitel dadurch gekennzeichnet, daß die im Allgemeinfall vorhandene Vielfalt von möglichen Teststatistiken wegfällt und daß die von uns benutzte Teststatistik exakt F-verteilt ist.

6.1. Betrachtung einer normalverteilten Grundgesamtheit

Es werde von einer Gesamtheit von „Individuen" ausgegangen. Unter Individuen verstehen wir Menschen, Tiere, Pflanzen, Maschinen, irgendwelche produzierten Güter usw. Wir nehmen an, daß zu jedem Individuum eine Reihe von p Meßwerten, die bestimmten Merkmalen der Individuen entsprechen, gegeben seien. Merkmale eines Menschen können z. B. sein: Die Körperlänge, das Gewicht und der Brustumfang ($p = 3$). Wir werden die p Merkmalswerte eines Individuums in einem Vektor

$$\boldsymbol{y} = \begin{pmatrix} y_1 \\ y_2 \\ \vdots \\ y_p \end{pmatrix}$$

zusammenfassen.

Für die statistische Analyse wird vorausgesetzt, daß die Beobachtungsvektoren $\boldsymbol{y}$ der Individuen eine p-dimensionale normalverteilte Gesamtheit $N(\boldsymbol{\mu}, \boldsymbol{\Sigma})$ bilden. Es ist hierbei

$$\boldsymbol{\mu} = \begin{pmatrix} \mu_1 \\ \mu_2 \\ \vdots \\ \mu_p \end{pmatrix}$$

der Mittelwertsvektor der Gesamtheit und

$$\boldsymbol{\Sigma} = \begin{pmatrix} \sigma_{11} & \sigma_{12} & \cdots & \sigma_{1p} \\ \vdots & \vdots & & \vdots \\ \sigma_{p1} & \sigma_{p2} & \cdots & \sigma_{pp} \end{pmatrix}$$

die Kovarianzmatrix. Wir wollen annehmen, daß $\boldsymbol{\mu}$ und $\boldsymbol{\Sigma}$ unbekannt seien.

6.1.1. *Schätzungen für $\boldsymbol{\mu}$ und $\boldsymbol{\Sigma}$*

Falls eine Stichprobe von n Beobachtungsvektoren

$$\boldsymbol{y}_1' = (y_{11}\ y_{21}\ \cdots\ y_{p1}),$$

$$\boldsymbol{y}_2' = (y_{12}\ y_{22}\ \cdots\ y_{p2}),$$

$$\cdots\cdots\cdots\cdots\cdots\cdots$$

$$\boldsymbol{y}_n' = (y_{1n}\ y_{2n}\ \cdots\ y_{pn})$$

vorliegt, wenn also die Meßwerte der p Merkmale von n Individuen ($n \geqq 2$) bekannt sind, können erwartungstreue Schätzungen für $\boldsymbol{\mu}$ und $\boldsymbol{\Sigma}$ gewonnen werden. Schätzung für $\boldsymbol{\mu}$ ist der Vektor

$$\boldsymbol{y}_. = \frac{1}{n} \sum_{j=1}^{n} \boldsymbol{y}_j, \tag{6.1}$$

Schätzung für $\boldsymbol{\Sigma}$ die Matrix

$$\boldsymbol{S} = \frac{1}{n-1} \sum_{j=1}^{n} (\boldsymbol{y}_j - \boldsymbol{y}_.)\,(\boldsymbol{y}_j - \boldsymbol{y}_.)' = \frac{1}{n-1}\left(\sum_{j=1}^{n} \boldsymbol{y}_j\boldsymbol{y}_j' - n\boldsymbol{y}_.\boldsymbol{y}_.'\right). \tag{6.2}$$

Hierbei ist $\boldsymbol{S}$ eine positiv semidefinite, meist sogar eine positiv definite symmetrische (p,p)-Matrix. In ihrer Hauptdiagonalen stehen die Streuungen bzw. Quadrate der Standardabweichungen der p einzelnen Merkmale. Der Korrelationskoeffizient zweier Merkmale y_h und y_i ergibt sich nach der Gleichung

$$r_{hi} = \frac{s_{hi}}{\sqrt{s_{hh} \cdot s_{ii}}}.$$

Die Schätzung $\boldsymbol{y}_.$ besitzt die Verteilung $N\left(\boldsymbol{\mu}, \frac{1}{n}\boldsymbol{\Sigma}\right)$, die Matrix $\boldsymbol{S}$ hat die Wishart-Verteilung $W\left(\frac{1}{n-1}\boldsymbol{\Sigma}, n-1\right)$. $\boldsymbol{y}_.$ und $\boldsymbol{S}$ sind voneinander stochastisch unabhängig und bilden ein System effizienter Schätzungen für μ und Σ (Anderson (1958)).

Beispiel (Dr. D. Gmyrek, Universitätskinderklinik der Charité zu Berlin): Es wird ein bestimmtes Kollektiv von Neugeborenen betrachtet. Von 20 Kindern dieses Kollektivs sollen Messungen des Geburtsgewichts und der Körperlänge vorliegen (Tabelle 1).

Tabelle 1: Meßwerte von 20 Kindern eines Neugeborenenkollektivs

Ind.-Nr.	Geburtsgewicht y_1	Körperlänge y_2	Ind.-Nr.	Geburtsgewicht y_1	Körperlänge y_2
1	3300	50	11	3250	51
2	3250	50	12	3370	50
3	3900	53	13	2740	48
4	3800	51	14	2950	49
5	4460	54	15	3790	53
6	3650	53	16	3420	51
7	3350	52	17	3550	52
8	3650	50	18	3450	51
9	2950	53	19	4000	54
10	2950	48	20	4400	57

In diesem Fall ergibt sich für den Mittelwertsvektor

$$\boldsymbol{y}_. = \begin{pmatrix} 3509 \\ 51.5 \end{pmatrix}.$$

Hierbei ist die erste Angabe das mittlere Geburtsgewicht in g, die zweite Angabe die mittlere Körperlänge in cm. Die Kovarianzschätzung lautet

$$\boldsymbol{S} = \begin{pmatrix} 213683 & 823 \\ 823 & 4.89 \end{pmatrix}.$$

Daraus erhält man für die Standardabweichungen des Geburtsgewichts und der Körperlänge

$$s_1 = 462, \qquad s_2 = 2.21$$

und für die Korrelation beider Größen

$$r_{12} = 0.804.$$

6.1.2. *Hypothese über den Mittelwertsvektor*

Es soll zunächst der Test zur Prüfung der Hypothese $\boldsymbol{\mu} = \boldsymbol{0}$ betrachtet und erst danach zum allgemeinen Fall $\boldsymbol{\mu} = \boldsymbol{\mu}^*$ übergegangen werden. Wenn n Beobachtungsvektoren $\boldsymbol{y}_1, \ldots, \boldsymbol{y}_n$ $(n \geqq p + 1)$ zugrunde gelegt werden, lautet das lineare Modell

$$\boldsymbol{y}_j = \boldsymbol{\mu} + \boldsymbol{\epsilon}_j \qquad (j = 1, \ldots, n), \tag{6.3}$$

als Hypothese setzen wir

$$H_0: \boldsymbol{\mu} = \boldsymbol{0}. \tag{6.4}$$

Nach Kapitel 4. gibt es zwei Wege, um zu einer Teststatistik zu gelangen. Der erste Weg folgt der allgemeinen Theorie der linearen statistischen Hypothesenprüfung, die wir in Abschnitt 4.2. dargestellt haben. Wir wollen ihn aber hier, ebenso wie bei den meisten später behandelten varianzanalytischen Anwendungen, nicht beschreiten, da er oftmals komplizierte Matrizenrechnungen erfordert.

Die Methode, die wir zur Konstruktion einer multivariaten Teststatistik benutzen wollen, geht von dem univariaten Test, der bei Spezialisierung auf den Fall $p = 1$ anzuwenden ist, aus. Dieser univariate Test kann als bekannt vorausgesetzt werden. Es handelt sich hier um den üblichen Test mit der t-Statistik

$$t = \frac{\sqrt{n-1}\,\sqrt{n}\,|y_.|}{\sqrt{\sum_{j=1}^{n} (y_j - y_.)^2}}, \quad f = n - 1$$

oder mit der F-Statistik, die durch Quadrieren von t entsteht,

$$F = \frac{(n-1)\, n y_.^2}{\sum_{j=1}^{n} (y_j - y_.)^2}, \quad f_1 = 1, \quad f_2 = n - 1. \tag{6.5}$$

Der Übergang vom univariaten zum multivariaten Fall geschieht nach Abschnitt 4.5. dadurch, daß die beiden $\sigma^2\chi^2$-verteilten Größen

$$n y_.^2 \quad \text{und} \quad \sum_{j=1}^{n} (y_j - y_.)^2,$$

die in Zähler und Nenner des univariaten F-Quotienten stehen, durch eine einfache Ersetzung in die zwei Matrizen $\boldsymbol{H}$ und $\boldsymbol{G}$, welche für den multivariaten Test entscheidend sind, überführt werden. Es ergibt sich

$$\boldsymbol{H} = n \boldsymbol{y}_. \boldsymbol{y}_.' \tag{6.6}$$

und

$$\boldsymbol{G} = \sum_{j=1}^{n} (\boldsymbol{y}_j - \boldsymbol{y}_.)(\boldsymbol{y}_j - \boldsymbol{y}_.)' = \sum_{j=1}^{n} \boldsymbol{y}_j \boldsymbol{y}_j' - n \boldsymbol{y}_. \boldsymbol{y}_.'. \tag{6.7}$$

An die Stelle der skalaren Meßwerte in den Formeln der $\sigma^2\chi^2$-verteilten Größen treten hierbei die entsprechenden p-dimensionalen Meßwertvektoren, und für das Quadrat z^2 einer Linearkombination skalarer Meßwerte ist das entsprechende Matrizenprodukt $\boldsymbol{z}\boldsymbol{z}'$ zu substituieren.

Als Teststatistik verwenden wir gemäß Abschnitt 4.4.

$$\tilde{F} = \frac{f_2 - p + 1}{f_1 p} \operatorname{Sp} (\boldsymbol{H}\boldsymbol{G}^{-1}). \tag{6.8}$$

Bei den in diesem Kapitel behandelten Anwendungen, die durch $f_1 = 1$ gekennzeichnet sind, besitzt $\tilde{F}$ unter Voraussetzung der Gültigkeit der Hypothese H_0 exakt eine F-Verteilung mit den Freiheitsgraden

$$g_1 = p, \quad g_2 = f_2 - p + 1, \tag{6.9}$$

während diese Teststatistik in den weiteren Kapiteln nur eine annähernd F-verteilte Größe ist. Demzufolge wird eine aufgestellte Hypothese bei vorgegebener Irrtumswahrscheinlichkeit α verworfen, wenn

$$\tilde{F} > F_{p, f_2 - p + 1; \alpha}$$

gilt. Hier ist $F_{p, f_2 - p + 1; \alpha}$ ein Wert aus einer Tabelle von F-Quantilen (siehe Tabelle im Anhang).

In dem konkreten Anwendungsfall der Hypothese $\boldsymbol{\mu} = \boldsymbol{0}$ erhält man als Teststatistik

$$\tilde{F} = \frac{(n-p)n}{p} \operatorname{Sp} (\boldsymbol{y}_.\boldsymbol{y}_.'\boldsymbol{G}^{-1}) = \frac{(n-p)n}{p} \operatorname{Sp} (\boldsymbol{y}_.'\boldsymbol{G}^{-1}\boldsymbol{y}_.),$$

$$\tilde{F} = \frac{(n-p)n}{(n-1)p} \boldsymbol{y}_.'\boldsymbol{S}^{-1}\boldsymbol{y}_. . \tag{6.10}$$

Die Freiheitsgrade sind $g_1 = p$ und $g_2 = n - p$.

Der Übergang zur allgemeinen Hypothese

$$H_0\colon \boldsymbol{\mu} = \boldsymbol{\mu}^*$$

ist leicht möglich. Die entsprechende Teststatistik ergibt sich aus Gleichung (6.10) durch eine geringfügige Korrektur:

$$\tilde{F} = \frac{(n-p)n}{(n-1)p} (\boldsymbol{y}_. - \boldsymbol{\mu}^*)'\boldsymbol{S}^{-1}(\boldsymbol{y}_. - \boldsymbol{\mu}^*). \tag{6.11}$$

Die Freiheitsgrade sind ebenso wie oben $g_1 = p$, $g_2 = n - p$. $\boldsymbol{S} = \frac{1}{n-1}\boldsymbol{G}$ wird unabhängig von $\boldsymbol{\mu}^*$ aus Gleichung (6.2) bzw. Gleichung (6.7) bestimmt.

Beispiel: Falls an der Neugeborenenstichprobe von Abschnitt 6.1.1. geprüft werden soll, ob das wahre mittlere Geburtsgewicht 3000 g und die wahre mittlere Körperlänge 50 cm beträgt, d. h. wenn die Hypothese

$$\boldsymbol{\mu} = \begin{pmatrix} 3000 \\ 50 \end{pmatrix}$$

zu untersuchen ist, so erhält man nach (6.11)

$$\tilde{F} = 12.04, \qquad g_1 = 2, \qquad g_2 = 18.$$

Da $F_{2,18;0.05} = 3.55$ ist, muß die Hypothese abgelehnt werden.

6.1.3. *Konfidenzbereich für den Mittelwertsvektor*

Eng verknüpft mit der Prüfung der Hypothese $\boldsymbol{\mu} = \boldsymbol{\mu}^*$ ist die Berechnung eines Konfidenzbereichs $\mathfrak{B}$ für den Mittelwertsvektor $\boldsymbol{\mu}$. Der Konfidenzbereich $\mathfrak{B}$ soll unter Zugrundelegung einer Stichprobe von n Individuen so bestimmt werden, daß er den tatsächlichen Mittelwertsvektor $\boldsymbol{\mu}$ mit einer vorgegebenen Wahrscheinlichkeit $\gamma = 1 - \alpha$ (Konfidenzniveau) enthält. Diese Forderung wird erfüllt, wenn zu $\mathfrak{B}$ jeder Vektor $\boldsymbol{m}$ gezählt wird, der

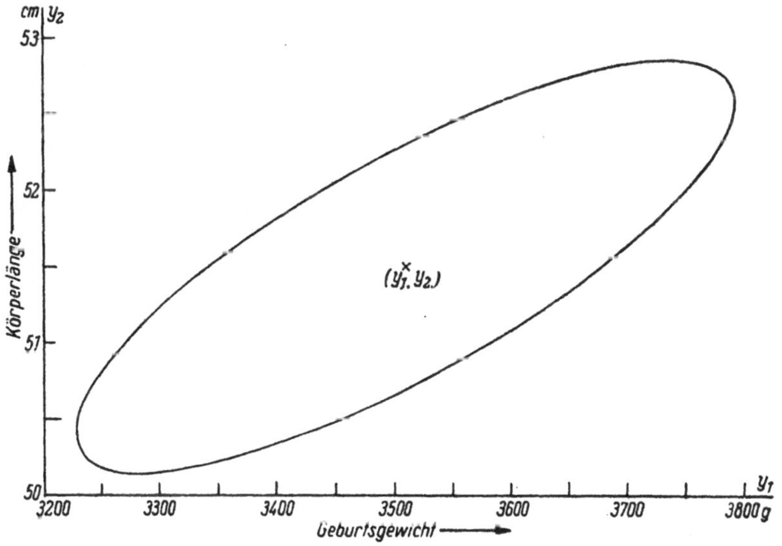

Bild 1: Konfidenzbereich des Mittelwertsvektors zum Konfidenzniveau $\gamma = 0.05$ im Falle der Daten von Tabelle 1

der Beziehung

$$\tilde{F} = \frac{(n-p)\,n}{(n-1)\,p}\,(\boldsymbol{y}_{.} - \boldsymbol{m})'\,\boldsymbol{S}^{-1}(\boldsymbol{y}_{.} - \boldsymbol{m}) \leqq F_{p,n-p;1-\gamma} \tag{6.12}$$

genügt. Bei einer gegebenen Stichprobe umfaßt $\mathfrak{B}$ die Punkte innerhalb eines p-dimensionalen Ellipsoids, dessen Mittelpunkt gerade $\boldsymbol{y}_{.}$ ist.

Beispiel: Ausgehend von dem Neugeborenendatenmaterial, das in Abschnitt 6.1.1. angeführt wurde, ergibt sich für den Konfidenzbereich des Mittelwertvektors $\boldsymbol{\mu}' = (\mu_1 \mu_2)$ zum Konfidenzniveau 0.95 die Ungleichung

$$(m_1 - 3509,\; m_2 - 51.5)\begin{pmatrix}0.000126 & -0.0211\\ -0.0211 & 5.48\end{pmatrix}\begin{pmatrix}m_1 - 3509\\ m_2 - 51.5\end{pmatrix} \leqq 3.55.$$

In Bild 1 ist der Konfidenzbereich graphisch dargestellt. Ein Geburtsgewicht m_1 und eine Körperlänge m_2 kommen als wahre Mittelwerte des Neugeborenenkollektivs in Betracht, wenn sie die angegebene Ungleichung erfüllen bzw. der Punkt $(m_1\; m_2)$ innerhalb der gezeichneten Ellipse liegt.

6.1.4. Hypothese der übereinstimmenden Komponenten des Mittelwertsvektors

In diesem Abschnitt wird ein Test aufgestellt, mit dessen Hilfe geprüft werden kann, ob die Mittelwerte der einzelnen an einem Individuum gemessenen Merkmale übereinstimmen oder nicht. Dieser Test kann u. a. angewandt werden, wenn untersucht werden soll, inwieweit mehrere zeitlich hintereinander an den Individuen durchgeführte Messungen unterschiedliche Mittelwerte besitzen.

Wir gehen von n p-dimensionalen Beobachtungsvektoren $\boldsymbol{y}_1, \ldots, \boldsymbol{y}_n$ $(n \geqq p)$ aus. Bezüglich des linearen Modells gilt wieder Gleichung (6.3), die wir hier in Komponentenschreibweise angeben:

$$\begin{pmatrix}y_{1j}\\ y_{2j}\\ \vdots\\ y_{pj}\end{pmatrix} = \begin{pmatrix}\mu_1\\ \mu_2\\ \vdots\\ \mu_p\end{pmatrix} + \begin{pmatrix}\varepsilon_{1j}\\ \varepsilon_{2j}\\ \vdots\\ \varepsilon_{pj}\end{pmatrix} \quad (j = 1, \ldots, n).$$

Im Gegensatz zu der Hypothese (6.4) wird hier die schwächere Hypothese betrachtet, daß die einzelnen Komponenten des Mittelwertsvektors gleich sind:

$$\mu_1 = \mu_2 = \cdots = \mu_p.$$

Während in (6.4) gefordert ist, daß alle Komponenten von $\boldsymbol{\mu}$ verschwinden, wird hier nur ihre Gleichheit postuliert.

Es handelt sich hier um einen Spezialfall der verallgemeinerten linearen Hypothese, wie sie in Abschnitt 4.2.5. besprochen wurde. Um die Beziehung zu Abschnitt 4.2.5. zu erkennen, soll die aufgestellte Hypothese in der Gestalt

$$H_0^{(U)}\colon\ (\mu_1\ \mu_2 \cdots \mu_p)\ \boldsymbol{U} = \boldsymbol{0}$$

geschrieben werden, wobei $\boldsymbol{U}$ eine beliebige $(p,p-1)$-Matrix vom Rang $p-1$, die die Eigenschaft

$$(1\ 1 \cdots 1)\ \boldsymbol{U} = \boldsymbol{0}$$

hat, ist. Die Matrix $\boldsymbol{U}$ kann z. B. die Form

$$\boldsymbol{U} = \begin{pmatrix} 1 & 0 \cdots & 0 \\ -1 & 1 \cdots & 0 \\ 0 & -1 \cdots & 0 \\ \cdot & \cdot & \cdot \\ \cdot & \cdot & \cdot \\ \cdot & \cdot & \cdot \\ 0 & 0 \cdots & 1 \\ 0 & 0 \cdots & -1 \end{pmatrix}$$

besitzen, aber auch jede andere Matrix, die die für $\boldsymbol{U}$ angegebenen Bedingungen erfüllt, ist anwendbar und führt auf den gleichen Signifikanztest. Die Einführung der Matrix $\boldsymbol{U}$ bedeutet, daß gemäß der Transformation $\boldsymbol{z} = \boldsymbol{U}'\boldsymbol{y}$ von den p Merkmalen $y_1, \ldots, y_p$ zu $u = p - 1$ neuen Merkmalen $z_1, \ldots, z_{p-1}$, z. B. zu

$$z_1 = y_1 - y_2,$$

$$z_2 = y_2 - y_3,$$

$$\cdots\cdots\cdots\cdots\cdots$$

$$z_{p-1} = y_{p-1} - y_p,$$

übergegangen wird.

Nach Abschnitt 4.2.5. ergeben sich die für den Test entscheidenden Matrizen $\boldsymbol{H}^{(U)}$ und $\boldsymbol{G}^{(U)}$ aus den Gleichungen

$$\boldsymbol{H}^{(U)} = \boldsymbol{U}'\boldsymbol{H}\boldsymbol{U}, \quad \boldsymbol{G}^{(U)} = \boldsymbol{U}'\boldsymbol{G}\boldsymbol{U},$$

wobei H und G durch (6.6) und (6.7) bestimmt sind. Die Teststatistik lautet

$$\tilde{F} = \frac{f_2 - u + 1}{f_1 u} \operatorname{Sp}(H^{(U)} G^{(U)-1})$$

$$= \frac{(n - p + 1)n}{(p - 1)(n - 1)} \operatorname{Sp}(U' y_. y_.' U (U'SU)^{-1})$$

$$= \frac{(n - p + 1)n}{(p - 1)(n - 1)} y_.' U (U'SU)^{-1} U' y_. .$$

Die Freiheitsgrade sind $g_1 = p - 1$ und $g_2 = n - p + 1$. Somit wird die Hypothese der übereinstimmenden Komponenten des Mittelwertsvektors abgelehnt, wenn $\tilde{F} > F_{p-1, n-p+1; \alpha}$ gilt.

6.2. Betrachtung zweier normalverteilter Grundgesamtheiten

In diesem Abschnitt werden zwei Klassen von Individuen betrachtet. Die p-dimensionalen Beobachtungsvektoren von Individuen der ersten Klasse mögen die Verteilung $N(\mu_1, \Sigma)$, die der zweiten Klasse die Verteilung $N(\mu_2, \Sigma)$ besitzen. Bezüglich der Kovarianzmatrizen wird vorausgesetzt, daß Übereinstimmung beider Klassen besteht, während die Mittelwertsvektoren unterschiedlich sein können. In den statistischen Analysen soll angenommen werden, daß μ_1, μ_2 und Σ unbekannt sind.

6.2.1. *Hypothese der Gleichheit von μ_1 und μ_2*

Bei der Betrachtung zweier Gesamtheiten steht der Vergleich beider im Vordergrund des Interesses. Der Tierzüchter beispielsweise stellt die Frage, ob zwei verschiedene Methoden der Tierfütterung Auswirkungen auf die Nutzleistungen haben, der Arzt möchte wissen, ob bestimmte Meßgrößen geeignet sind, Gesunde und Erkrankte voneinander zu unterscheiden, der Jurist oder Soziologe wird klären müssen, inwieweit die verschiedenen Formen von Verbrechen (Diebstahl, Betrug, Sexualvergehen usw.) spezifischen Charaktereigenschaften der Täter entsprechen.

Wir wollen von zwei Stichproben ausgehen, die den beiden vorhandenen Klassen entnommen seien. Die Meßwertvektoren $y_{11}, y_{12}, \ldots, y_{1n_1}$ sollen der ersten Klasse entstammen, die Vektoren $y_{21}, y_{22}, \ldots, y_{2n_2}$ der zweiten Klasse ($n_1 \geqq 1$, $n_2 \geqq 1$, $n_1 + n_2 \geqq p + 2$). Dann lauten die Modellgleichungen

$$y_{1k} = \mu_1 + \epsilon_{1k} \qquad (k = 1, \ldots, n_1), \tag{6.13}$$

$$y_{2k} = \mu_2 + \epsilon_{2k} \qquad (k = 1, \ldots, n_2). \tag{6.14}$$

Die zu testende Hypothese erhält die Form

$$H_0\colon \boldsymbol{\mu}_1 - \boldsymbol{\mu}_2 = \boldsymbol{0}. \tag{6.15}$$

Für jede Stichprobe wird der Mittelwertsvektor berechnet,

$$\boldsymbol{y}_{1.} = \frac{1}{n_1} \sum_{k=1}^{n_1} \boldsymbol{y}_{1k}, \quad \boldsymbol{y}_{2.} = \frac{1}{n_2} \sum_{k=1}^{n_2} \boldsymbol{y}_{2k},$$

und es wird die Kovarianzmatrix $\boldsymbol{S}$, die eine Schätzung der wahren klasseninternen Kovarianzmatrix $\boldsymbol{\Sigma}$ ist, bestimmt:

$$\boldsymbol{S} = \frac{1}{n_1 + n_2 - 2} \left(\sum_{k=1}^{n_1} (\boldsymbol{y}_{1k} - \boldsymbol{y}_{1.}) (\boldsymbol{y}_{1k} - \boldsymbol{y}_{1.})' + \sum_{k=1}^{n_2} (\boldsymbol{y}_{2k} - \boldsymbol{y}_{2.}) (\boldsymbol{y}_{2k} - \boldsymbol{y}_{2.})' \right).$$

Die Konstruktion der Teststatistik soll wieder nach der Methode, die in Abschnitt 6.1.2. kurz erläutert und deren ausführliche Begründung in Abschnitt 4.5. gegeben wurde, erfolgen. Wir gehen von dem entsprechenden univariaten Test aus. Werden die $\sigma^2\chi^2$-verteilten Größen

$$\frac{n_1 n_2}{n_1 + n_2} (y_{1.} - y_{2.})^2$$

und

$$\sum_{k=1}^{n_1} (y_{1k} - y_{1.})^2 + \sum_{k=1}^{n_2} (y_{2k} - y_{2.})^2,$$

die in Zähler und Nenner des univariaten F-Quotienten

$$F = \frac{(n_1 + n_2 - 2) \dfrac{n_1 n_2}{n_1 + n_2} (y_{1.} - y_{2.})^2}{\sum_{k=1}^{n_1} (y_{1k} - y_{1.})^2 + \sum_{k=1}^{n_2} (y_{2k} - y_{2.})^2}, \quad f_1 = 1, \quad f_2 = n_1 + n_2 - 2 \tag{6.16}$$

stehen, ins Multivariate übertragen, so erhält man

$$\boldsymbol{H} = \frac{n_1 n_2}{n_1 + n_2} (\boldsymbol{y}_{1.} - \boldsymbol{y}_{2.}) (\boldsymbol{y}_{1.} - \boldsymbol{y}_{2.})', \tag{6.17}$$

$$\boldsymbol{G} = \sum_{k=1}^{n_1} (\boldsymbol{y}_{1k} - \boldsymbol{y}_{1.}) (\boldsymbol{y}_{1k} - \boldsymbol{y}_{1.})' + \sum_{k=1}^{n_2} (\boldsymbol{y}_{2k} - \boldsymbol{y}_{2.}) (\boldsymbol{y}_{2k} - \boldsymbol{y}_{2.})'. \tag{6.18}$$

Als Teststatistik ergibt sich nach Gleichung (6.8), wenn man

$$\boldsymbol{S} = \frac{1}{n_1 + n_2 - 2} \boldsymbol{G} \tag{6.19}$$

berücksichtigt,

$$\tilde{F} = \frac{n_1 + n_2 - p - 1}{p(n_1 + n_2 - 2)} \frac{n_1 n_2}{n_1 + n_2} \operatorname{Sp}\left((\boldsymbol{y}_{1.} - \boldsymbol{y}_{2.})(\boldsymbol{y}_{1.} - \boldsymbol{y}_{2.})' \boldsymbol{S}^{-1}\right),$$

$$\tilde{F} = \frac{n_1 + n_2 - p - 1}{p(n_1 + n_2 - 2)} \frac{n_1 n_2}{n_1 + n_2} (\boldsymbol{y}_{1.} - \boldsymbol{y}_{2.})' \boldsymbol{S}^{-1} (\boldsymbol{y}_{1.} - \boldsymbol{y}_{2.}) . \quad (6.20)$$

Für die Freiheitsgrade folgt aus (6.9)

$$g_1 = p, \quad g_2 = n_1 + n_2 - p - 1 . \quad (6.21)$$

$\tilde{F}$ ist bei Gültigkeit der Hypothese H_0 exakt F-verteilt. Die Hypothese wird verworfen, wenn $\tilde{F} > F_{g_1, g_2; \alpha}$ gilt.

Diese Resultate hatten sich auch bereits in Abschnitt 4.5. ergeben.

Beispiel (Dr. D. Gmyrek, Universitätskinderklinik der Charité zu Berlin): Um eine medikamentöse Behandlung der Neugeborenengelbsucht, die auf Leberunreife beruht, rechtzeitig durchzuführen, muß man bereits am 1. Lebenstag voraussagen können, welches Kind an Gelbsucht erkranken wird (etwa am 5. Lebenstag). Zu diesem Zweck wurden zahlreiche Meßgrößen hinsichtlich ihrer Aussagekraft bezüglich der Gelbsucht untersucht. Vier dieser Meßgrößen werden hier näher betrachtet:

Alter der Mutter (y_1),
Geburtsgewicht (y_2),
Schwangerschaftsdauer (y_3),
Ikterometergrad (y_4).

Die Individuen dieses Beispiels sind Frühgeborene, die in zwei Klassen eingeteilt sind:

Klasse 1: Kinder, bei denen keine Neugeborenengelbsucht auftritt und die daher nicht medikamentös behandelt werden sollen.

Klasse 2: Kinder mit Neugeborenengelbsucht etwa am 5. Lebenstag, bei denen die medikamentöse Prophylaxe notwendig ist.

Die Tabelle 2 (siehe Seite 95) enthält die Daten von insgesamt 31 Neugeborenen. Daraus folgt

$$n_1 = 20, \qquad n_2 = 11,$$

$$\boldsymbol{y}_{1.}' = (25.9 \quad 2184 \quad 266 \quad 1.78),$$

$$\boldsymbol{y}_{2.}' = (23.5 \quad 2168 \quad 242 \quad 2.61),$$

$$\boldsymbol{S} = \begin{pmatrix} 26.4 & -63.7 & -26.6 & 0.362 \\ -63.7 & 61973 & 2741 & -109 \\ -26.6 & 2741 & 313 & -5.04 \\ 0.362 & -109 & -5.04 & 0.527 \end{pmatrix}.$$

Die Matrix $\boldsymbol{S}$ ist symmetrisch.

Der Test zum Vergleich der Mittelwertsvektoren der beiden Klassen von Neugeborenen ergibt

$$\tilde{F} = 9.05, \quad g_1 = 4, \quad g_2 = 26.$$

Der zugehörige Tabellenwert zur Irrtumswahrscheinlichkeit $\alpha = 0.05$ ist $F_{4,26;0.05} = 2.74$. Folglich bestehen in den vier Merkmalen signifikante Differenzen zwischen den Frühgeborenen, die medikamentös zu behandeln sind, und denen, die nicht behandelt werden sollen.

6.2.2. *Multivariates Trennmaß, Diskriminanzfunktion, Diskrimination*

In Kapitel 5. war die Größe

$$T^2(y_1, \ldots, y_p) = \mathrm{Sp}\,(\boldsymbol{H}\boldsymbol{G}^{-1})$$

als multivariates Trennmaß der Merkmale $y_1, \ldots, y_p$ eingeführt worden. Für den hier vorliegenden konkreten Fall zweier Grundgesamtheiten ergibt sich

$$T^2(y_1, \ldots, y_p) = \frac{1}{n_1 + n_2 - 2} \frac{n_1 n_2}{n_1 + n_2} (\boldsymbol{y}_{1.} - \boldsymbol{y}_{2.})' \boldsymbol{S}^{-1} (\boldsymbol{y}_{1.} - \boldsymbol{y}_{2.}). \qquad (6.22)$$

Diese Größe charakterisiert, inwieweit die beiden gegebenen Stichproben der Hypothese $\boldsymbol{\mu}_1 = \boldsymbol{\mu}_2$ widersprechen bzw. wie groß der „statistische Abstand" der beiden Gesamtheiten voneinander ist.

Die Unterschiedlichkeit zweier Gesamtheiten wird oftmals durch den sogenannten MAHALANOBIS-Abstand

$$D^2 = (\boldsymbol{y}_{1.} - \boldsymbol{y}_{2.})' \boldsymbol{S}^{-1} (\boldsymbol{y}_{1.} - \boldsymbol{y}_{2.})$$

beschrieben. Obwohl diese Formel gegenüber (6.22) den Vorteil hat, daß in ihr nur die erwartungstreuen und konsistenten Schätzungen $\boldsymbol{y}_{1.}$, $\boldsymbol{y}_{2.}$ und $\boldsymbol{S}$ für die Parameter $\boldsymbol{\mu}_1, \boldsymbol{\mu}_2, \boldsymbol{\Sigma}$ auftreten, bevorzugen wir in unserer Darstellung das Trennmaß T^2, um die Einheitlichkeit mit den anderen Kapiteln zu wahren.

Wir wollen eine bestimmte Linearkombination der gegebenen p Merkmale $y_1, \ldots, y_p$ betrachten. Und zwar sei

$$v = d_1 y_1 + d_2 y_2 + \cdots + d_p y_p, \qquad (6.23)$$

wobei der Vektor $\boldsymbol{d}$ mit den Komponenten $d_1, \ldots, d_p$ durch

$$\boldsymbol{d} = \boldsymbol{S}^{-1}(\boldsymbol{y}_{1.} - \boldsymbol{y}_{2.}) \qquad (6.24)$$

festgelegt ist. In (6.23) sind die Größen $y_1, \ldots, y_p$ sowie v als Variable anzusehen. Es gilt somit

$$v = \boldsymbol{d}'\boldsymbol{y} = (\boldsymbol{y}_{1.} - \boldsymbol{y}_{2.})' \boldsymbol{S}^{-1} \boldsymbol{y}. \qquad (6.25)$$

v ist ein neues Merkmal, welches auf Grund dieser Gleichungen für jedes Individuum berechnet werden kann. Dieses Merkmal besitzt in den beiden

Gesamtheiten die Mittelwerte

$$v_{1.} = (\boldsymbol{y}_{1.} - \boldsymbol{y}_{2.})' \boldsymbol{S}^{-1} \boldsymbol{y}_{1.}, \tag{6.26}$$

$$v_{2.} = (\boldsymbol{y}_{1.} - \boldsymbol{y}_{2.})' \boldsymbol{S}^{-1} \boldsymbol{y}_{2.}, \tag{6.27}$$

und für die klasseninterne Streuung von v ergibt sich

$$s_v^2 = (\boldsymbol{y}_{1.} - \boldsymbol{y}_{2.})' \boldsymbol{S}^{-1} (\boldsymbol{y}_{1.} - \boldsymbol{y}_{2.}). \tag{6.28}$$

Das multivariate Trennmaß von v ist

$$\begin{aligned} T^2(v) &= \frac{1}{n_1 + n_2 - 2} \frac{n_1 n_2}{n_1 + n_2} (v_{1.} - v_{2.})^2 \frac{1}{s_v^2} \\ &= \frac{1}{n_1 + n_2 - 2} \frac{n_1 n_2}{n_1 + n_2} (\boldsymbol{y}_{1.} - \boldsymbol{y}_{2.})' \boldsymbol{S}^{-1} (\boldsymbol{y}_{1.} - \boldsymbol{y}_{2.}), \end{aligned} \tag{6.29}$$

so daß das Merkmal v nach (6.22) das gleiche Trennmaß hat wie alle p Originalmerkmale zusammen. Unter allen Linearkombinationen, die sich aus den p Originalmerkmalen bilden lassen, besitzt v das höchste Trennmaß.

Die in (6.23) und (6.25) angegebene Linearform der Merkmale $y_1, \ldots, y_p$ heißt Diskriminanzfunktion, das Merkmal v bezeichnen wir als Diskriminanzmerkmal. Das Ergebnis (6.29) besagt, daß die Trennung der Klassen mit Hilfe des Diskriminanzmerkmals v ebensogut möglich ist wie mit Hilfe der p Originalmerkmale y_i. Daher wollen wir auch bei einer Diskrimination, d. h. der Einteilung irgendwelcher gegebener Individuen in die zwei Klassen, anstelle der p Originalmerkmale allein das Diskriminanzmerkmal v verwenden.

Durch die Diskrimination bzw. Diagnostizierung kann entschieden werden, ob ein beliebiges Individuum der Klasse 1 oder der Klasse 2 angehört. Dabei wird die Kenntnis der Angaben n_1, n_2, $\boldsymbol{y}_{1.}$, $\boldsymbol{y}_{2.}$, $\boldsymbol{S}$ von zwei Individuenstichproben vorausgesetzt. Die Diskrimination ist eine direkte Nutzanwendung statistischer Verfahren.

Für die praktische Durchführung der Diskrimination werden von den einzelnen Autoren unterschiedliche Regeln angegeben. Eine gewisse Schwierigkeit besteht darin, daß sich die Diskrimination nicht auf die exakten Verteilungsparameter $\boldsymbol{\mu}_1$, $\boldsymbol{\mu}_2$ und $\boldsymbol{\Sigma}$, die ja unbekannt sind, stützen kann, sondern daß die entsprechenden Schätzungen benutzt werden müssen. Bei unserem Vorgehen verknüpfen wir das Diskriminationsproblem mit einem Testproblem. Und zwar wird für $j = 1, 2$ getestet, ob ein Individuum mit dem Meßwertvektor $\boldsymbol{y}$ als zur Gesamtheit j mit dem Mittelwertsvektor $\boldsymbol{y}_{j.}$ gehörig anzusehen ist oder nicht. Hierzu werden die beiden Testgrößen

$$k_1 = \frac{n_1}{n_1 + 1} (v - v_{1.})^2 \frac{1}{s_v^2}, \tag{6.30}$$

$$k_2 = \frac{n_2}{n_2 + 1} (v - v_{2.})^2 \frac{1}{s_v^2} \tag{6.31}$$

berechnet, wobei v, $v_{1.}$, $v_{2.}$ und s_v^2 durch (6.25) bis (6.28) bestimmt sind. Das Individuum wird genau dann als zur Gesamtheit j gehörig angesehen, wenn

$$k_j \leqq F_{1,n_1+n_2-2;\alpha} = t^2_{n_1+n_2-2;\alpha} \tag{6.32}$$

gilt. Hierzu muß eine bestimmte Irrtumswahrscheinlichkeit α, beispielsweise $\alpha = 0.05$, vorgeschrieben sein. Bei diesem Verfahren kann ein Individuum zu einer der beiden Gesamtheiten, zu beiden Gesamtheiten oder zu keiner der Gesamtheiten gezählt werden. Diese Antwortvielfalt entspricht den Gegebenheiten in den Anwenderdisziplinen, denn bei einer Diagnostizierung von Individuen ist sowohl eine mehrdeutige Antwort als auch die Antwort, daß keine der bestehenden Klassen in Frage kommt, sinnvoll. Durch (6.32) wird um jeden der beiden Mittelpunkte $v_{1.}$ und $v_{2.}$ ein Streubereich gelegt, der die zu den betroffenen Klassen tatsächlich gehörigen Individuen mit der Wahrscheinlichkeit $1 - \alpha$ enthält. Also werden bei $\alpha = 0.05$ von den Individuen der ersten Klasse etwa 95% als zur ersten Klasse gehörig diagnostiziert.

Will man in jedem Fall eine eindeutige Lösung des Diskriminationsproblems angeben, sucht man also die wahrscheinlichste Diagnose, so hat man sich für die Klasse mit dem kleinsten k_j zu entscheiden:

Wenn $k_1 < k_2$, so Klasse 1,

wenn $k_1 > k_2$, so Klasse 2,

wenn $k_1 = k_2$, so Klasse 1 oder Klasse 2.

Falls bei der Diskrimination die sogenannten Aprioriwahrscheinlichkeiten p_1 und p_2 für die beiden Klassen berücksichtigt werden sollen, wenn also vorausgesetzt wird, mit welcher Wahrscheinlichkeit ein gegebenes Individuum zu Klasse 1 bzw. Klasse 2 gehört, so empfiehlt sich, die Größen

$$l_j = \left(1 + \frac{k_j}{n_1 + n_2 - 2}\right)^{(n_1+n_2+1)/2} \cdot \frac{1}{p_j} \qquad (j = 1, 2) \tag{6.33}$$

zu benutzen. Das Individuum wird in die Klasse mit dem kleinsten l_j eingestuft. Im Falle $p_1 = p_2$ ist diese Entscheidungsregel mit der zuerst angeführten Regel identisch. Läßt man in (6.33) die Stichprobenumfänge gegen Unendlich laufen, so ergibt sich

$$l_j = e^{\frac{1}{2}(v - v_{j.})^2 \frac{1}{s_v^2}} \cdot \frac{1}{p_j} \qquad (j = 1, 2)$$

bzw.

$$m_j = \log l_j = \frac{1}{2}(v - v_{j.})^2 \frac{1}{s_v^2} - \log p_j \qquad (j = 1, 2). \tag{6.34}$$

Die letzte Formel kann für hinreichend große Anzahlen n_1 und n_2 angewandt werden. Das Individuum wird in die Klasse mit dem kleinsten m_j eingeordnet.

Beispiel: Bei dem Anwendungsbeispiel von Abschnitt 6.2.1. (Neugeborenengelbsucht) ergibt sich für das multivariate Trennmaß

$$T^2(y_1, y_2, y_3, y_4) = 1.39.$$

Die Diskriminanzfunktion lautet

$$v = 0.238y_1 - 0.0102y_2 + 0.139y_3 - 2.59y_4.$$

Für die Mittelwerte von v in den beiden Klassen folgt

$$v_{1.} = 16.1, \qquad v_{2.} = 10.4,$$

d. h. die an Gelbsucht erkrankten Kinder besitzen im Mittel niedrigere Werte von v als die gesunden Kinder. Betrachtet man die Vorzeichen der Koeffizienten in der Diskriminanzfunktion, so fällt auf, daß der Koeffizient des Geburtsgewichts (y_2) negativ ist, d. h., daß mit wachsendem Geburtsgewicht bei sonst unveränderten Daten die Neigung zur Gelbsucht zunimmt. Nach den Mittelwerten des Geburtsgewichts (siehe Abschnitt 6.2.1.) und auch nach der ärztlichen Erfahrung würde man eigentlich die umgekehrte Tendenz erwarten. Eine detaillierte Diskussion der Diskriminanzfunktion, auf die wir hier nicht eingehen können (siehe Gmyrek und Mitarbeiter (1973)), bestätigt aber, daß das negative Vorzeichen beim Geburtsgewicht sehr sinnvoll ist. Man erkennt an diesem Sachverhalt, daß die multivariate Analyse ganz neue Beziehungen, die nach der univariaten Betrachtung abzulehnen wären, ans Licht bringt.

Um eine direkte Überprüfung der Trennfähigkeit des Diskriminanzmerkmals v, das aus den vier Originalmerkmalen gebildet ist, durchzuführen, kann man die 31 vorgegebenen Individuen dem Diskriminationsverfahren gemäß (6.30) bis (6.33) (ohne und mit Berücksichtigung der Aprioriwahrscheinlichkeiten) unterwerfen. Man erhält dabei die Resultate, die in Tabelle 2 und Tabelle 3 aufgeführt sind. Die Aprioriwahrscheinlichkeiten wurden entsprechend der Größe der Stichproben gewählt:

$$p_1 = \frac{20}{31} = 0.645, \qquad p_2 = \frac{11}{31} = 0.355.$$

Die Diskrimination gelingt recht gut, in jeder Klasse wird bei der Einteilung nach höchster Wahrscheinlichkeit nur ein einziges Kind falsch diagnostiziert. Die unterschiedlichen Aprioriwahrscheinlichkeiten beeinflussen die Ergebnisse nicht.

Zum Vergleich sind in den Tabellen 2 und 3 auch die Diskriminationsergebnisse, die man bei Zugrundelegung der Schwangerschaftsdauer allein (trennschärfstes Einzelmerkmal) erhalten würde, angegeben. Es zeigt sich, daß dann in jeder Klasse drei Individuen falsch diskriminiert werden, bei Berücksichtigung der Aprioriwahrscheinlichkeiten sogar noch mehr. Die univariate Trennung ist der multivariaten also deutlich unterlegen.

Tabelle 2: Meßwerte von 31 Frühgeborenen, die in zwei Klassen (ohne und mit Gelbsucht) eingeteilt sind. Ergebnisse der Diskrimination

a) mit allen vier Merkmalen,

b) mit der Schwangerschaftsdauer allein,

ohne und mit Berücksichtigung der Aprioriwahrscheinlichkeiten. Bei Diskrimination ohne Aprioriwahrscheinlichkeiten ist die wahrscheinlichste Diagnose eines Individuums (Klassennummer 1 oder 2) zuerst genannt, danach steht noch die andere Diagnose, falls diese nach (6.32) als Möglichkeit in Betracht kommt ($\alpha = 0.05$)

	Ind.-Nr.	Gegebene Merkmalswerte				Diskriminationsresultate			
		Alter der Mutter y_1	Geburtsgewicht y_2	Schwangerschaftsdauer y_3	Ikterometergrad y_4	4 Merkmale ohne AW.	4 Merkmale mit AW.	Merkmal y_3 ohne AW.	Merkmal y_3 mit AW.
Klasse 1	1	25	2300	274	1	1	1	1,2	1
	2	17	1800	262	2.5	1	1	1,2	1
	3	25	2500	273	0	1	1	1,2	1
	4	21	2400	263	1	1,2	1	1,2	1
	5	24	2090	291	2	1	1	1	1
	6	18	2300	272	2	1,2	1	1,2	1
	7	18	2000	272	2.5	1,2	1	1,2	1
	8	32	2230	273	2	1	1	1,2	1
	9	35	2100	278	2	1	1	1,2	1
	10	33	2300	273	2	1	1	1,2	1
	11	22	2230	270	1.5	1	1	1,2	1
	12	32	1440	206	2.5	1,2	1	2	2
	13	30	2150	261	2	1	1	1,2	1
	14	28	2100	260	2	1	1	1,2	1
	15	27	2400	273	1.5	1	1	1,2	1
	16	24	2100	275	1.5	1	1	1,2	1
	17	19	2450	277	1	1,2	1	1,2	1
	18	25	1850	246	2.5	1,2	1	2,1	2
	19	28	2480	246	2	2	2	2,1	2
	20	34	2450	266	2	1,2	1	1,2	1
Klasse 2	21	28	2430	254	2	2,1	2	2,1	1
	22	21	1900	228	4	2	2	2	2
	23	24	1950	224	2	2,1	2	2	2
	24	21	2350	263	3	2	2	1,2	1
	25	19	2250	271	2.5	2,1	2	1,2	1
	26	22	2230	255	1.5	1,2	1	1,2	1
	27	22	2300	242	1.5	2,1	2	2,1	2
	28	28	1800	210	4	2	2	2	2
	29	32	2190	235	2.5	2,1	2	2,1	2
	30	22	2050	253	3	2,1	2	2,1	1
	31	20	2400	242	3	2	2	2,1	2

Tabelle 3: Häufigkeiten der beiden Diagnosen bei der Diskrimination der 31 Frühgeborenen (hier ist nur die wahrscheinlichste Diagnose eines Individuums berücksichtigt)

	Gegebene Klasse	Ergebnisse der Diskrimination (Häufigkeiten)			
		Ohne Apriori-wahrscheinlichkeiten		Mit Apriori-wahrscheinlichkeiten	
		Klasse 1	Klasse 2	Klasse 1	Klasse 2
4 Merkmale	Klasse 1	19	1	19	1
	Klasse 2	1	10	1	10
Merkmal y_3	Klasse 1	17	3	17	3
	Klasse 2	3	8	5	6

6.2.3. *Aussonderung entbehrlicher Merkmale*

In den Anwendungen der mehrdimensionalen Varianzanalyse und der Diskriminanzanalyse ist man aus wissenschaftlichen wie auch ökonomischen Gründen daran interessiert, die Anzahl der benutzten Originalmerkmale zu erniedrigen. Man möchte mit möglichst wenigen Merkmalen ein möglichst hohes Trennmaß erreichen.

Zur Lösung dieses Problems bestimmen wir die sogenannten Unentbehrlichkeiten der einzelnen Merkmale y_i. Die Unentbehrlichkeit U_i von y_i ist definiert als die Größe, um die das Trennmaß T^2 absinkt, wenn aus der Menge aller Merkmale das Merkmal y_i eliminiert wird:

$$U_i = T^2(y_1, \ldots, y_p) - T^2(y_1, \ldots, y_{i-1}, y_{i+1}, \ldots, y_p) \quad (i = 1, \ldots, p).$$

Nach den allgemeinen Darlegungen in Abschnitt 5.4. erhält man

$$U_i = \frac{1}{n_1 + n_2 - 2} \frac{n_1 n_2}{n_1 + n_2} \frac{d_i^2}{t_{ii}}, \tag{6.35}$$

wobei t_{ii} das i-te Hauptdiagonalelement von $T = S^{-1}$ ist. Wenn man bestrebt ist, nach der Aussonderung eines Merkmals ein möglichst hohes Trennmaß zu erhalten, so muß man das Merkmal mit dem kleinsten U_i aussondern.

Sollen nacheinander mehrere Merkmale eliminiert werden, so sind die Unentbehrlichkeiten nach jedem einzelnen Schritt neu zu berechnen.

Es existiert ein Signifikanztest zur Überprüfung der Hypothese, daß das

i-te Merkmal redundant ist. Nach (5.47) und (5.42) lautet die Teststatistik

$$\tilde{F}_i = (n_1 + n_2 - p - 1) \frac{U_i}{1 + T^2(y_1, \ldots, y_{i-1}, y_{i+1}, \ldots, y_p)}$$

$$= (n_1 + n_2 - p - 1) \frac{U_i}{1 + T^2(y_1, \ldots, y_p) - U_i}. \qquad (6.36)$$

Die Hypothese der Redundanz wird nach (5.41) verworfen, sobald

$$\tilde{F}_i > F_{1, n_1+n_2-p-1; \alpha}$$

gilt. $\tilde{F}_i$ ist exakt F-verteilt. Man erkennt sofort, daß das Merkmal mit der kleinsten Unentbehrlichkeit U_i auch den kleinsten Prüfwert $\tilde{F}_i$ besitzt.

Beispiel: Bei dem Beispiel von Abschnitt 6.2.1. (Neugeborenengelbsucht) ergeben sich die Unentbehrlichkeiten $U_1 = 0.322$, $U_2 = 0.697$, $U_3 = 0.802$, $U_4 = 0.543$, die entsprechenden $\tilde{F}$-Werte sind $\tilde{F}_1 = 4.04$, $\tilde{F}_2 = 10.7$, $\tilde{F}_3 = 13.1$, $\tilde{F}_4 = 7.64$.
Das zugehörige F-Quantil ist $F_{1,26;0.05} = 4.23$. Folglich erweisen sich das Geburtsgewicht (y_2), die Schwangerschaftsdauer (y_3) und der Ikterometergrad (y_4) als nicht redundant. Beim Alter der Mutter (y_1) kann die Hypothese der Redundanz auf dem Niveau $\alpha = 0.05$ nicht widerlegt werden. Die Aussage bez. des Geburtsgewichts ist wieder besonders interessant, da dieses Merkmal vom univariaten Standpunkt aus fast wertlos ist.

Wird in mehreren Reduktionsschritten jeweils das Merkmal mit der kleinsten Unentbehrlichkeit eliminiert, so verschwindet zuerst y_1, dann y_4 und dann y_2. Nach Aussonderung von y_1 gelten die Unentbehrlichkeiten $U_2 = 0.547$, $U_3 = 0.561$, $U_4 = 0.481$, nach Elimination von y_4 folgt $U_2 = 0.206$, $U_3 = 0.589$ und nach Streichung von y_2 dann $U_3 = 0.384$.

Es wird hieran sichtbar, daß mit Wegfall des Alters der Mutter auch die Schwangerschaftsdauer stark an Bedeutung verliert und daß mit Streichung des Ikterometergrads ein enormer Trennverlust beim Geburtsgewicht eintritt. An den Veränderungen der Unentbehrlichkeiten sind also Beziehungen der Merkmale untereinander erkennbar.

6.2.4. Bestimmung des Diskriminationsfehlers

Für die Anwendung von Diskriminationsverfahren ist die Kenntnis des Zuordnungsfehlers von großer Bedeutung. Dabei muß man beachten, daß der Diskriminationsfehler eine Zufallsgröße ist; er hängt von den jeweiligen Mittelwerts- und Kovarianzschätzungen $\boldsymbol{y}_{1.}$, $\boldsymbol{y}_{2.}$ und $\boldsymbol{S}$ ab. Wir betrachten die zwei folgenden Diskriminationsregeln:

Regel 1: Zuordnung zu der Klasse, für die

$$\frac{n_j}{n_j + 1} (\boldsymbol{y} - \boldsymbol{y}_{j.})' \boldsymbol{S}^{-1} (\boldsymbol{y} - \boldsymbol{y}_{j.}) \qquad (j = 1, 2) \qquad (6.37)$$

minimal wird.

Regel 2: Zuordnung zu der Klasse, für die

$$(y - y_{j.})' S^{-1}(y - y_{j.}) \qquad (j = 1, 2) \tag{6.38}$$

minimal wird.

Unter der Bedingung $n_1 = n_2$ sind beide Zuordnungsregeln identisch.

Im Fall $p = 1$ kann der Erwartungswert des Diskriminationsfehlers der Regel 1 als Funktion des „wahren" MAHALANOBIS-Abstands

$$\Delta^2 = (\mu_1 - \mu_2)' \Sigma^{-1}(\mu_1 - \mu_2) \tag{6.39}$$

exakt bestimmt werden (W. SCHAAFSMA und G. N. VAN VARK (1977)). Für die Klasse 1 ergibt sich die mittlere Fehlerwahrscheinlichkeit

$$q_1 = A_1 + B_1 - 2A_1B_1, \tag{6.40}$$

für die Klasse 2 ganz entsprechend

$$q_2 = A_2 + B_2 - 2A_2B_2. \tag{6.41}$$

Hierbei gilt $r_1 = \sqrt{(n_1 + 1)/n_1}$, $r_2 = \sqrt{(n_2 + 1)/n_2}$,

$$A_1 = \Phi\left(\sqrt{\frac{r_1}{2r_2(r_1r_2 + 1)}}\,\Delta\right), \qquad B_1 = \Phi\left(\sqrt{\frac{r_1}{2r_2(r_1r_2 - 1)}}\,\Delta\right),$$

$$A_2 = \Phi\left(\sqrt{\frac{r_2}{2r_1(r_1r_2 + 1)}}\,\Delta\right), \qquad B_2 = \Phi\left(\sqrt{\frac{r_2}{2r_1(r_1r_2 - 1)}}\,\Delta\right).$$

$\Phi(x)$ ist die Verteilungsfunktion der standardisierten Normalverteilung $N(0,1)$. Da die Schätzung der Varianz bei $p = 1$ keinen Einfluß auf die Diskrimination hat, tritt der entsprechende Freiheitsgrad f_2 hier nicht auf.

Für $p > 1$ und für die Regel 2 kann der Diskriminationsfehler nur näherungsweise berechnet werden.

Methode von Dejew für beliebiges p

Von A. D. DEJEW (1972) wurden für Regel 1 und Regel 2 asymptotische Darstellungen der Fehlerwahrscheinlichkeiten entwickelt. Es ergeben sich als mittlere Fehler der Regel 1

$$q_1 = \Phi\left(-\sqrt{\frac{f_2 - p + 2}{f_2 + 1}}\sqrt{\frac{r_1}{2r_2(r_1r_2 + 1)}}\,\frac{\Delta^2}{\sqrt{\Delta^2 + (p - 1)\,2r_2(r_1r_2 - 1)/r_1}}\right), \tag{6.42}$$

$$q_2 = \Phi\left(-\sqrt{\frac{f_2 - p + 2}{f_2 + 1}}\sqrt{\frac{r_2}{2r_1(r_1r_2 + 1)}}\,\frac{\Delta^2}{\sqrt{\Delta^2 + (p - 1)\,2r_1(r_1r_2 - 1)/r_2}}\right) \tag{6.43}$$

und als mittlere Fehler der Regel 2

$$q_1 = \Phi\left(-\frac{1}{2}\sqrt{\frac{f_2 - p + 2}{f_2 + 1}}\sqrt{\frac{n_1 + n_2}{n_1 + n_2 + 1}}\,\frac{\Delta^2 + (p - 1)(n_1 - n_2)/n_1n_2}{\sqrt{\Delta^2 + (p - 1)(n_1 + n_2)/n_1n_2}}\right), \tag{6.44}$$

$$q_2 = \Phi\left(-\frac{1}{2}\sqrt{\frac{f_2 - p + 2}{f_2 + 1}}\sqrt{\frac{n_1 + n_2}{n_1 + n_2 + 1}}\frac{\Delta^2 + (p-1)(n_2 - n_1)/n_1 n_2}{\sqrt{\Delta^2 + (p-1)(n_1 + n_2)/n_1 n_2}}\right). \quad (6.45)$$

f_2 ist der Freiheitsgrad der Kovarianzschätzung $\boldsymbol{S}$. Bei $n_1 = n_2$ stimmen die für die Regel 1 und Regel 2 genannten Zuordnungsfehler überein.

Mit Hilfe dieser Formeln läßt sich zeigen, daß der mittlere Fehler bei konstantem MAHALANOBIS-Abstand Δ^2 mit wachsender Merkmalsanzahl p steigt. So erhält man beispielsweise im Falle $\Delta^2 = 4$, $n_1 = n_2 = 20$, $f_2 = 38$ die in der folgenden Tabelle enthaltenen Fehlerquoten:

Merkmalsanzahl p	1	2	3	5	7	10	20
Fehler nach DEJEW	0.162	0.168	0.174	0.186	0.198	0.217	0.280
Fehler nach OKAMOTO	0.162	0.168	0.174	0.187	0.199	0.218	0.280

Man erkennt daraus, daß man zur Herleitung einer Diskriminationsregel möglichst keine überflüssigen Merkmale benutzen, d. h. jedes verwendete Merkmal eine sichtliche Erhöhung des MAHALANOBIS-Abstands bewirken sollte. Durch redundante Merkmale wächst die Fehlerquote der Diskrimination.

Die asymptotischen Darstellungen DEJEWS enthalten neben den hier angeführten Ausdrücken noch Zusatzglieder, durch die sich die Genauigkeit der Approximation steigern läßt.

Methode von Okamoto für beliebiges p

M. OKAMOTO hat bereits 1963 eine asymptotische Entwicklung der Fehlerwahrscheinlichkeit der Diskriminationsregel 2 angegeben. Er stellte die Fehlerwahrscheinlichkeit als Polynom 2. Grades in $1/n_1$, $1/n_2$ und $1/f_2$ mit Koeffizienten, die von p und Δ abhängen, dar. Bei Vernachlässigung der Glieder zweiten Grades hat diese Darstellung die folgende Gestalt:

$$q_1 = \Phi\left(-\frac{\Delta}{2}\right) + \varphi\left(-\frac{\Delta}{2}\right)\left[\left\{(p-1)\frac{3}{4\Delta} + \frac{\Delta}{16}\right\}\frac{1}{n_1} + \left\{-(p-1)\frac{1}{4\Delta} + \frac{\Delta}{16}\right\}\frac{1}{n_2} + (p-1)\frac{\Delta}{4}\frac{1}{f_2}\right], \quad (6.46)$$

$$q_2 = \Phi\left(-\frac{\Delta}{2}\right) + \varphi\left(-\frac{\Delta}{2}\right)\left[\left\{-(p-1)\frac{1}{4\Delta} + \frac{\Delta}{16}\right\}\frac{1}{n_1} + \left\{(p-1)\frac{3}{4\Delta} + \frac{\Delta}{16}\right\}\frac{1}{n_2} + (p-1)\frac{\Delta}{4}\frac{1}{f_2}\right]. \quad (6.47)$$

Hier ist $\Phi(x)$ die Verteilungsfunktion und $\varphi(x)$ die Dichte der Normalverteilun g$N(0,1)$. Die obige Tabelle zeigt Anwendungen dieser Formeln.

Schätzformeln von McLachlan

Die bisher angeführten Formeln für den Zuordnungsfehler der Diskriminanzanalyse setzen die Kenntnis des Mahalanobis-Abstands Δ^2 voraus. Falls Δ^2 nicht bekannt ist, dafür aber die entsprechende Schätzung

$$D^2 = (\mathbf{y}_{1.} - \mathbf{y}_{2.})' S^{-1} (\mathbf{y}_{1.} - \mathbf{y}_{2.})$$

vorliegt, kann nach G. J. McLachlan (1974, 1975[1]) eine asymptotisch erwartungstreue Schätzung des mittleren Fehlers der Diskriminationsregel 2 bestimmt werden:

$$\hat{q}_1 = \Phi\left(-\frac{D}{2}\right) + \varphi\left(-\frac{D}{2}\right)\left[(p-1)\frac{1}{D}\frac{1}{n_1} + \frac{D}{32}\{4(4p-1) - D^2\}\frac{1}{f_2}\right.$$
$$+ (p-1)(p-2)\frac{1}{4D}\frac{1}{n_1^2} + \frac{1}{64}(p-1)\left\{-D^3 + 8(2p+1)D + \frac{16}{D}\right\}\frac{1}{n_1 f_2} \qquad (6.48)$$
$$\left. + \frac{D}{12288}\{3D^6 - 4(24p+7)D^4 + 16(48p^2+48p-53)D^2 + 192(-8p+15)\}\frac{1}{f_2^2}\right].$$

Der Fehler $\hat{q}_2$ der zweiten Klasse läßt sich analog berechnen.

Für die Regel 1 sind keine entsprechenden Formeln verfügbar. Dejew empfiehlt, in diesem Fall zur Fehlerschätzung die Beziehungen (6.42) und (6.43) zu verwenden und dabei anstelle von Δ^2,

$$\hat{\Delta}^2 = \frac{f_2 - p - 1}{f_2} D^2 - p\frac{n_1 + n_2}{n_1 n_2}, \qquad (6.49)$$

die zugehörige erwartungstreue Schätzung einzusetzen.

Beispiel: Beim Beispiel von Abschnitt 6.2.1. (Neugeborenengelbsucht) gilt $p = 4$, $n_1 = 20$, $n_2 = 11$, $f_2 = 29$, $D^2 = 5.69$, so daß man nach (6.49) $\hat{\Delta}^2 = 4.15$ und als Fehlerschätzungen der Klassen 1 und 2 zur Regel 1 nach den Dejewschen Formeln (6.42) und (6.43) $\hat{q}_1 = 0.185$ und $\hat{q}_2 = 0.180$ erhält. Für die Diskriminationsregel 2 ergeben sich nach (6.48) die McLachlanschen Fehlerschätzungen $\hat{q}_1 = 0.162$ und $\hat{q}_2 = 0.175$.

Lachenbruchsche Methode

Von P. A. Lachenbruch wurde 1967 ein Verfahren zur Fehlerschätzung angegeben, das im Gegensatz zu den oben angeführten Methoden zur Bestimmung des Diskriminationsfehlers an keinerlei Verteilungsvoraussetzungen gebunden ist. Wir gehen darauf in Abschnitt 7.7.4. näher ein.

---

[1]) Die von McLachlan (1975) publizierte Formel enthält ein falsches Vorzeichen.

7. Mehrdimensionale Varianzanalyse und Diskriminanzanalyse bei einfacher Klassifikation (J Gesamtheiten)

7.1. Einführung

In Kapitel 6. wurde der Test zum Vergleich der Mittelwertsvektoren zweier mehrdimensionaler normalverteilter Grundgesamtheiten behandelt. Das vorliegende Kapitel dient der Untersuchung der zwischen mehreren Gesamtheiten bestehenden Mittelwertsdifferenzen. In diesem Kapitel werden alle für die mehrdimensionale Varianzanalyse typischen Probleme und Schwierigkeiten zu bewältigen sein, insbesondere zeigt sich hier, daß die von uns bevorzugte Spurstatistik $\tilde{F}$ nicht mehr wie in Kapitel 6. exakt, sondern nur angenähert F-verteilt ist.

Unsere statistische Analyse geht von mehreren Gesamtheiten (Klassen) bestimmter „Individuen" aus. Es kann sich beispielsweise um Gesamtheiten von Menschen, Gesamtheiten von Tieren oder von Pflanzen handeln, um Gesamtheiten von Maschinen, Gebäuden, Fahrzeugen, Gesamtheiten bestimmter produzierter Güter oder Gesamtheiten ganzer Produktionsbetriebe. Die Klasseneinteilung der jeweiligen Individuen ergibt sich in der Praxis durch ihre unterschiedliche Vorgeschichte oder Vorbehandlung, durch unterschiedliche Bedingungen, denen die Individuen ausgesetzt sind, oder durch bestimmte, sich am Individuum zeigende Eigenheiten. Menschen können z. B. in Klassen eingeteilt sein nach ihrer sozialen Herkunft, nach ihrer Schulbildung, nach der Art ihrer beruflichen Tätigkeit, nach ihrem Konstitutionstyp oder nach der Krankheit, unter der sie leiden, Nutztiere nach der Art der angewandten Fütterung, Versuchstiere nach den für sie zutreffenden experimentellen Bedingungen, Pflanzen einer Spezies nach der Farbe ihrer Blütenblätter, Zigaretten nach ihrer Sorte, Fernsehbildröhren nach ihrer Güteklasse und Produktionsbetriebe danach, ob sie in großen oder kleinen Städten oder in ländlichen Gebieten liegen.

Wie auch bereits früher, wird in unseren Betrachtungen jedes Individuum durch eine Reihe von p Meßwerten, die bestimmten Merkmalen entsprechen, repräsentiert. Durch die mehrdimensionale Varianzanalyse sollen die Beziehungen zwischen der Klasseneinteilung der Individuen und ihren Merkmalswerten aufgeklärt werden. So kommt es in der medizinischen Anwendung darauf an, die Auswirkungen einer Erkrankung auf die meßbaren Merkmale kennenzulernen und andererseits aus den Merkmalswerten des Organismus Informationen über die Erkrankung zu erhalten. Beim Beispiel der Fernsehröhren soll ermittelt werden, inwieweit die Herstellungsdaten der einzelnen Röhren von Güteklasse zu Güteklasse unterschiedlich sind und inwieweit umgekehrt aus den Herstellungsdaten die Güte bzw. Lebensdauer der Röhre vorausgesagt werden kann.

Beispiel (Dr. H. Deckart, Nuklearmedizinische Klinik des Städtischen Klinikums Berlin-Buch): Von insgesamt 23 Personen, die wegen Hyperthyreose (Schilddrüsenüberfunktion) behandelt wurden, liegen Messungen vor. Die Patienten sind in drei Klassen unterteilt:

Klasse 1: Die Behandlung war erfolgreich, und eine nach längerer Zeit durchgeführte klinische Überprüfung zeigt, daß der Patient gesund ist.

Klasse 2: Die Behandlung blieb ohne Erfolg, d. h. die Schilddrüsenüberfunktion besteht weiterhin.

Klasse 3: Die Behandlung war zunächst erfolgreich, aber eine spätere klinische Untersuchung zeigt einen Krankheitsrückfall an.

An jedem der 23 Patienten sollen 10 Messungen durchgeführt worden sein ($p = 10$). Die ersten fünf Messungen $y_1, y_2, \ldots, y_5$ entstammen dem Radio-Jod-Test, der vor Beginn der Behandlung stattgefunden hat, die zweiten fünf Messungen $y_6, y_7, \ldots, y_{10}$ ergeben sich bei einem Radio-Jod-Test während der Behandlung mit Schilddrüsenmedikamenten. Im einzelnen haben die Werte folgende Bedeutung:

y_1, y_6: Aufgenommenes Jod 3 Stunden nach Verabreichung des Testtrunks,
y_2, y_7: „ „ 6 Stunden „ „ „ „ ,
y_3, y_8: „ „ 24 Stunden „ „ „ „ ,
y_4, y_9: „ „ 48 Stunden „ „ „ „ ,
y_5, y_{10}: Proteingebundenes Jod-131 ($PB^{131}J$) nach 48 Stunden.

Die einzelnen Meßwerte sind in Tabelle 4 (siehe Seite 132) angeführt.

Durch eine mehrdimensionale Varianzanalyse und Diskriminanzanalyse soll geklärt werden, welche Beziehungen zwischen der Klasseneinteilung der Patienten und den 10 Merkmalen bestehen. Es soll bereits in einem frühen Stadium der Behandlung eines Patienten erkannt werden, ob die Hyperthyreose bei der angewandten Therapie geheilt wird oder nicht.

Von diesem Beispiel werden wir in den weiteren Abschnitten noch mehrfach Gebrauch machen.

Wir wollen bei den allgemeinen Darlegungen dieses Kapitels J Klassen von Individuen betrachten. Die p-dimensionalen Beobachtungsvektoren, die zur Klasse j ($j = 1, 2, \ldots, J$) gehören, sollen die Normalverteilung $N(\boldsymbol{\mu}_j, \boldsymbol{\Sigma})$ besitzen, wobei $\boldsymbol{\mu}_j$ der Mittelwertsvektor der Klasse j und $\boldsymbol{\Sigma}$ die für alle Klassen einheitliche Kovarianzmatrix ist. Die Vektoren $\boldsymbol{\mu}_j$ und die Matrix $\boldsymbol{\Sigma}$ werden als unbekannt angesehen.

Es wird vorausgesetzt, daß aus jeder Klasse eine Stichprobe von p-dimensionalen Beobachtungsvektoren gegeben sei, und zwar soll die Stichprobe der Klasse j jeweils aus n_j Beobachtungsvektoren bestehen. Die einzelnen

Meßwertvektoren der Klasse j werden mit

$$y_{jk} = \begin{pmatrix} y_{1jk} \\ y_{2jk} \\ \vdots \\ y_{pjk} \end{pmatrix} \qquad (j = 1, \ldots, J; \quad k = 1, \ldots, n_j)$$

bezeichnet. Die Tabelle der gegebenen Meßwerte hat dann im allgemeinen Fall die folgende Gestalt:

$$\begin{array}{ll}
\text{Klasse 1:} & y'_{11} = (y_{111} \quad y_{211} \quad \cdots \quad y_{p11}) \\
& y'_{12} = (y_{112} \quad y_{212} \quad \cdots \quad y_{p12}) \\
& \ldots\ldots\ldots\ldots\ldots\ldots\ldots \\
& y'_{1n_1} = (y_{11n_1} \quad y_{21n_1} \quad \cdots \quad y_{p1n_1}) \\
\text{Klasse 2:} & y'_{21} = (y_{121} \quad y_{221} \quad \cdots \quad y_{p21}) \\
& y'_{22} = (y_{122} \quad y_{222} \quad \cdots \quad y_{p22}) \\
& \ldots\ldots\ldots\ldots\ldots\ldots\ldots \\
& y'_{2n_2} = (y_{12n_2} \quad y_{22n_2} \quad \cdots \quad y_{p2n_2}) \\
\text{Klasse 3:} & \ldots\ldots\ldots\ldots\ldots\ldots\ldots
\end{array}$$

In Abschnitt 6.2.2. ergab sich eine quantitative Aussage über den „Abstand“ zweier statistischer Gesamtheiten. Die mehrdimensionale Varianzanalyse und die Diskriminanzanalyse, die im vorliegenden Kapitel behandelt werden, liefern im Falle von mehr als zwei Gesamtheiten nicht nur den Abstand je zweier Gesamtheiten, es läßt sich darüber hinaus auch die gegenseitige Lage sämtlicher Gesamtheiten erkennen. Neben den Signifikanztests erhält man Resultate über die Struktur der multivariaten Messungen. Die genannten Verfahren tragen wesentlich zur Systematisierung multivariater Beobachtungen bei und erleichtern dem Anwender die Aufstellung wissenschaftlicher Hypothesen und Theorien.

In diesem Kapitel soll lediglich die einfache Klassifikation der Individuen behandelt werden. Das bedeutet, daß die Individuen nur nach einem Gesichtspunkt bzw. hinsichtlich eines einzigen Einflußfaktors in Klassen eingeteilt sein sollen, z. B. die Menschen nur nach ihrem Familienstand (ledig, verheiratet, verwitwet, geschieden) oder nur nach dem Geschlecht (männlich, weiblich), aber nicht gleichzeitig nach Familienstand und Geschlecht. Die mehrfache Klassifikation wird erst im folgenden Kapitel besprochen.

7.2. Hypothese der Gleichheit aller Mittelwertsvektoren

Wir wollen von den J im letzten Abschnitt beschriebenen Stichproben ($J \geqq 2$) ausgehen, wobei $n_j \geqq 1$ für $j = 1, \ldots, J$ und $n = \sum_j n_j \geqq p + J + 2$ gelten soll. Grundlage für alle folgenden Berechnungen sind die Mittelwertsvektoren

$$\boldsymbol{y}_{j.} = \frac{1}{n_j} \sum_{k=1}^{n_j} \boldsymbol{y}_{jk} \quad (j = 1, \ldots, J) \tag{7.1}$$

der einzelnen Klassen, der Mittelwertsvektor

$$\boldsymbol{y}_{..} = \frac{1}{n} \sum_j \sum_k \boldsymbol{y}_{jk} = \frac{1}{n} \sum_j n_j \boldsymbol{y}_{j.} \tag{7.2}$$

aller Klassen (totales Mittel), die Kovarianzschätzungen

$$\boldsymbol{S}_j = \frac{1}{n_j - 1} \sum_k (\boldsymbol{y}_{jk} - \boldsymbol{y}_{j.}) (\boldsymbol{y}_{jk} - \boldsymbol{y}_{j.})' = \frac{1}{n_j - 1} \left(\sum_k \boldsymbol{y}_{jk} \boldsymbol{y}_{jk}' - n_j \boldsymbol{y}_{j.} \boldsymbol{y}_{j.}' \right)$$
$$(j = 1, \ldots, J) \tag{7.3}$$

der einzelnen Klassen sowie die gemittelte Kovarianzmatrix

$$\boldsymbol{S} = \frac{1}{n - J} \sum_j (n_j - 1) \boldsymbol{S}_j . \tag{7.4}$$

Die Vektoren $\boldsymbol{y}_{j.}$ und die Matrix $\boldsymbol{S}$ sind erwartungstreue Schätzungen von $\boldsymbol{\mu}_j$ bzw. $\boldsymbol{\Sigma}$.

Bezeichnet man mit s_{hi} die Elemente von $\boldsymbol{S}$, so sind

$$s_{ii} \quad \text{und} \quad r_{hi} = \frac{s_{hi}}{\sqrt{s_{hh} \cdot s_{ii}}}$$

die gemittelten klasseninternen Streuungen und Korrelationen. Die beiden Matrizen $\boldsymbol{S} = (s_{hi})$ und $\boldsymbol{R} = (r_{hi})$ sind symmetrisch, folglich genügt es, die Elemente oberhalb bzw. unterhalb der Hauptdiagonalen anzugeben.

Beispiel: Im Fall des Hyperthyreose-Beispiels von Abschnitt 7.1. erhält man

$$\mathbf{y}_{1.}' = (89.3 \quad 90.6 \quad 83.8 \quad 70.7 \quad 1.90 \quad 31.1 \quad 37.2 \quad 43.9 \quad 41.0 \quad 0.246),$$
$$\mathbf{y}_{2.}' = (76.4 \quad 78.3 \quad 77.0 \quad 69.3 \quad 1.84 \quad 68.4 \quad 69.1 \quad 60.1 \quad 54.5 \quad 1.55\ ),$$
$$\mathbf{y}_{3.}' = (85.3 \quad 87.7 \quad 73.6 \quad 68.2 \quad 3.01 \quad 29.2 \quad 38.5 \quad 50.1 \quad 48.2 \quad 0.107),$$

$\boldsymbol{R} \diagdown \boldsymbol{S} =$

240	164	143	139	1.57	114	116	116	93.5	0.0877	1
0.76	192	169	170	−1.23	85.5	83.6	70.4	59.9	−0.0571	2
0.66	0.88	192	207	−3.79	79.9	90.3	91.1	78.5	−0.240	3
0.51	0.70	0.85	307	−5.87	79.6	82.8	96.5	77.7	0.140	4
0.10	−0.09	−0.27	−0.33	1.04	2.82	4.40	3.93	4.33	0.0401	5
0.51	0.42	0.40	0.31	0.19	212	222	245	227	−0.108	6
0.46	0.37	0.40	0.29	0.27	0.94	262	281	269	−0.269	7
0.39	0.26	0.34	0.29	0.20	0.87	0.90	372	332	−0.228	8
0.33	0.24	0.31	0.24	0.23	0.86	0.91	0.95	332	0.0985	9
0.02	−0.01	−0.05	0.02	0.11	−0.02	−0.05	−0.03	0.02	0.122	10
1	2	3	4	5	6	7	8	9	10	

Über der eingezeichneten Diagonallinie stehen die Elemente von $\boldsymbol{S}$, d. h. die Kovarianzen, unter der Diagonallinie die Elemente von $\boldsymbol{R}$, d. h. die Korrelationen.

Das statistische Modell des folgenden Tests wird durch die Gleichungen

$$\mathbf{y}_{jk} = \boldsymbol{\mu}_j + \boldsymbol{\epsilon}_{jk} \qquad (j = 1, \ldots, J; \quad k = 1, \ldots, n_j) \tag{7.5}$$

beschrieben. Es soll die Hypothese der Gleichheit aller Mittelwertsvektoren

$$H_0\colon\ \boldsymbol{\mu}_1 = \boldsymbol{\mu}_2 = \cdots = \boldsymbol{\mu}_J \tag{7.6}$$

geprüft werden.

Die Teststatistik

Zur Konstruktion der zugehörigen Teststatistik wenden wir wieder das in Abschnitt 4.5. begründete und in Abschnitt 6.1.2. kurz zusammengefaßte Verfahren an, d. h., wir leiten den multivariaten Test aus dem entsprechenden univariaten Test ab.

Im univariaten Fall wird die Hypothese der Gleichheit von J Mittelwerten mit dem F-Quotienten

$$F = \frac{(n-J)\sum_{j=1}^{J} n_j(y_{j.} - y_{..})^2}{(J-1)\sum_{j=1}^{J}\sum_{k=1}^{n_j}(y_{jk} - y_{j.})^2} = \frac{(n-J)\sum_{j=1}^{J} n_j(y_{j.} - y_{..})^2}{(J-1)\left(\sum_{j=1}^{J}\sum_{k=1}^{n_j} y_{jk}^2 - \sum_{j=1}^{J} n_j y_{j.}^2\right)}, \tag{7.7}$$

$$f_1 = J - 1, \quad f_2 = n - J \tag{7.8}$$

geprüft. Wenn man die $\sigma^2\chi^2$-verteilten Größen, die in Zähler und Nenner des F-Quotienten stehen, getrennt ins Multivariate überträgt, ergeben sich die beiden Matrizen

$$\underset{(p,p)}{\boldsymbol{H}} = \sum_{j=1}^{J} n_j(\boldsymbol{y}_{j.} - \boldsymbol{y}_{..})(\boldsymbol{y}_{j.} - \boldsymbol{y}_{..})' \tag{7.9}$$

und

$$\underset{(p,p)}{\boldsymbol{G}} = \sum_{j=1}^{J} \sum_{k=1}^{n_j} (\boldsymbol{y}_{jk} - \boldsymbol{y}_{j.})(\boldsymbol{y}_{jk} - \boldsymbol{y}_{j.})', \tag{7.10}$$

die für den multivariaten Test entscheidend sind. Gemäß (4.105) wenden wir die Teststatistik

$$\tilde{F} = \frac{f_2 - p + 1}{f_1 p} \operatorname{Sp}(\boldsymbol{H}\boldsymbol{G}^{-1})$$

an. Sie ist in dem Falle, daß die Hypothese H_0 gilt, annähernd F-verteilt mit den Freiheitsgraden

$$g_1 = \begin{cases} \dfrac{f_1 p(f_2 - p)}{f_1 + f_2 - f_1 p - 1}, & \text{falls } f_1 + f_2 - f_1 p - 1 > 0 \\ \infty, & \text{falls } f_1 + f_2 - f_1 p - 1 \leqq 0, \end{cases}$$

$$g_2 = f_2 - p + 1.$$

Wegen

$$\boldsymbol{S} = \frac{1}{n - J} \boldsymbol{G} \tag{7.11}$$

folgt für die Teststatistik $\tilde{F}$ und die beiden Freiheitsgrade

$$\begin{aligned} \tilde{F} &= \frac{n - J - p + 1}{(J - 1)\, p(n - J)} \operatorname{Sp}\left(\sum_{j=1}^{J} n_j(\boldsymbol{y}_{j.} - \boldsymbol{y}_{..})(\boldsymbol{y}_{j.} - \boldsymbol{y}_{..})' \boldsymbol{S}^{-1}\right) \\ &= \frac{n - J - p + 1}{(J - 1)\, p(n - J)} \sum_{j=1}^{J} n_j(\boldsymbol{y}_{j.} - \boldsymbol{y}_{..})' \boldsymbol{S}^{-1}(\boldsymbol{y}_{j.} - \boldsymbol{y}_{..}), \end{aligned} \tag{7.12}$$

$$g_1 = \begin{cases} \dfrac{(J - 1)\, p(n - J - p)}{n - (J - 1)\, p - 2}, & \text{falls } n - (J - 1)\, p - 2 > 0 \\ \infty, & \text{falls } n - (J - 1)\, p - 2 \leqq 0, \end{cases} \tag{7.13}$$

$$g_2 = n - J - p + 1. \tag{7.14}$$

Die Hypothese der Gleichheit der J Mittelwertsvektoren $\boldsymbol{\mu}_1, \ldots, \boldsymbol{\mu}_J$ wird abgelehnt, sobald

$$\tilde{F} > F_{g_1, g_2; \alpha}$$

gilt, wobei $F_{g_1,g_2;\alpha}$ ein Quantil aus einer F-Tabelle zur Irrtumswahrscheinlichkeit α ist. Wir wollen noch betonen, daß g_1 eine gebrochene Zahl sein kann und daß man daher beim Gebrauch der Tabellen entweder interpolieren oder g_1 einer Rundung unterwerfen muß.

Beispiel: Im Fall des Hyperthyreose-Beispiels von Abschnitt 7.1. ergibt sich

$$\tilde{F} = 5.30, \quad g_1 = 200, \quad g_2 = 11.$$

Das entsprechende F-Quantil zur Irrtumswahrscheinlichkeit $\alpha = 0.05$ ist $F_{200,11;0.05} = 2.43$. Folglich kann in diesem konkreten Fall die Hypothese der Gleichheit der drei Mittelwertsvektoren μ_1, μ_2 und μ_3 verworfen werden. Es bestehen Unterschiede zwischen diesen drei Vektoren.

Die in (7.13) auftretende kritische Größe $n - (J-1)\,p - 2$ hat hier den Wert 1, ist also positiv.

Verfeinerter Test

Die angegebene Testvorschrift wird für viele Anwendungen ausreichend sein, doch kann leicht noch eine Verfeinerung, die speziell für die Fälle mit $n - (J-1)\,p - 2 \leqq 0$ bedeutsam ist, gefunden werden. Wir folgen bei unseren Ausführungen den allgemeinen Darlegungen von Abschnitt 4.4. Die präzisierten Formeln des Signifikanztests lauten danach

$$\tilde{F} = \frac{n - J - p - 1}{(J-1)\,p(n-J)}\,\frac{g_2}{g_2 - 2}\sum_{j=1}^{J} n_j(\mathbf{y}_{j.} - \mathbf{y}_{..})'\,\mathbf{S}^{-1}\,(\mathbf{y}_{j.} - \mathbf{y}_{..}), \tag{7.15}$$

$$\left.\begin{aligned} g_1 &= \frac{(J-1)\,p(n-J-p)}{n-(J-1)p-2} \qquad (7.16)\\ g_2 &= n - J - p + 1 \qquad (7.17)\end{aligned}\right\},\ \text{falls } n - (J-1)\,p - 2 > 0,$$

$$\left.\begin{aligned} g_1 &= \infty\\ g_2 &= (n-J-p+1) - \frac{(n-J-p-1)\,(n-J-p-3)\,(n-(J-1)\,p-2)}{(n-J-1)\,(n-p-2)}\end{aligned}\right\},$$

$$\text{falls } n - (J-1)\,p - 2 \leqq 0. \qquad (7.18)\ (7.19)$$

Hier können g_1 und g_2 gebrochene Zahlen sein. Es sei erwähnt, daß sich die Ausdrücke für g_1 und g_2 ergeben, wenn in den Gleichungen (4.98) bis (4.101)

$$l = n - J - p + 1 \quad \text{und} \quad f_1 = J - 1$$

gesetzt wird.

Der Unterschied zwischen der Testmethode nach (7.12) bis (7.14) und der verfeinerten Methode gemäß (7.15) bis (7.19) ist, daß die F-Verteilung, die im zweiten Fall zur Approximation der Spurstatistik $\tilde{F}$ benutzt wird, nicht bloß bezüglich ihres Erwartungswertes, sondern in den ersten beiden Momenten exakt ist. Für alle n mit $n - (J - 1)p - 2 > 0$ stimmen beide Testvorschriften überein, und die Approximation der Verteilung von $\tilde{F}$ ist bis zu den zweiten Momenten exakt.

Beispiel: Bei dem Hyperthyreose-Beispiel von Abschnitt 7.1. liefert die verfeinerte Testmethode die gleichen Resultate wie der grobe Test nach (7.12) bis (7.14), weil in diesem Fall $n - (J - 1)p - 2 > 0$ gilt. Wir werden später noch ein Beispiel anführen, bei dem der Unterschied zwischen beiden Testmethoden sichtbar wird (Abschnitt 7.5.).

7.3. Vergleiche einzelner Mittelwertsvektoren, Simultanvergleiche

Der in Abschnitt 7.2. behandelte Signifikanztest liefert ein summarisches Urteil über die sämtlichen zwischen den J Klassen bestehenden Differenzen, man erhält durch ihn aber keine Informationen, inwieweit bestimmte Klassen voneinander unterschieden sind. Im vorliegenden Abschnitt sollen Signifikanztests, die sich auf Paare von Klassen erstrecken, betrachtet werden.

Einzelvergleich zweier Klassen

Wir stützen uns hier wieder auf die Modellgleichungen (7.5). Als Hypothese betrachten wir

$$H_{l/m0}\colon \ \boldsymbol{\mu}_l = \boldsymbol{\mu}_m, \tag{7.20}$$

d. h., es soll geprüft werden, ob die Mittelwertsvektoren der Klassen l und m gleich sind oder nicht.

Die zugehörige Teststatistik findet man sehr schnell, wenn man nach dem Vorbild von Abschnitt 6.2.1. vorgeht. Die einzige Abweichung gegenüber diesem Abschnitt besteht darin, daß sich die Schätzung von $\boldsymbol{\Sigma}$ hier auf alle J Stichproben stützt und sie demzufolge nicht nach (6.18) und (6.19), sondern nach (7.3) und (7.4) berechnet wird. Entsprechend gilt $f_2 = n - J$. Nach (6.8) und (6.9) erhält man als Teststatistik

$$\tilde{F}_{l/m} = \frac{n - J - p + 1}{p(n - J)} \, \frac{n_l n_m}{n_l + n_m} \, (\boldsymbol{y}_{l.} - \boldsymbol{y}_{m.})' \, \boldsymbol{S}^{-1} (\boldsymbol{y}_{l.} - \boldsymbol{y}_{m.}), \tag{7.21}$$

$$g_1 = p, \quad g_2 = n - J - p + 1. \tag{7.22}$$

Also besteht eine signifikante Differenz zwischen den Klassen l und m, sobald

$$\tilde{F}_{l/m} > F_{p, n-J-p+1; \alpha} \tag{7.23}$$

gilt. Bei diesem Test gibt es den Unterschied zwischen grober und verfeinerter Methode nicht.

Beispiel: Für die Hyperthyreose-Daten von Abschnitt 7.1. ergibt sich

$$\tilde{F}_{1/2} = 8.84, \quad \tilde{F}_{1/3} = 0.907, \quad \tilde{F}_{2/3} = 7.13,$$

$$g_1 = 10, \quad g_2 = 11.$$

Das zugehörige F-Quantil ist $F_{10,11;0.05} = 2.85$. Folglich erhält man im Einzelvergleich einen signifikanten Unterschied der Klassen 1 und 2 und auch einen Unterschied der Klassen 2 und 3. Dagegen besteht zwischen den Klassen 1 und 3 (das sind die beiden Patientenklasssen mit zunächst erfolgreicher Behandlung) keine signifikante Differenz der Mittelwerte.

Simultanvergleiche von Klassen

Im Zusammenhang mit einer mehrdimensionalen Varianzanalyse kann, wie oben gezeigt wurde, der Vergleich der Mittelwertsvektoren für je zwei Klassen durchgeführt werden. Dann ergibt sich bei einem Teil der Vergleiche nach (7.21) bis (7.23) Signifikanz, bei einem anderen Teil nicht. Hier entsteht das Problem, ob man berechtigt ist, die sämtlichen Einzelresultate über die verschiedenen Paare von Klassen zu einem Gesamtergebnis der Varianzanalyse zusammenzufassen. Konkret ausgedrückt: Darf man, wenn der oben beschriebene Test bei dreimaliger Anwendung die Resultate

$$\mu_1 \neq \mu_2, \quad \mu_1 \neq \mu_3, \quad \mu_2 \neq \mu_3 \tag{7.24}$$

ergeben hat, den Schluß ziehen, daß alle drei Mittelwertsvektoren μ_1, μ_2, μ_3 paarweise voneinander verschieden sind? Oder anders gefragt: Kann man, wenn die drei Resultate (7.24) einzeln jeweils bei Benutzung der Irrtumswahrscheinlichkeit $\alpha = 0.05$ nachgewiesen wurden, folgern, daß auch die Komplexaussage, wonach keine zwei der drei Mittelwertsvektoren übereinstimmen, mit $\alpha = 0.05$ geprüft wurde?

Dieser einfache Schluß von den Einzelresultaten zur Komplexaussage ist bei strenger Betrachtung nicht statthaft. Wir werden daher im folgenden die Testformeln angeben, die für den Simultanvergleich mehrerer Paare von Klassen gelten.

Um aber von den Anwendern aus Medizin, Landwirtschaft, Psychologie usw. nicht mißverstanden zu werden, wollen wir betonen, daß der oben behandelte Einzelvergleich in den meisten praktischen Fällen dennoch ausreichen wird. Mit Hilfe eines Vergleichstests sollen ja in erster Linie die Kontrasts zwischen je zwei Klassen sinnvoll bewertet werden, und nur in seltenen Fällen muß zusätzlich gefordert werden, daß mehrere Einzelaussagen, als ein Komplex betrachtet, unter Zugrundelegung einer bestimmten Irrtumswahrscheinlichkeit α geprüft sind. Bei den meisten Anwendungen kann der Simultanvergleichstest einfach als eine Verschärfung des Einzelvergleichs angesehen werden.

Die entscheidenden Tatsachen über den Simultanvergleich wollen wir als Regel formulieren.

Regel: Wenn für mehrere Paare (l, m) von Klassen die Ungleichung

$$\frac{1}{J-1}\,\tilde{F}_{l/m} > F_{g_1,g_2;\alpha}, \tag{7.25}$$

wobei g_1 und g_2 nach (7.13) und (7.14) bestimmt sind, erfüllt ist, so können sämtliche diesen Klassenpaaren entsprechenden Differenzvektoren $\boldsymbol{\mu}_l - \boldsymbol{\mu}_m$ als vom Nullvektor verschieden angesehen werden. Diese Formulierung entspricht in ihrer Genauigkeit dem summarischen Test nach (7.12) bis (7.14). Stützt man sich auf die in (7.15) bis (7.19) angegebene Verfeinerung, so ist statt (7.25)

$$\frac{n-J-p-1}{(n-J-p+1)\,(J-1)}\,\frac{g_2}{g_2-2}\,\tilde{F}_{l/m} > F_{g_1,g_2;\alpha}, \tag{7.26}$$

wobei g_1 und g_2 nach (7.16) bis (7.19) berechnet werden, zu benutzen. Die Formeln (7.25) und (7.26) sind für $n-(J-1)p-2>0$ äquivalent.

Wir werden für den ersten Teil der Regel mit Formel (7.25) den Beweis angeben, wobei wir vom Test gemäß (7.12) bis (7.14) ausgehen; die Verfeinerung kann der Leser ganz analog selbst nachprüfen.

Grundlage für den Beweis ist die Formel

$$\begin{aligned}\sum_{j=1}^{J} n_j(\boldsymbol{y}_{j.}-\boldsymbol{y}_{..})'\,\boldsymbol{S}^{-1}(\boldsymbol{y}_{j.}-\boldsymbol{y}_{..}) &= \sum_{\substack{j=1\\ j\neq l,m}}^{J} n_j(\boldsymbol{y}_{j.}-\boldsymbol{y}_{..})'\,\boldsymbol{S}^{-1}(\boldsymbol{y}_{j.}-\boldsymbol{y}_{..})\\ &+ (n_l+n_m)\,(\boldsymbol{y}_{l/m.}-\boldsymbol{y}_{..})'\,\boldsymbol{S}^{-1}(\boldsymbol{y}_{l/m.}-\boldsymbol{y}_{..})\\ &+ \frac{n_l n_m}{n_l+n_m}\,(\boldsymbol{y}_{l.}-\boldsymbol{y}_{m.})'\,\boldsymbol{S}^{-1}(\boldsymbol{y}_{l.}-\boldsymbol{y}_{m.}),\end{aligned} \tag{7.27}$$

wobei

$$\boldsymbol{y}_{l/m.} = \frac{1}{n_l+n_m}\,(n_l\boldsymbol{y}_{l.}+n_m\boldsymbol{y}_{m.})$$

das arithmetische Mittel der Stichprobe l und der Stichprobe m ist. Sie kann leicht durch Nachrechnen bestätigt werden. Weil die rechte Seite von (7.27) eine Summe positiv semidefiniter quadratischer Formen ist, folgt

$$\sum_{j=1}^{J} n_j(\boldsymbol{y}_{j.}-\boldsymbol{y}_{..})'\,\boldsymbol{S}^{-1}(\boldsymbol{y}_{j.}-\boldsymbol{y}_{..}) \geqq \frac{n_l n_m}{n_l+n_m}\,(\boldsymbol{y}_{l.}-\boldsymbol{y}_{m.})'\boldsymbol{S}^{-1}(\boldsymbol{y}_{l.}-\boldsymbol{y}_{m.}). \tag{7.28}$$

Da nach (7.12) bei Gültigkeit der Hypothese (7.6) mit der Wahrscheinlichkeit $1-\alpha$ die Beziehung

$$\tilde{F} = \frac{n-J-p+1}{(J-1)\,p(n-J)}\sum_{j=1}^{J} n_j(\boldsymbol{y}_{j.}-\boldsymbol{y}_{..})'\,\boldsymbol{S}^{-1}(\boldsymbol{y}_{j.}-\boldsymbol{y}_{..}) \leqq F_{g_1,g_2;\alpha}$$

erfüllt ist, ergibt sich, daß bei Gültigkeit von (7.6) auch mit der Mindestwahrscheinlichkeit $1 - \alpha$ gleichzeitig für sämtliche möglichen Paare von Klassen l und m

$$\frac{1}{J-1} \tilde{F}_{l/m} = \frac{n-J-p+1}{(J-1)p(n-J)} \frac{n_l n_m}{n_l + n_m} (\mathbf{y}_{l.} - \mathbf{y}_{m.})' \mathbf{S}^{-1} (\mathbf{y}_{l.} - \mathbf{y}_{m.}) \leqq F_{g_1, g_2; \alpha}$$

gilt. Diese Gesetzmäßigkeit kann noch auf den Allgemeinfall beliebiger Mittelwertsvektoren $\boldsymbol{\mu}_1, \ldots, \boldsymbol{\mu}_J$ ausgedehnt werden. Man erhält dann, daß mit der Mindestwahrscheinlichkeit $1 - \alpha$ gleichzeitig für sämtliche Paare von Klassen

$$\frac{n-J-p+1}{(J-1)p(n-J)} \frac{n_l n_m}{n_l + n_m} [(\mathbf{y}_{l.} - \mathbf{y}_{m.}) - (\boldsymbol{\mu}_l - \boldsymbol{\mu}_m)]' \mathbf{S}^{-1} [(\mathbf{y}_{l.} - \mathbf{y}_{m.}) - (\boldsymbol{\mu}_l - \boldsymbol{\mu}_m)] \leqq F_{g_1, g_2; \alpha} \tag{7.29}$$

erfüllt ist.

Die nach der formulierten Regel zu prüfende Hypothese lautet: $H_{\mathfrak{M}0}$: Mindestens eines der Paare (l, m), die zu einer vorgegebenen Menge $\mathfrak{M}$ von Klassenpaaren gehören, genügt der Beziehung $\boldsymbol{\mu}_l = \boldsymbol{\mu}_m$.

Die zugehörige Alternative ist

$H_{\mathfrak{M}1}$: Für alle Klassenpaare von $\mathfrak{M}$ gilt $\boldsymbol{\mu}_l \neq \boldsymbol{\mu}_m$.

Als Teststatistik fungiert $A = \min\limits_{\mathfrak{M}} \left(\frac{1}{J-1} \tilde{F}_{l/m} \right)$; die Hypothese $H_{\mathfrak{M}0}$ wird abgelehnt, sobald $A > F_{g_1, g_2; \alpha}$ ist.

Um nun schließlich eine Begründung für diese Testmethode zu geben und damit die formulierte Regel zu beweisen, soll gezeigt werden, daß bei Gültigkeit der Hypothese $H_{\mathfrak{M}0}$ mit einer Mindestwahrscheinlichkeit von $1 - \alpha$ die Beziehung $A \leqq F_{g_1, g_2; \alpha}$ erfüllt ist. Das Auftreten eines Wertes $A > F_{g_1, g_2; \alpha}$ kann dann als Verstoß gegen die Hypothese bzw. als Nachweis der Alternative gewertet werden.

Begründung: Da die Ungleichungen (7.20) gleichzeitig für alle Klassenpaare mit einer Mindestwahrscheinlichkeit von $1 - \alpha$ gelten, ergibt sich mit mindestens der gleichen Wahrscheinlichkeit für das eine Klassenpaar (l, m), welches laut $H_{\mathfrak{M}0}$ zwei übereinstimmende Mittelwertsvektoren besitzt,

$$\frac{1}{J-1} \tilde{F}_{l/m} \leqq F_{g_1, g_2; \alpha}.$$

Man bekommt also tatsächlich das angestrebte Resultat, daß $A \leqq F_{g_1, g_2; \alpha}$ mit der Mindestwahrscheinlichkeit $1 - \alpha$ gültig ist. Damit ist die formulierte Regel bewiesen.

Die Ungleichung (7.28) besagt, daß der summarische Test nach Abschnitt 7.2. Signifikanz ergibt, wenn für mindestens ein Paar von Klassen im Sinne des Simultanvergleichs ein signifikanter Unterschied der Mittelwertsvektoren vorhanden ist.

Unsere Darlegungen über Simultanvergleiche sind intendiert durch die Theorie der S-Methode, die von SCHEFFÉ (1959) bei der eindimensionalen Varianzanalyse eingeführt wurde. Wir haben die Theorie insofern spezialisiert, als wir nur die Kontrasts, die zum Vergleich jeweils zweier Mittelwertsvektoren dienen, betrachtet haben. Es wäre auch möglich, komplizierter Kontrasts in entsprechender Weise zu untersuchen (siehe z. B. S. N. ROY (1957), MORRISON (1967)). Zur Methodik der multiplen Vergleiche auf der Basis simultaner Konfidenzintervalle für die Parameter des multivariaten allgemeinen linearen Hypothesenmodells siehe Abschnitt 8.3.

Die in diesem Abschnitt behandelten Vergleichstests lassen sich leicht durch Rechenprogramme realisieren. Es kann im Programm vorgesehen werden, daß für je zwei Klassen l und m sowohl der Einzeltest gemäß (7.23) als auch der Simultantest gemäß (7.25) bzw. (7.26) durchgeführt wird.

Beispiel: Im Falle des Hyperthyreose-Beispiels von Abschnitt 7.1. sind die Formeln (7.25) und (7.26) gleichwertig, weil $n - (J - 1)p - 2 > 0$ gilt. Nach (7.25) erhält man

$$\frac{1}{J-1}\tilde{F}_{1/2} = 4.42, \quad \frac{1}{J-1}\tilde{F}_{1/3} = 0.454, \quad \frac{1}{J-1}\tilde{F}_{2/3} = 3.57, \quad g_1 = 200, \quad g_2 = 11.$$

Zum Vergleich wird das F-Quantil $F_{200,11;0.05} = 2.43$ benutzt. Somit kann die Simultanaussage „der Mittelwertsvektor der Klasse 2 ist sowohl vom Mittelwertsvektor der Klasse 1 als auch vom Mittelwertsvektor der Klasse 3 verschieden" bei Vorgabe der Irrtumswahrscheinlichkeit $\alpha = 0.05$ als nachgewiesen betrachtet werden. Für die Klassen 1 und 3 läßt sich nichts aussagen.

7.4. Multivariates Trennmaß

Für den Anwender in Biologie, Medizin usw. ergibt sich oftmals die Aufgabe, daß der Informationsgehalt einzelner und mehrerer Meßgrößen objektiv abgeschätzt werden muß. Im Zusammenhang mit der hier behandelten einfaktoriellen mehrdimensionalen Varianzanalyse besagt dies, daß ein Maß gefunden werden soll, welches anzeigt, inwieweit die p-dimensionalen Meßwertvektoren die Klasseneinteilung der Individuen widerspiegeln. Im vorliegenden Abschnitt wird ein derartiges Informationsmaß, das auch als multivariates Trennmaß bezeichnet wird, eingeführt. Wir werden uns dabei hinsichtlich einiger Beweise auf die allgemeinen Darlegungen in Abschnitt 5.1. stützen. Für den Spezialfall zweier Klassen war das multivariate Trennmaß bereits in Abschnitt 6.2.2. angegeben worden.

Definition des Trennmaßes

Wenn als Aufgabe gestellt ist, das Trennvermögen bzw. den diagnostischen Wert von Merkmalen und Merkmalsmengen auszudrücken, so muß man davon ausgehen, daß auch schon durch die Prüfstatistiken $\tilde{F}$ und $\tilde{F}_{l/m}$ der in den Abschnitten 7.2. und 7.3. behandelten Signifikanztests eine derartige Charakterisierung der Merkmale möglich ist. Nachteilig an diesen Teststatistiken ist aber, daß sie für unterschiedliche p und mehrere verschiedene Hypothesen keine leicht miteinander vergleichbaren Werte liefern und daß diese Werte mit wachsendem n gewöhnlich immer größer werden. Das von uns angewandte multivariate Trennmaß wird frei von diesen Mängeln sein.

Gemäß Kapitel 5. definieren wir als multivariates Trennmaß der Merkmale $y_1, \ldots, y_p$

$$T^2(y_1, \ldots, y_p) = \mathrm{Sp}\,(\boldsymbol{H}\boldsymbol{G}^{-1}).$$

Hierfür läßt sich auch

$$T^2(y_1, \ldots, y_p) = \frac{1}{n-J} \sum_{j=1}^{J} n_j(\boldsymbol{y}_{j.} - \boldsymbol{y}_{..})' \boldsymbol{S}^{-1}(\boldsymbol{y}_{j.} - \boldsymbol{y}_{..}) \tag{7.30}$$

schreiben.

Der Wert dieses Trennmaßes hängt von den Zufälligkeiten der benutzten Stichproben ab. Die Zufälligkeit kann durch Betrachtung des „wahren Trennmaßes“

$$\mathrm{T}^2(y_1, \ldots, y_p) = \frac{1}{n-J} \sum_{j=1}^{J} n_j(\boldsymbol{\mu}_j - \boldsymbol{\mu}_.)' \boldsymbol{\Sigma}^{-1}(\boldsymbol{\mu}_j - \boldsymbol{\mu}_.),$$

wobei

$$\boldsymbol{\mu}_. = \frac{1}{n} \sum_j n_j \boldsymbol{\mu}_j$$

ist, ausgeschaltet werden. Da aber der Wert des wahren Trennmaßes in den praktischen Anwendungen nicht bekannt ist, werden wir im folgenden T^2 zur Charakterisierung der multivariaten Trennung heranziehen. T^2 ist nach Abschnitt 5.3. eine konsistente Schätzung für T^2, d. h., mit wachsender Stichprobengröße nähert T^2 die wahre Größe T^2 beliebig gut an. Die Einführung des wahren Trennmaßes ist für diesen Abschnitt ohne Belang, andererseits wird es aber zur Definition der „wahren redundanten Merkmale“ (Abschnitt 5.1.) und für die Herleitung eines Signifikanztests zum Nachweis von Redundanz (Abschnitte 5.4. und 7.8.) benötigt.

Es gilt stets $T^2 \geqq 0$, wobei $T^2 = 0$ bedeutet, daß die p Merkmale für die Unterscheidung der J Klassen völlig ungeeignet sind. Je größer der Wert von T^2 wird, desto besser ist die Trennung der J Klassen durch die p Merkmale.

Beispiel: Bei dem Hyperthyreose-Beispiel von Abschnitt 7.1. erhält man als multivariates Trennmaß

$$T^2(y_1, y_2, \ldots, y_{10}) = 9.64.$$

Dieser Wert ist nach dem multivariaten Test in Abschnitt 7.2. signifikant von Null verschieden.

Invarianz gegenüber regulären Transformationen

Eine außerordentlich wichtige Eigenschaft von T^2 ist seine Invarianz gegenüber beliebigen regulären linearen Merkmalstransformationen. Wenn nämlich an die Stelle des ursprünglich gegebenen Merkmalsvektors $\boldsymbol{y}' = (y_1, \ldots, y_p)$ ein neuer Merkmalsvektor $\boldsymbol{z}' = (z_1, \ldots, z_p)$ tritt, der aus dem ersten durch eine reguläre lineare Transformation

$$\underset{(p,1)}{\boldsymbol{z}} = \underset{(p,p)}{\boldsymbol{U}'} \underset{(p,1)}{\boldsymbol{y}}$$

entsteht, so gilt

$$T^2(z_1, \ldots, z_p) = T^2(y_1, \ldots, y_p).$$

Das multivariate Trennmaß kann somit als Charakteristikum des ganzen linearen Merkmalsraumes betrachtet werden und ist nicht für die verschiedenen p-dimensionalen Merkmalskombinationen spezifisch. Hat man beispielsweise bei einer Untersuchung an jeder Person den systolischen (S) und den diastolischen (D) Blutdruck gemessen, und berechnet daraus durch Differenz- und Summenbildung die neuen Merkmale $S - D$ und $S + D$, so haben alle sich aus den insgesamt vier Merkmalen ergebenden Merkmalspaare, wie etwa (S, D), $(S - D, S + D)$, $(S, S - D)$, $(S, S + D)$, das gleiche Trennmaß und sind damit diagnostisch gleichwertig. Dieses Resultat ist sehr vernünftig, weil es zeigt, daß das multivariate Trennmaß von der Willkür bei der Merkmalswahl weitgehend unabhängig ist.

Trennmaß beliebiger Merkmalsmengen

Das multivariate Trennmaß läßt sich auch für einen Teilraum des p-dimensionalen Merkmalsraumes berechnen. Wenn aus den gegebenen p Merkmalen mit Hilfe der linearen Transformation

$$\underset{(u,1)}{\boldsymbol{z}} = \underset{(u,p)}{\boldsymbol{U}'} \underset{(p,1)}{\boldsymbol{y}}$$

u neue Merkmale z_i gebildet werden, so erhält man für diese bzw. für den von ihnen aufgespannten u-dimensionalen Raum — es werde $\mathrm{Rg}\,(\boldsymbol{U}) = u$ vorausgesetzt — das Trennmaß auf folgende Weise: Man bestimmt nach

$$\boldsymbol{z}_{j.} = \boldsymbol{U}'\boldsymbol{y}_{j.}, \quad \boldsymbol{z}_{..} = \boldsymbol{U}'\boldsymbol{y}_{..}, \quad \boldsymbol{S}_z = \boldsymbol{U}'\boldsymbol{S}\boldsymbol{U}$$

die Mittelwertsvektoren und die Kovarianzmatrix des z-Vektors und benutzt dann wieder (7.30). Es gilt also

$$T^2(z_1, \ldots, z_u) = \frac{1}{n-J} \sum_j n_j(\boldsymbol{z}_{j.} - \boldsymbol{z}_{..})' \boldsymbol{S}_z^{-1}(\boldsymbol{z}_{j.} - \boldsymbol{z}_{..})$$

$$= \frac{1}{n-J} \sum_j n_j(\boldsymbol{y}_{j.} - \boldsymbol{y}_{..})' \boldsymbol{U}(\boldsymbol{U}'\boldsymbol{S}\boldsymbol{U})^{-1}\boldsymbol{U}'(\boldsymbol{y}_{j.} - \boldsymbol{y}_{..}). \qquad (7.31)$$

Natürlich läßt sich auf diese Weise auch das Trennmaß jeder Teilmenge von $y_1, \ldots, y_p$ und insbesondere das Trennmaß $T^2(y_i)$ eines einzelnen Merkmals und das Trennmaß $T^2(y_h, y_i)$ eines Merkmalspaares berechnen. Wie man sofort erkennt, gilt

$$T^2(y_i) = \frac{1}{(n-J)s_{ii}} \sum_j n_j(y_{ij.} - y_{i..})^2 = \frac{h_{ii}}{(n-J)s_{ii}}. \qquad (7.32)$$

Hierbei sind h_{ii} und s_{ii} die i-ten Hauptdiagonalelemente von $\boldsymbol{H}$ und

$$\boldsymbol{S} = \frac{1}{n-J} \boldsymbol{G}.$$

Bisher mußten wir bei der Berechnung des multivariaten Trennmaßes einer Merkmalsmenge wegen der in (7.30) und (7.31) erforderlichen Matrixinversion immer voraussetzen, daß zwischen den betrachteten Merkmalen keine linearen Abhängigkeiten bestehen. Man kann von dieser Bedingung auch abgehen, wenn man vereinbart, daß im Falle vorhandener Abhängigkeiten die überflüssigen Merkmale eliminiert werden sollen, bevor Formel (7.30) bzw. (7.31) zur Anwendung gelangt. Somit gilt

$$T^2(y_1, y_1) = T^2(y_1), \quad T^2(y_1, y_2, y_1 + y_2) = T^2(y_1, y_2).$$

Es gilt ein Monotoniegesetz. Sind zwei Merkmalsräume ineinander enthalten, so hat der umfassendere Raum ein höheres (oder zumindest nicht niedrigeres) Trennmaß, mit anderen Worten, vergrößert man die Merkmalsmenge, so wird die multivariate Trennung besser im Sinne des Trennmaßes. Es gilt also z. B.

$$T^2(y_1) \leqq T^2(y_1, y_2) \leqq T^2(y_1, y_2, y_3) \leqq \cdots \leqq T^2(y_1, y_2, \ldots, y_p).$$

Natürlich gelten diese Beziehungen nur dann ganz streng, wenn allen Trennmaßen das gleiche Modell, die gleiche Hypothese und die gleichen Stichproben zugrunde liegen.

Beispiel: Beim Hyperthyreose-Beispiel von Abschnitt 7.1. erhält man für das Trennmaß der Merkmalspaare (y_h, y_i)

$(T^2(y_h, y_i)) =$

	1	2	3	4	5	6	7	8	9	10
1	0.112	0.138	0.191	0.139	0.276	**2.08**	**1.25**	0.374	0.309	**2.58**
2		0.128	0.411	0.223	0.291	**1.87**	**1.18**	0.330	0.290	**2.52**
3			0.093	0.243	0.222	**1.55**	**0.991**	0.297	0.262	**2.48**
4				0.003	0.170	**1.24**	**0.709**	0.138	0.112	**2.41**
5					0.160	**1.35**	**0.890**	0.282	0.256	**2.64**
6						**1.10**	**1.46**	**2.70**	**2.66**	**3.58**
7							**0.683**	**1.50**	**1.94**	**3.16**
8								0.116	0.133	**2.56**
9									0.095	**2.49**
10										**2.41**

Wegen der Symmetrie der Matrix wird nur ihre obere Hälfte angegeben. In der Hauptdiagonalen steht das Trennmaß der 10 einzelnen Merkmale y_i.

Man erkennt hieran, daß das Merkmal y_{10} (proteingebundenes Jod-131 beim zweiten Radio-Jod-Test) das besttrennende Einzelmerkmal ist und daß das besttrennende Merkmalspaar aus den Merkmalen y_{10} und y_6 (aufgenommenes Jod 3 Stunden nach Beginn des zweiten Radio-Jod-Tests) besteht.

An den Ergebnissen fällt auf, daß sich das Trennmaß bei der Vereinigung zweier Einzelmerkmale zu einem Merkmalspaar teilweise kaum erhöht (z. B. bei den Merkmalen y_1 und y_2), daß aber andererseits auch eine enorme Steigerung des Trennmaßes möglich ist (z. B. bei y_3 und y_4, bei y_6 und y_9, bei y_7 und y_9).

Nach (7.12) bis (7.14) gilt $\tilde{F} = 10T^2$, $g_1 = 2$, $g_2 = 20$ für $p = 1$ und $\tilde{F} = \frac{19}{4} T^2$, $g_1 = \frac{72}{17}$, $g_2 = 19$ für $p = 2$. Daher liegt die Signifikanzgrenze von T^2 im Falle eines Merkmals (Elemente der Hauptdiagonale) bei 0.349 und im Falle eines Merkmalspaars (außerhalb der Hauptdiagonalen) bei 0.602. In der Matrix sind die von Null signifikant abweichenden Werte des Trennmaßes fett gedruckt (Irrtumswahrscheinlichkeit $\alpha = 0.05$).

Beziehungen zwischen zwei Merkmalsmengen

Für das Verständnis der mehrdimensionalen Varianzanalyse und Diskriminanzanalyse ist es nützlich, wenn man einmal die möglichen Beziehungen zwischen zwei Merkmalsmengen $\mathfrak{M}_1$ und $\mathfrak{M}_2$ näher untersucht. $\mathfrak{M}_1$ und $\mathfrak{M}_2$ sollen aus irgendwelchen p_1 bzw. p_2 Merkmalen bestehen. Sowohl von $\mathfrak{M}_1$ als auch von $\mathfrak{M}_2$ und schließlich auch von der Vereinigungsmenge $\mathfrak{M}_1 \cup \mathfrak{M}_2$ kann das multivariate Trennmaß T^2 bestimmt werden. Dann gibt es folgende interessante Spezialfälle:

1. $T^2(\mathfrak{M}_1 \cup \mathfrak{M}_2) = T^2(\mathfrak{M}_1)$.

   In diesem Fall erhöht sich das Trennmaß durch die Hinzufügung der Merkmalsmenge $\mathfrak{M}_2$ zur Menge $\mathfrak{M}_1$ nicht, die Menge $\mathfrak{M}_2$ ist also gegenüber der Menge $\mathfrak{M}_1$ redundant. Die Merkmale von $\mathfrak{M}_2$ bewirken bei der Diskrimination keine verbesserte Diagnosestellung.

2. $T^2(\mathfrak{M}_1 \cup \mathfrak{M}_2) = T^2(\mathfrak{M}_1) = T^2(\mathfrak{M}_2)$.
   Hier ist $\mathfrak{M}_2$ gegenüber $\mathfrak{M}_1$ redundant und auch $\mathfrak{M}_1$ gegenüber $\mathfrak{M}_2$. Beide Merkmalsmengen sind in ihrem diagnostischen Wert äquivalent und völlig durcheinander zu ersetzen.
3. $T^2(\mathfrak{M}_1 \cup \mathfrak{M}_2) = T^2(\mathfrak{M}_1) + T^2(\mathfrak{M}_2)$.
   In diesem Fall tragen beide Merkmalsmengen unabhängig voneinander zur Trennung der Klassen bei.
4. $T^2(\mathfrak{M}_1 \cup \mathfrak{M}_2) > T^2(\mathfrak{M}_1) + T^2(\mathfrak{M}_2)$.
   Durch die Vereinigung beider Merkmalsmengen kommt es zu einer außergewöhnlichen Erhöhung des multivariaten Trennmaßes. Wenn die beiden Merkmalsmengen, einzeln betrachtet, ein relativ niedriges Trennmaß besitzen, so kann die Kombination dennoch einen unerwartet hohen diagnostischen Wert haben. Erst die Kombination der Merkmalsmengen ist voll wirksam, dagegen sind die einzelnen Mengen verhältnismäßig unbedeutend.

Die Art der zwischen zwei Mengen $\mathfrak{M}_1$ und $\mathfrak{M}_2$ bestehenden Beziehung kann durch den Affinitätskoeffizienten

$$a = \frac{2\,T^2(\mathfrak{M}_1 \cup \mathfrak{M}_2)}{T^2(\mathfrak{M}_1) + T^2(\mathfrak{M}_2)} - 1 \qquad (7.33)$$

zum Ausdruck gebracht werden. Es gilt ganz allgemein

$$0 \leqq a < \infty.$$

Der Fall $a = 0$ bedeutet, daß $\mathfrak{M}_1$ und $\mathfrak{M}_2$ völlig durcheinander ersetzbar sind, $a = 1$ ist der Fall der unabhängigen Wirkung von $\mathfrak{M}_1$ und $\mathfrak{M}_2$, während $a > 1$ anzeigt, daß die Kombination von $\mathfrak{M}_1$ und $\mathfrak{M}_2$ gegenüber den Einzelmengen außergewöhnlichen diagnostischen Wert hat.

Der Affinitätskoeffizient a wird in einem Merkmalsclusterungsverfahren, das wir in Abschnitt 7.11.2. darstellen, angewandt.

Beispiel: Im Falle des Hyperthyreose-Beispiels von Abschnitt 7.1. lauten die Affinitätskoeffizienten a_{hi} je zweier einzelner Merkmale

$$(a_{hi}) = \begin{pmatrix} 0 & 0.151 & 0.870 & 1.40 & 1.03 & 2.43 & 2.36 & 2.28 & 1.98 & 1.01 \\ & 0 & 2.74 & 2.41 & 1.02 & 2.05 & 1.96 & 1.71 & 1.60 & 0.990 \\ & & 0 & 4.08 & 0.755 & 1.61 & 1.73 & 1.85 & 1.79 & 0.989 \\ & & & 0 & 1.08 & 1.25 & 1.23 & 1.32 & 1.27 & 1.00 \\ & & & & 0 & 1.15 & 1.25 & 1.04 & 1.01 & 1.06 \\ & & & & & 0 & 0.688 & 3.43 & 3.45 & 1.04 \\ & & & & & & 0 & 3.00 & 4.33 & 1.08 \\ & & & & & & & 0 & 0.262 & 1.03 \\ & & & & & & & & 0 & 0.990 \\ & & & & & & & & & 0 \end{pmatrix} \begin{matrix} 1 \\ 2 \\ 3 \\ 4 \\ 5 \\ 6 \\ 7 \\ 8 \\ 9 \\ 10 \end{matrix}$$

$$\begin{matrix} 1 & 2 & 3 & 4 & 5 & 6 & 7 & 8 & 9 & 10 \end{matrix}$$

Wegen der Symmetrie der Matrix wird nur ihre obere Hälfte angegeben.

Man erkennt zunächst, daß die Merkmale y_5 und y_{10} unabhängig von den anderen Merkmalen zur Diagnostik beitragen (Affinitätskoeffizienten a_{hi} nahe 1). Weiterhin ist zu sehen, daß die zwei Merkmale y_1 und y_2, die zwei Merkmale y_8 und y_9 und eventuell noch die Merkmale y_6 und y_7 einander jeweils diagnostisch sehr ähnlich sind (kleine Werte a_{hi}), demnach also ein Merkmal jedes dieser Paare für die Trennung nicht erforderlich ist. Es wird schließlich noch deutlich, daß bei der multivariaten Verknüpfung der Merkmale y_1 (bzw. y_2), y_3, y_4, y_6 (bzw. y_7) und y_8 (bzw. y_9) ein wesentlich höherer diagnostischer Nutzen erzielt werden kann als bei unabhängigem Zusammenwirken der Merkmale (Affinitätskoeffizienten a_{hi} entscheidend über 1). Das bedeutet, daß der Informationsgehalt dieser Merkmale erst durch die eigentlich multivariate Betrachtung zugänglich wird, wahrscheinlich, weil die Anstiege bzw. Abfälle von einem Meßwert zum anderen eine bessere Trennung ermöglichen als die einzelnen absoluten Meßwerte.

Mit dem Verfahren von Abschnitt 7.11.2. läßt sich eine detaillierte Analyse der berechneten Koeffizienten a_{hi} durchführen.

Normiertes Trennmaß

Sollen auch die Trennmaße, die sich aus Modellansätzen mit unterschiedlicher Klassenzahl J ergeben, miteinander vergleichbar sein, so kann anstelle von T^2 das normierte Trennmaß

$$T_1^2 = JT^2 \tag{7.34}$$

angewandt werden (vgl. auch (5.8)). Eine Motivierung dieses Ansatzes erhält man, wenn man das Trennmaß $T^2_{l/m}$ zur Hypothese $H_{l/m0}$: $\mu_l = \mu_m$ in (7.20) nacheinander für mehrere Klassenanzahlen J bestimmt. Es ergibt sich

$$T^2_{l/m} = \frac{1}{n_1 + n_2 + \cdots + n_J - J} \frac{n_l n_m}{n_l + n_m} (y_{l.} - y_{m.})' S^{-1} (y_{l.} - y_{m.}). \tag{7.35}$$

Sieht man n_l, n_m, $y_{l.}$, $y_{m.}$ und S als konstant an, so hängt $T^2_{l/m}$ noch ganz entscheidend von der Zahl J der Klassen ab. Dagegen ist

$$T^2_{1,l/m} = \frac{J}{n_1 + n_2 + \cdots + n_J - J} \frac{n_l n_m}{n_l + n_m} (y_{l.} - y_{m.})' S^{-1} (y_{l.} - y_{m.}) \tag{7.36}$$

von J relativ unabhängig, denn bei $n_1 = n_2 = \cdots = n_J$ gilt für jedes J

$$T^2_{1,l/m} = JT^2_{l/m} = \frac{n_1}{2(n_1 - 1)} (y_{l.} - y_{m.})' S^{-1} (y_{l.} - y_{m.}).$$

Beispiel: Das Hyperthyreose-Beispiel von Abschnitt 7.1. ergibt für jeweils zwei Klassen das Trennmaß

$$T^2_{1/2} = 8.03, \quad T^2_{1/3} = 0.825, \quad T^2_{2/3} = 6.48$$

und folglich das normierte Trennmaß

$$T^2_{1,1/2} = 24.1, \quad T^2_{1,1/3} = 2.47, \quad T^2_{1,2/3} = 19.5.$$

Für die Trennung aller drei Klassen zusammen gilt

$$T_1^2 = 28.9.$$

Alle diese Werte sind auf sämtliche 10 Merkmale bezogen.

7.5. Diskriminanzmerkmale, Diskriminanzfunktionen

Die Diskriminanzmerkmale sind in zweierlei Hinsicht von Bedeutung. Erstens können sie zur Diskrimination beliebiger Individuen, d. h. zur Einteilung bzw. Diagnostizierung der Individuen in die J Klassen benutzt werden. Zweitens lassen sich mit ihrer Hilfe die bei einem Experiment geltenden Zusammenhänge aus dem ursprünglichen p-dimensionalen Raum in einen Raum einer niedrigeren Dimension übertragen, wodurch sie einer Interpretation zugänglich werden.

Elementare Diskriminanzmerkmale

Im Abschnitt 7.4. hatten wir das Monotoniegesetz des multivariaten Trennmaßes behandelt. Es besagt, daß mit Vergrößerung eines Merkmalsraumes auch das entsprechende Trennmaß höhere (oder zumindest nicht niedrigere) Werte erreicht und daß sich das Trennmaß beim Übergang von einem Merkmalsraum zu einem seiner Teilräume im allgemeinen verkleinert. Es kann aber gezeigt werden, daß der von den sogenannten Diskriminanzmerkmalen erzeugte Merkmalsraum trotz einer unter Umständen vorhandenen Dimensionserniedrigung das multivariate Trennmaß des ursprünglichen Raumes beibehält. Einige Ausführungen dieses Abschnitts stützen sich auf allgemeine Beweise von Abschnitt 5.2.

Als „elementare Diskriminanzmerkmale" bezeichnen wir in diesem Abschnitt die Merkmale

$$v_j = (\boldsymbol{y}_{j.} - \boldsymbol{y}_{..})' \boldsymbol{S}^{-1} \boldsymbol{y} \qquad (j = 1, \ldots, J). \tag{7.37}$$

Hierbei ist $\boldsymbol{y}$ ein variabler, völlig unbestimmter p-dimensionaler Meßwertvektor, während $\boldsymbol{y}_{j.}, \boldsymbol{y}_{..}$ und $\boldsymbol{S}$ durch die J vorgegebenen Stichproben bestimmt sind. Auch die v_j sind Variablen. Die durch (7.37) definierten Rechenvorschriften zur Gewinnung der v_j aus den y_i werden als elementare Diskriminanzfunktionen bezeichnet.

Der Zusatz „elementar" bezieht sich darauf, daß die Merkmale v_j ohne Auflösung eines Eigenwertproblems, allein durch einfache arithmetische Matrizenoperationen berechenbar sind. Setzt man

$$\boldsymbol{d}_j = \boldsymbol{S}^{-1}(\boldsymbol{y}_{j.} - \boldsymbol{y}_{..}),$$

$$\underset{(p,J)}{\boldsymbol{A}} = (\boldsymbol{y}_{1.} - \boldsymbol{y}_{..}, \ \boldsymbol{y}_{2.} - \boldsymbol{y}_{..}, \ldots, \boldsymbol{y}_{J.} - \boldsymbol{y}_{..}) \tag{7.38}$$

und

$$\underset{(p,J)}{\boldsymbol{D}} = (\boldsymbol{d}_1 \boldsymbol{d}_2 \cdots \boldsymbol{d}_J) = \boldsymbol{S}^{-1}\boldsymbol{A}, \tag{7.39}$$

so gilt für das Merkmal v_j

$$v_j = \boldsymbol{d}_j'\boldsymbol{y} = \sum_{i=1}^{p} d_{ij} y_i, \tag{7.40}$$

und für den Vektor $\boldsymbol{v}$ aller elementaren Diskriminanzmerkmale ergibt sich

$$\boldsymbol{v} = \boldsymbol{D}'\boldsymbol{y}. \tag{7.41}$$

Die Zahlen d_{ij} sind die sogenannten Gewichtskoeffizienten der elementaren Diskriminanzfunktionen.

Es sei bemerkt, daß nach diesen Erklärungen zu Abschnitt 5.2. insofern eine Differenz vorliegt, als dort nicht nur endlichviele elementare Diskriminanzmerkmale eingeführt, sondern ein ganzer aus Diskriminanzmerkmalen bestehender Raum definiert wurde. Wir halten es aber für sinnvoller, innerhalb dieses Kapitels die eingeengte Definition der elementaren Diskriminanzmerkmale zu gebrauchen.

Die elementaren Diskriminanzmerkmale sind nicht alle voneinander linear unabhängig, denn es gilt

$$\sum_j n_j v_j = 0. \tag{7.42}$$

Es kann bewiesen werden, daß das multivariate Trennmaß der elementaren Diskriminanzmerkmale gleich dem Trennmaß der ursprünglichen Merkmale ist:

$$T^2(v_1, \ldots, v_J) = T^2(y_1, \ldots, y_p). \tag{7.43}$$

Das bedeutet inhaltlich, daß die elementaren Diskriminanzmerkmale für die Trennung der Klassen und die Durchführung einer Diskrimination ebenso wertvoll sind wie die p Originalmerkmale. Wenn die Klassenanzahl J nicht größer als p ist, dann gibt es $J - 1$ linear unabhängige elementare Diskriminanzmerkmale, so daß sich also bei der Transformation (7.41) die Anzahl der zu betrachtenden Merkmale erniedrigt. Mit Hilfe dieser Dimensionserniedrigung lassen sich die statistischen Berechnungen vereinfachen, und die Resultate der statistischen Analyse werden leichter interpretierbar. Ist $J > p$, so bringt der Übergang zu den elementaren Diskriminanzmerkmalen jedoch keine Dimensionserniedrigung.

Die einzelnen elementaren Diskriminanzmerkmale besitzen auch eine inhaltliche Deutung. Und zwar ist das Merkmal v_j besonders gut geeignet, die Klasse j aus der Menge aller übrigen Klassen herauszuheben.

Beispiel: Beim Hyperthyreose-Beispiel von Abschnitt 7.1. erhält man die elementaren Diskriminanzfunktionen

$$\begin{aligned}
v_1 &= 0.0324y_1 + 0.0387y_2 - 0.00114y_3 - 0.0164y_4 - 0.0162y_5 \\
&\quad - 0.0866y_6 - 0.0669y_7 + 0.0124y_8 + 0.0799y_9 - 1.96y_{10}, \\
v_2 &= -0.136y_1 - 0.436y_2 + 0.383y_3 - 0.0489y_4 - 0.268y_5 \\
&\quad + 0.635y_6 + 0.252y_7 - 0.117y_8 - 0.452y_9 + 11.0y_{10}, \\
v_3 &= 0.00906y_1 + 0.376y_2 - 0.504y_3 + 0.153y_4 + 0.444y_5 \\
&\quad - 0.385y_6 + 0.0208y_7 + 0.0898y_8 + 0.177y_9 - 4.26y_{10}.
\end{aligned}$$

Nichtelementare Diskriminanzmerkmale

Neben den elementaren Diskriminanzmerkmalen gibt es die sogenannten nichtelementaren Diskriminanzmerkmale. Sie werden durch Auflösung des Eigenwertproblems

$$\frac{1}{n-J} \boldsymbol{H}\boldsymbol{e} = \lambda \boldsymbol{S}\boldsymbol{e} \tag{7.44}$$

gewonnen. Sind $\lambda_1, \lambda_2, \ldots, \lambda_t$ $(\lambda_1 \geqq \lambda_2 \geqq \cdots \geqq \lambda_t)$ die von Null verschiedenen charakteristischen Wurzeln des Eigenwertproblems (7.44) und $\boldsymbol{e}_1, \boldsymbol{e}_2, \ldots, \boldsymbol{e}_t$ entsprechende charakteristische Vektoren (normiert), so werden die Merkmale

$$w_h = \boldsymbol{e}_h'\boldsymbol{y} = \sum_{i=1}^{p} e_{ih} y_i \qquad (h = 1, \ldots, t) \tag{7.45}$$

als nichtelementare Diskriminanzmerkmale bezeichnet. t ist hierbei der Rang der Matrix $\boldsymbol{H}$. Es gilt

$$t = \min(p, J-1), \tag{7.46}$$

d. h., die Zahl der nichtelementaren Diskriminanzmerkmale übersteigt nicht die Anzahl der Originalmerkmale und ist mindestens um 1 kleiner als die Klassenanzahl. Demgemäß gibt es bei zwei Klassen nur ein Diskriminanzmerkmal. Setzt man

$$\underset{(p,t)}{\boldsymbol{E}} = (\boldsymbol{e}_1 \boldsymbol{e}_2 \cdots \boldsymbol{e}_t), \tag{7.47}$$

so folgt für den Vektor $\boldsymbol{w}$ aller nichtelementaren Diskriminanzmerkmale

$$\boldsymbol{w} = \boldsymbol{E}'\boldsymbol{y}. \tag{7.48}$$

Die Zahlen e_{ih} sind die Gewichtskoeffizienten der nichtelementaren Diskriminanzfunktionen. Für die Matrix $\boldsymbol{E}$ gilt die Orthonormierungsbedingung

$$\boldsymbol{E}'\boldsymbol{S}\boldsymbol{E} = \boldsymbol{I}. \tag{7.49}$$

Die Merkmale w_h sind voneinander linear unabhängig, und sie spannen, wie sich zeigen läßt, den gleichen Merkmalsraum auf wie die elementaren Diskriminanzmerkmale. Nach (7.43) ist daher ihr Trennmaß dem Trennmaß der p ursprünglichen Merkmale gleich:

$$T^2(w_1, \ldots, w_t) = T^2(y_1, \ldots, y_p). \tag{7.50}$$

Die nichtelementaren Diskriminanzmerkmale leisten also mindestens ebensoviel wie die elementaren Diskriminanzmerkmale. Darüber hinaus besitzen sie aber gewisse Optimalitätseigenschaften: Das Merkmal w_1 besitzt unter allen Merkmalen, die aus den y_i durch eine Linearkombination entstehen können, das maximale Trennmaß. Unter allen Merkmalspaaren, die aus den Originalmerkmalen y_i durch lineare Transformation gebildet werden können, hat das Paar w_1, w_2 das höchste Trennmaß, usw. für Tripel, Quadrupel, ... von Merkmalen. w_1 ist das besttrennende Einzelmerkmal, w_2 ist die zu w_1 beste Ergänzung, w_3 ist die zu w_1 und w_2 beste Ergänzung usw. Man wird sich daher, wenn man bei einer Betrachtung nur ein einziges Diskriminanzmerkmal benutzen will, d. h. wenn man die Darstellung der Zusammenhänge auf einer Geraden anstrebt, für das Merkmal w_1 entscheiden. Möchte man zwei Diskriminanzmerkmale einsetzen, will man also die Analyseergebnisse in einer Ebene veranschaulichen, so wird man w_1 und w_2 wählen usw.

Es gilt für $h = 1, \ldots, t$

$$T^2(w_h) = \lambda_h, \tag{7.51}$$

$$T^2(w_1, w_2, \ldots, w_h) = \lambda_1 + \lambda_2 + \cdots + \lambda_h, \tag{7.52}$$

die charakteristischen Wurzeln λ_h sind also als das Trennmaß der entsprechenden Diskriminanzmerkmale zu interpretieren. Das multivariate Trennmaß mehrerer nichtelementarer Diskriminanzmerkmale ist gleich der Summe der entsprechenden charakteristischen Wurzeln.

Ein Vorteil der nichtelementaren Diskriminanzmerkmale liegt auch darin, daß sie nach (7.49) als Kovarianzmatrix die Einheitsmatrix $\boldsymbol{I}$ besitzen, d. h. die Streuung 1 haben und innerhalb der einzelnen Klassen unkorreliert sind.

Beispiel: Im Falle des Hyperthyreose-Beispiels von Abschnitt 7.1. gilt

$$t = \min(10,2) = 2$$

und

$$\lambda_1 = 9.09, \quad \lambda_2 = 0.547.$$

Die nichtelementaren Diskriminanzmerkmale sind

$$\begin{aligned} w_1 = {} & -0.0214y_1 - 0.0772y_2 + 0.0721y_3 - 0.0115y_4 - 0.0528y_5 \\ & + 0.108y_6 + 0.0386y_7 - 0.0204y_8 - 0.0746y_9 + 1.82y_{10}, \\ w_2 = {} & -0.0274y_1 + 0.107y_2 - 0.192y_3 + 0.0742y_4 + 0.185y_5 \\ & - 0.0650y_6 + 0.0717y_7 + 0.0225y_8 - 0.00855y_9 + 0.234y_{10}. \end{aligned}$$

Diese Diskriminanzmerkmale werden in Abschnitt 7.7. für die Diskrimination bzw. Diagnostik der einzelnen Individuen benutzt.

Auf den Optimalitätseigenschaften beruht die Nützlichkeit der nichtelementaren Diskriminanzmerkmale für die Systematisierung multivariater Messungen. Durch diese Diskriminanzmerkmale lassen sich wesentliche und unwesentliche Informationen trennen. Da die ersten nichtelementaren Diskriminanzmerkmale gewöhnlich die für die jeweilige Fragestellung entscheidenden Zusammenhänge widerspiegeln, gelangt man mit ihrer Hilfe leichter zu wissenschaftlichen Hypothesen und Theorien als bei direkter Betrachtung der Ursprungsdaten. Auf diese Weise leisten die Varianz- und Diskriminanzanalyse einen Beitrag zur Aufhellung der Struktur der durchgeführten Beobachtungen.

Wir können diesen Gesichtspunkt anhand einer Untersuchung von H. Baumann und Mitarbeitern (1971a, 1971b) verdeutlichen. Das zugrunde liegende Datenmaterial besteht aus elektrischen Signalen, die mit Hilfe von Stahldrahtelektroden aus dem Gehirn von Ratten abgeleitet werden. Bei diesen Signalen handelt es sich um sogenannte evozierte Potentiale, d. h. um bioelektrische Verläufe, die als Folge bestimmter, den Ratten verabfolgter optischer und akustischer Reize (Blitzreiz, Clickreiz) auftreten (Bild 2). Die elektrischen Signale werden zur Charakterisierung der Informationsverarbeitung im Gehirn benutzt. Je nach der Situation, in der sich das Tier befindet (Wach- oder Schlafzustand, kurzzeitige Erregung oder Hemmung), haben die evozierten Potentiale eine andere Gestalt.

Jedes evozierte Potential wird durch 45 Merkmalswerte beschrieben, und zwar werden zu 45 festgelegten Zeitpunkten die zugehörigen Amplitudenwerte abgegriffen (Bild 2). Damit entspricht jedem evozierten Potential ein 45-dimensionaler Meßwertvektor.[1])

Bei der vorliegenden Untersuchung werden 8 experimentelle Situationen unterschieden und die evozierten Potentiale demgemäß in 8 Klassen eingeteilt:

Klasse 0: Keine psychonervale Belastung des Tieres durch einen Lernprozeß (Normzustand des Tieres).

Klasse 1: Wie Klasse 0, jedoch mit einer physischen Zusatzbelastung (das Tier wird auf einem Schütteltisch hin und her bewegt).

Klasse 2: Psychonervale Belastung des Tieres durch einen bedingt-reflektorischen Lernprozeß (Ausbildungsphase).

Klasse 3: Wie Klasse 2, jedoch mit der erwähnten physischen Zusatzbelastung.

Klasse 4: Das Tier befindet sich in einer Phase, in der die angelernten Reflexe durch mehrfache Wiederholung weiter gefestigt werden (Festigungsphase).

Klasse 5: Wie Klasse 4, jedoch mit der erwähnten physischen Zusatzbelastung.

Klasse 6: Stärkere psychonervale Belastung des Tieres durch einen besonders erschwerten Lernprozeß (Differenzierungsphase).

Klasse 7: Wie Klasse 6, jedoch mit der erwähnten physischen Zusatzbelastung.

Die durchgeführte Untersuchung soll zeigen, in welcher Weise die Informationsverarbeitung des Gehirns von äußeren Belastungseinflüssen abhängt.

[1]) Auf die Details der Meßwerterfassung und -verdichtung wollen wir hier nicht eingehen.

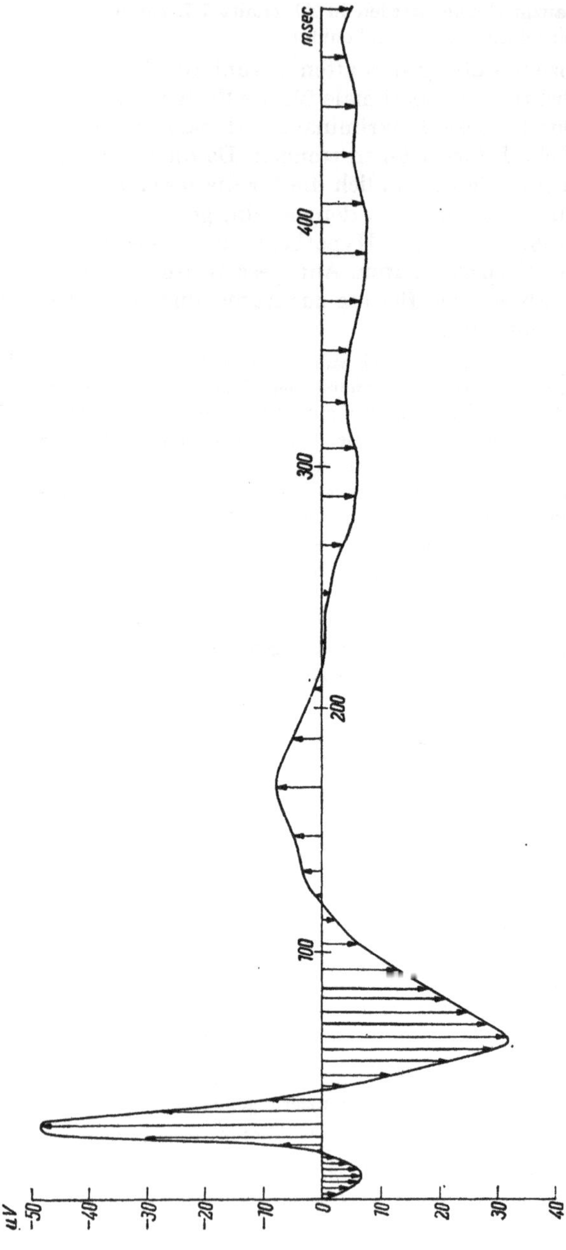

Bild 2: Muster eines evozierten Potentials. Die Pfeile geben die Stellen an, an denen die 45 Amplitudenwerte abgegriffen werden

Die Stichprobengröße (Anzahl der evozierten Potentiale) in den einzelnen Klassen beträgt

$$n_0 = 41, \quad n_1 = 30, \quad n_2 = 30, \quad n_3 = 28,$$
$$n_4 = 29, \quad n_5 = 29, \quad n_6 = 20, \quad n_7 = 25.$$

In Bild 3 sind die bei der Rechnung gewonnenen Mittelwertsvektoren $\boldsymbol{y}_{0.}, \boldsymbol{y}_{1.}, \ldots, \boldsymbol{y}_{7.}$ (mittlere evozierte Potentiale der Klassen 0, ..., 7) wiedergegeben.

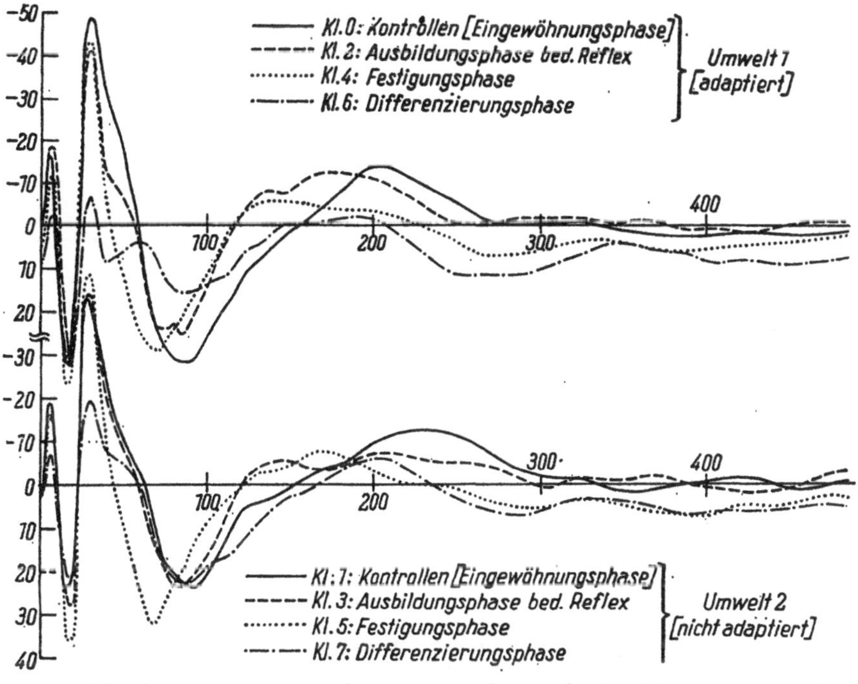

Bild 3: Mittelwertsvektoren (mittlere evozierte Potentiale) der Klassen 0, ..., 7. Die elektrischen Signale sind aus dem Mittelhirn (Mesencephalon) von Ratten abgeleitet

Mit Hilfe einer 45-dimensionalen Varianzanalyse und einer Diskriminanzanalyse kann untersucht werden, ob signifikante Unterschiede zwischen den mittleren evozierten Potentialen der 8 Klassen bestehen und wie die gegenseitige Lage der Mittelwertsvektoren der 8 Klassen ist. Zu jedem Mittelwertsvektor $\boldsymbol{y}_{j.}$ wird gemäß (7.48) der entsprechende Mittelwertsvektor $\boldsymbol{w}_{j.} = \boldsymbol{E}'\boldsymbol{y}_{j.}$ im Diskriminanzraum berechnet ($j = 0, \ldots, 7$). Berücksichtigt man von diesen 7-dimensionalen Vektoren nur ihre ersten beiden Komponenten, die sich ja auf die beiden trennschärfsten Diskriminanzmerkmale w_1 und w_2 beziehen, so ergibt sich für die Mittelwerte der 8 Klassen das zweidimensionale Diskriminanzschema von Bild 4. Hierin werden die für das benutzte Datenmaterial wesentlichsten Tendenzen sichtbar. Die anschauliche Darstellung der Zusammenhänge kann zwar unter Umständen zu subjektiven Interpretationen verleiten, andererseits ist sie ein wichtiges heuristisches Mittel, um wissenschaftliche Hypothesen zu formulieren.

In dem hier vorliegenden konkreten Anwendungsfall erkennt man, daß die Unterschiede der Klassen 0 und 1, 2 und 3, 4 und 5 sowie 6 und 7 relativ geringfügig sind, d. h., daß die physische Zusatzbelastung des Tieres (Schüttelbewegung) von untergeordneter Bedeutung für die Form des evozierten Potentials ist. Es fällt bei näherer

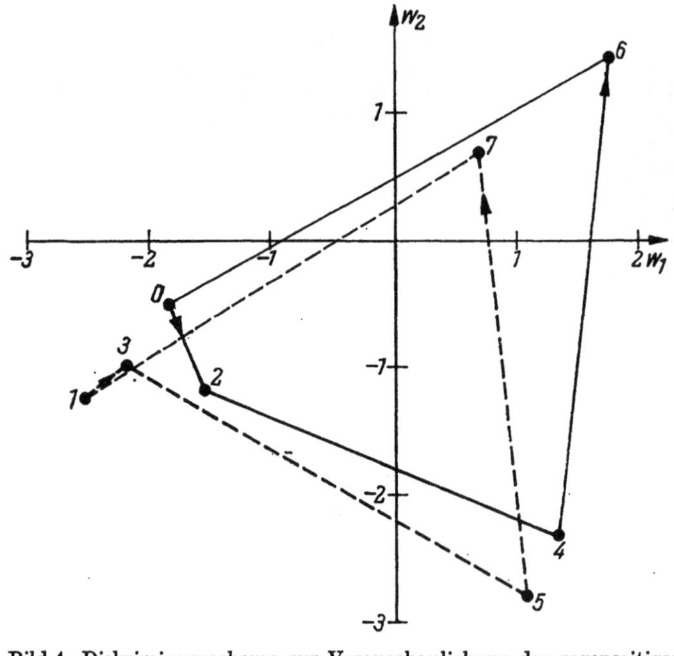

Bild 1: Diskriminanzschema zur Veranschaulichung der gegenseitigen Lage der mittleren evozierten Potentiale aller 8 Klassen

Betrachtung noch auf, daß die Kontur der Mittelpunkte 1, 3, 5 und 7, die den Klassen mit Schüttelbelastung entspricht, aus der Kontur der Punkte 0, 2, 4 und 6 im groben durch eine Parallelverschiebung hervorgeht. Das würde bedeuten, daß die Schüttelbelastung unabhängig von der applizierten Lernbelastung eine bestimmte additive Veränderung des evozierten Potentials zur Folge hat. Weiterhin erkennt man an dem Diskriminanzschema, daß die Lernbelastung von Klasse 2 bzw. 3 (Ausbildungsphase) gegenüber dem Normzustand von Klasse 0 bzw. 1 keine entscheidenden Differenzen hervorruft.

Die sämtlichen aus dem Diskriminanzschema gezogenen Schlüsse müssen natürlich mit sachlogischen Überlegungen verknüpft werden und bedürfen eventuell weiterer Überprüfungen. Bei genauerem Studium der Zusammenhänge ist es möglich, den einzelnen Richtungen im Diskriminanzschema, insbesondere den Diskriminanzmerkmalen w_1 und w_2 selbst, eine inhaltliche Deutung zu geben. Die anschauliche Darstellung der

Zusammenhänge in einem Diskriminanzschema ist oftmals viel instruktiver als die Durchführung von Signifikanztests oder die Berechnung von Trennmaßen.

Wir wollen an dieser Stelle noch erwähnen, daß der multivariate Signifikanztest, der bei dem hier zitierten Problem für den Vergleich der Mittelwertsvektoren $\mu_0, \mu_1, \ldots, \mu_7$ notwendig ist, in unterschiedlicher Weise verläuft, je nachdem, ob die grobe oder die verfeinerte Testmethode (siehe Abschnitt 7.2.) angewandt wird. Jedoch weichen in diesem Fall die Ergebnisse beider Methoden kaum voneinander ab. Bei dem groben Test ergibt sich nach (7.12) bis (7.14)

$$\tilde{F} = 3.99, \quad g_1 = \infty, \quad g_2 = 180, \quad F_{\infty,180;0.05} = 1.20,$$

beim verfeinerten Test nach (7.15) bis (7.19)

$$\tilde{F} = 3.98, \quad g_1 = \infty, \quad g_2 = 245, \quad F_{\infty,245;0.05} = 1.17.$$

Die Dimension des Diskriminanzraumes

Für die Erkennung der Struktur multivariater Zusammenhänge kann auch die Frage von Bedeutung sein, wie viele nichtelementare Diskriminanzmerkmale nach den vorliegenden Messungen als statistisch gesichert angesehen werden können. Das Problem kann durch einen Signifikanztest, der in allgemeiner Form bereits in Abschnitt 5.5. angegeben wurde, geklärt werden. Wir wollen im hier vorliegenden Fall nur den für große n gültigen χ^2-Test beschreiben. Wenn geprüft werden soll, ob die letzten $t - t_1$ Diskriminanzmerkmale $w_{t_1+1}, w_{t_1+2}, \ldots, w_t$ ein nichtsignifikant von Null abweichendes Trennmaß besitzen, dann ist

$$\chi^2 = (n - J - p + t_1 + 1)(\lambda_{t_1+1} + \lambda_{t_1+2} + \cdots + \lambda_t) \tag{7.53}$$

zu bilden. Falls χ^2 nicht größer ist als das α-Quantil der χ^2-Verteilung zum Freiheitsgrad $(J - t_1 - 1)(p - t_1)$, so sind die letzten $t - t_1$ Diskriminanzmerkmale als statistisch ungesichert anzusehen.

Um bei einer konkreten Aufgabenstellung die Anzahl der statistisch gesicherten Dimensionen des Diskriminanzraumes zu erhalten, muß man den Test nacheinander für $t_1 = 0, t_1 = 1, \ldots, t_1 = t - 1$ durchführen. Ergeben sich für $t_1 < t^*$ signifikante Abweichungen von Null, dagegen für $t_1 \geqq t^*$ nicht, so ist t^* die gesuchte Dimension des Diskriminanzraumes.

Leser, die einen entsprechenden Test für kleineres n wünschen, möchten wir auf Abschnitt 5.5. verweisen.

Beispiel: Im Fall des Hyperthyreose-Problems von Abschnitt 7.1. läßt sich nachweisen, daß die zweite charakteristische Wurzel $\lambda_2 = 0.547$ nicht signifikant von Null verschieden ist. Man erhält nämlich

$$\chi^2 = 12 \cdot 0.547 = 6.56,$$

während das zugehörige χ^2-Quantil $\chi^2_{9;0.05} = 16.9$ ist. Bei diesem Beispiel, bei dem nur insgesamt 23 Meßwertvektoren zur Verfügung standen, ist der χ^2-Test als Notbehelf anzusehen.

7.6. Rechnerische Bestimmung der nichtelementaren Diskriminanzfunktionen

Die meisten Rechenschritte der mehrdimensionalen Varianzanalyse und Diskriminanzanalyse beruhen auf der einfachen Matrizenarithmetik, die einzige Ausnahme hiervon ist die Lösung der Eigenwertprobleme. Die Matrizen $\boldsymbol{H}$ und $\boldsymbol{G}$, die in dem Eigenwertproblem (7.44) auftreten, haben die Ordnung p und sind daher oftmals von erheblicher Größe. Da andererseits bekannt ist, daß $\boldsymbol{H}$ höchstens den Rang $J - 1$ hat und infolgedessen nicht mehr als $J - 1$ charakteristische Wurzeln von Null verschieden sein können, ist zu erwarten, daß das Eigenwertproblem (7.44) im Fall $J \leqq p$ durch ein äquivalentes Eigenwertproblem geringerer Matrixordnung ersetzt werden kann. Dieses Eigenwertproblem lautet

$$\frac{1}{n-J}\,(\boldsymbol{N}^{1/2}\boldsymbol{A}'\boldsymbol{S}^{-1}\boldsymbol{A}\boldsymbol{N}^{1/2})\boldsymbol{f} = \lambda \boldsymbol{f}, \tag{7.54}$$

wobei $\boldsymbol{N}$ die Diagonalmatrix mit den Stichprobenumfängen $n_1, \ldots, n_J$ in der Hauptdiagonalen ist. Die Matrixordnung dieses Problems beträgt J.

Wir wollen nachweisen, daß die von Null verschiedenen charakteristischen Wurzeln λ_h von (7.54) auch charakteristische Wurzeln von (7.44) sind und daß man die Matrix $\boldsymbol{E}$ der ersten t charakteristischen Vektoren von (7.44) aus der Matrix

$$\underset{(J,t)}{\boldsymbol{F}} = (\boldsymbol{f}_1\boldsymbol{f}_2 \cdots \boldsymbol{f}_t) \tag{7.55}$$

der ersten t charakteristischen Vektoren von (7.54) durch die Beziehung

$$\boldsymbol{E} = (n-J)^{-1/2}\boldsymbol{D}\boldsymbol{N}^{1/2}\boldsymbol{F}\boldsymbol{\Lambda}^{-1/2} = (n-J)^{-1/2}\boldsymbol{S}^{-1}\boldsymbol{A}\boldsymbol{N}^{1/2}\boldsymbol{F}\boldsymbol{\Lambda}^{-1/2}, \tag{7.56}$$

wobei $\boldsymbol{\Lambda}$ die Diagonalmatrix der t positiven charakteristischen Wurzeln $\lambda_1, \ldots, \lambda_t$ ist, gewinnen kann. Man erkennt, daß die Berechnung der Matrix $\boldsymbol{E}$, die die Gewichtskoeffizienten der nichtelementaren Diskriminanzfunktionen enthält, auf der Kenntnis der Matrix $\boldsymbol{D}$, die aus den Gewichtskoeffizienten der elementaren Diskriminanzfunktionen besteht, basiert.

Der Beweis geht von

$$\boldsymbol{F}'\boldsymbol{F} = \boldsymbol{I},$$

$$(n-J)^{-1}\boldsymbol{N}^{1/2}\boldsymbol{A}'\boldsymbol{S}^{-1}\boldsymbol{A}\boldsymbol{N}^{1/2}\boldsymbol{F} = \boldsymbol{F}\boldsymbol{\Lambda}$$

und (7.56) aus. Dann folgt

$$\begin{aligned}\boldsymbol{E}'\boldsymbol{S}\boldsymbol{E} &= (n-J)^{-1}\boldsymbol{\Lambda}^{-1/2}\boldsymbol{F}'\boldsymbol{N}^{1/2}\boldsymbol{D}'\boldsymbol{S}\boldsymbol{D}\boldsymbol{N}^{1/2}\boldsymbol{F}\boldsymbol{\Lambda}^{-1/2}\\ &= (n-J)^{-1}\boldsymbol{\Lambda}^{-1/2}\boldsymbol{F}'\boldsymbol{N}^{1/2}\boldsymbol{A}'\boldsymbol{S}^{-1}\boldsymbol{S}\boldsymbol{S}^{-1}\boldsymbol{A}\boldsymbol{N}^{1/2}\boldsymbol{F}\boldsymbol{\Lambda}^{-1/2}\\ &= \boldsymbol{\Lambda}^{-1/2}\boldsymbol{F}'\boldsymbol{F}\boldsymbol{\Lambda}\boldsymbol{\Lambda}^{-1/2} = \boldsymbol{I},\end{aligned} \tag{7.57}$$

und wegen

$$H = ANA' \tag{7.58}$$

ergibt sich

$$\begin{aligned}(n - J)^{-1}HE &= (n - J)^{-3/2}ANA'S^{-1}AN^{1/2}F\Lambda^{-1/2} \\ &= (n - J)^{-1/2}AN^{1/2}F\Lambda\Lambda^{-1/2} = SE\Lambda. \end{aligned} \tag{7.59}$$

Die Gleichungen (7.57) und (7.59) zeigen, daß Λ und E die Lösungen von (7.44) sind.

Das Eigenwertproblem (7.54) kann auch bei $J > p$ angewandt werden, nur bewirkt es dann keine Erniedrigung der Matrixordnung des zu lösenden Eigenwertproblems.

Im Gegensatz zu (7.44), wo auf der rechten Seite die Matrix S auftritt, enthält die Gleichung (7.54) an dieser Stelle die Einheitsmatrix. Hierin liegt eine weitere für die Berechnungen wesentliche Vereinfachung.

Beispiel: Bei dem Hyperthyreose-Beispiel von Abschnitt 7.1. hat das Eigenwertproblem (7.54) die Gestalt

$$\begin{pmatrix} 0.961 & -2.52 & 0.691 \\ -2.52 & 7.28 & -2.59 \\ 0.691 & -2.59 & 1.40 \end{pmatrix} f = \lambda f.$$

Die Lösungen sind

$$\lambda_1 = 9.09, \ f_1 = \begin{pmatrix} -0.305 \\ 0.894 \\ -0.328 \end{pmatrix},$$

$$\lambda_2 = 0.547, \ f_2 = \begin{pmatrix} -0.460 \\ 0.164 \\ 0.873 \end{pmatrix}.$$

Aus den beiden Eigenvektoren erhält man nach (7.56) die Gewichtskoeffizienten e_{ih} der nichtelementaren Diskriminanzfunktionen w_1 und w_2, die in Abschnitt 7.5. bereits angeführt worden waren.

7.7. Die Durchführung der Diskrimination

Die Diskrimination ist die direkte Nutzanwendung der multivariaten Analyse. Sie ist auch, falls sie mit Erfolg durchgeführt wird, der am wenigsten anfechtbare Teil des Verfahrens, da ihre Ergebnisse unmittelbar als Kriterium für die Richtigkeit des Vorgehens genommen werden können.

Die anderen statistischen Rechnungen bedürfen dagegen einer besonderen Interpretation und Wertung, weil sie wegen der eventuellen Nichteinhaltung der statistischen Voraussetzungen und aus anderen Gründen teilweise fehlerhaft oder irreführend sein können.

7.7.1. *Diskrimination mit sämtlichen Diskriminanzmerkmalen*

Anwendung der nichtelementaren Diskriminanzmerkmale

Wir wollen zunächst den Fall betrachten, daß sämtliche t nichtelementaren Diskriminanzmerkmale für die Diskrimination benutzt werden. Es wird angenommen, daß für ein bestimmtes Individuum die t Werte $w_1, w_2, \ldots, w_t$ bzw. der Vektor $\boldsymbol{w}$ nach (7.45) bzw. (7.48) berechnet worden seien. Unsere Diskrimination stützt sich, ähnlich wie in Abschnitt 6.2.2., auf den Signifikanztest, welcher die Zugehörigkeit des Vektors $\boldsymbol{w}$ zu der Klasse j prüft. Bei der Aufstellung des Tests wird der Vektor $\boldsymbol{w}$ als Repräsentant einer weiteren Klasse, der wir die Nummer 0 geben können, neben den vorhandenen Klassen $1, 2, \ldots, J$ angesehen. Dann folgt gemäß (7.21) als Testgröße

$$\tilde{F}_{0/j} = k_j = \frac{n-J-t+1}{t(n-J)} \frac{n_j}{n_j+1} (\boldsymbol{w} - \boldsymbol{w}_{j.})' (\boldsymbol{w} - \boldsymbol{w}_{j.})$$

$$= \frac{n-J-t+1}{t(n-J)} \frac{n_j}{n_j+1} \sum_{h=1}^{t} (w_h - w_{hj.})^2. \tag{7.60}$$

In dieser Formel tritt keine Kovarianzmatrix explizit auf, da die nichtelementaren Diskriminanzmerkmale nach (7.49) die Einheitsmatrix als Kovarianzmatrix besitzen. Mit $\boldsymbol{w}_{j.}$ wird der nach

$$\boldsymbol{w}_{j.} = \boldsymbol{E}'\boldsymbol{y}_{j.} \tag{7.61}$$

zu berechnende Mittelwertsvektor der Klasse j bezeichnet, seine einzelnen Komponenten heißen $w_{hj.}$. Entsprechend dem Vorgehen in Abschnitt 6.2.2. wird der Vektor $\boldsymbol{w}$ bzw. das ihm zugeordnete Individuum als zur Klasse j gehörig angesehen, wenn

$$k_j \leqq F_{t,n-J-t+1;\alpha} \tag{7.62}$$

gilt. Hierbei steht auf der rechten Seite ein Quantil der F-Verteilung, das einer entsprechenden Tabelle entnommen werden kann. Eine bestimmte Irrtumswahrscheinlichkeit, z. B. $\alpha = 0.05$, muß vorgeschrieben sein. Bei dieser Methode kann ein Individuum zugleich in mehrere Klassen eingeordnet werden, es kann aber auch sein, daß es in keine einzige Klasse eingestuft wird. Durch die Ungleichung (7.62) wird jeder Klasse ein t-dimensionaler kugelförmiger Streubereich zugeordnet, der die tatsächlich zu der

Klasse gehörigen Individuen mit der Wahrscheinlichkeit $1 - \alpha$ enthält (bei $\alpha = 0.05$ liegen also 95% der Individuen innerhalb des Streubereiches ihrer Klasse).

Will man im Gegensatz zu dieser mehrdeutigen Diskrimination jedes Individuum in genau eine Klasse einordnen, so muß man die Klasse mit dem kleinsten k_j wählen (Diagnostizierung mit der jeweils höchsten Wahrscheinlichkeit).

Sucht man die beste Diagnose unter der Nebenbedingung, daß für jede einzelne Klasse eine Aprioriwahrscheinlichkeit p_j vorgegeben ist, wenn also von vornherein berücksichtigt werden soll, mit welcher Wahrscheinlichkeit das Individuum in die einzelnen Klassen fällt, so werden zur Diskrimination die Größen

$$l_j = \left(1 + \frac{t}{n - J - t + 1} k_j\right)^{(n+1)/2} \cdot \frac{1}{p_j} \tag{7.63}$$

angewandt. Das Individuum wird dabei in die Klasse mit dem kleinsten l_j eingestuft. In dem Spezialfall, daß sämtliche p_j gleichgroß sind, ist diese Diskrimination mit der zuerst angegebenen, die allein auf k_j beruht, identisch. Die Formel (7.63) ist aus einem Maximum-Likelihood-Ansatz ableitbar. Das Individuum wird in die Klasse eingeordnet, für die die J Stichproben und der Meßwertvektor des zusätzlichen Individuums ein Ereignis mit größter Wahrscheinlichkeitsdichte bilden (siehe auch ANDERSON (1958), Abschnitt 6.5.5.).

Läßt man in (7.63) die Stichprobenumfänge n_j gegen Unendlich streben, so folgt

$$l_j = e^{\frac{1}{2}(\mathfrak{w} - \mathfrak{w}_{j.})'(\mathfrak{w} - \mathfrak{w}_{j.})} \cdot \frac{1}{p_j}$$

bzw.

$$m_j = \log l_j = \frac{1}{2} (\mathfrak{w} - \mathfrak{w}_{j.})' (\mathfrak{w} - \mathfrak{w}_{j.}) - \log p_j . \tag{7.64}$$

Die letzte Formel gilt für große Stichprobenumfänge. Das Individuum wird in die Klasse mit dem kleinsten m_j eingestuft.[1])

Beispiel: Im Falle des Hyperthyreose-Beispiels von Abschnitt 7.1. führt die Diskrimination mit 10 Merkmalen bei Anwendung auf die 23 vorgegebenen Meßwertvektoren gemäß (7.60) bis (7.63) zu den Resultaten, die in Tabelle 5 genannt sind (Version 1). Die Tabelle 6 enthält die Häufigkeiten der einzelnen Diagnosen. Die Aprioriwahrscheinlichkeiten wurden entsprechend der Größe der drei Stichproben ge-

---

[1]) Die angegebenen Diskriminationsvorschriften entsprechen dem BAYESschen Optimalitätsprinzip; sie sind für großes n asymptotisch optimal, wie A. WALD (1944), E. FIX u. J. L. HODGES (1951) und O. BUNKE (1967) nachgewiesen haben.

wählt:

$$p_1 = \frac{16}{23} = 0.696, \quad p_2 = \frac{4}{23} = 0.174, \quad p_3 = \frac{3}{23} = 0.130.$$

Bei Berücksichtigung der Aprioriwahrscheinlichkeiten, d. h. Anwendung von (7.63), ist die Gesamtzahl der Fehlklassifikationen kleiner als im anderen Fall, dafür ist aber der prozentuale Anteil der Fehler in der schwach besetzten Klasse 3 relativ hoch.

Eine Veranschaulichung der Diskrimination gibt Bild 5. Mit Hilfe des Diskriminanzschemas läßt sich einerseits die Diskrimination (ohne Berücksichtigung der Aprioriwahrscheinlichkeiten) auf graphischem Wege durchführen, andererseits erhält man eine Darstellung des Abstandes der Klassen voneinander und ihrer gegenseitigen Lage. Die im Bild sichtbaren Kreise entsprechen Gleichung (7.62), während die Grenzlinien

Tabelle 4: Meßwerte von 23 Hyperthyreosepatienten, die in drei Klassen eingeteilt sind

	Ind.-Nr.	Erster Radio-Jod-Test					Zweiter Radio-Jod-Test				
		y_1	y_2	y_3	y_4	y_5	y_6	y_7	y_8	y_9	y_{10}
Klasse 1	1	76.3	77.0	75.6	69.5	0.71	14.4	14.3	25.8	25.1	0.20
	2	56.7	54.6	49.2	40.5	2.20	20.1	28.2	39.0	40.0	0.11
	3	96.5	99.9	80.5	53.0	2.12	24.1	29.1	40.6	32.1	0.17
	4	54.4	94.1	89.5	84.0	1.40	11.1	15.5	15.0	16.9	0.12
	5	99.9	98.6	79.9	69.5	3.24	16.3	24.4	34.0	32.1	0.36
	6	99.9	99.9	98.5	69.5	2.79	40.5	56.5	61.0	64.4	0.21
	7	99.9	99.9	80.1	76.7	3.59	52.7	58.2	48.6	50.0	0.53
	8	73.6	72.0	66.7	50.2	1.90	20.8	25.6	22.6	22.3	0.13
	9	90.0	90.2	70.5	50.0	0.81	14.0	10.3	8.0	3.1	0.18
	10	95.2	77.6	76.4	74.0	2.54	27.0	31.6	45.6	41.7	0.19
	11	100.0	100.0	100.0	100.0	0.60	44.3	59.2	66.3	63.8	0.22
	12	100.0	100.0	100.0	100.0	1.31	47.5	48.9	76.0	50.1	0.29
	13	99.9	96.0	85.5	65.0	1.28	54.0	58.0	61.7	57.0	0.19
	14	100.0	92.9	94.0	78.0	1.93	16.1	26.7	22.5	20.6	0.22
	15	97.0	97.2	88.5	65.1	3.84	57.5	61.2	76.0	74.5	0.49
	16	89.6	100.0	100.0	86.8	0.08	37.8	47.5	59.0	63.0	0.32
Klasse 2	17	59.3	60.5	61.7	53.0	2.13	55.8	58.5	51.5	48.0	2.74
	18	83.4	86.2	79.3	78.0	1.04	75.0	65.4	62.6	60.0	1.37
	19	66.5	66,3	68.8	52.1	2.84	72.0	81.3	75.5	65.0	0.70
	20	96.4	100.0	98.0	94.0	1.33	70.6	71.0	50.6	45.0	1.40
Klasse 3	21	99.9	98.2	84.7	85.4	3.28	24.1	33.3	45.5	45.0	0.22
	22	77.0	81.0	63.6	54.2	3.34	33.2	46.6	58.5	55.0	0.01
	23	79.0	84.0	72.4	65.0	2.42	30.4	35.6	46.2	44.6	0.09

Tabelle 5: Ergebnisse der Diskrimination der 23 Hyperthyreosepatienten von Tabelle 4 (ohne und mit Berücksichtigung der Aprioriwahrscheinlichkeiten). Bei Diskrimination ohne Aprioriwahrscheinlichkeiten ist die wahrscheinlichste Diagnose einer Person (Klassennummer 1, 2 oder 3) zuerst genannt, daran schließen sich die weiteren nach (7.62) in Betracht kommenden Diagnosen an ($\alpha = 0.05$). Liegt die Person außerhalb des Streubereichs aller drei Klassen, so ist die wahrscheinlichste Diagnose in Klammern angegeben.
Die verschiedenen Versionen der Diskrimination:

Version 1: Mit sämtlichen 10 Merkmalen und 2 Diskriminanzfunktionen

Version 2: Mit 3 Merkmalen und 2 Diskriminanzfunktionen

Version 3: Nur mit dem Merkmal y_{10}, dem besttrennenden Einzelmerkmal

Version 4: Mit sämtlichen 10 Merkmalen und einer Diskriminanzfunktion

Version 5: Wie Version 4, aber mit Rundung der Gewichtskoeffizienten

	Ind.-Nr.	Version 1: 10 Merkmale $t^* = 2$		Version 2: 3 Merkmale $t^* = 2$		Version 3: Merkmal y_{10} $t^* = 1$		Version 4: 10 Merkmale $t^* = 1$		Version 5: 10 Merkmale $t^* = 1$, m. R.	
		ohne AW.	mit AW.	ohne AW.	mit AW.	ohne AW.	mit AW.	ohne AW.	mit AW.	ohne AW.	mit AW.
Klasse 1	1	1,3	1	1,3	1	1,3	1	1,3	1	1,3	1
	2	3,1	1	3,1	1	3,1	1	1,3	1	1,3	1
	3	1,3	1	1,3	1	3,1	1	3,1	1	3,1	1
	4	1,3	1	1,3	1	3,1	1	1,3	1	1,3	1
	5	3,1	3	3,1	1	1,3	1	3	3	3,1	3
	6	1	1	3,1	1	1,3	1	1,3	1	1,3	1
	7	3	1	1	1	1,3	1	1	1	1	1
	8	1	1	1,3	1	3,1	1	1,3	1	1,3	1
	9	1	1	1	1	3,1	1	1,3	1	1,3	1
	10	1,3	1	3,1	1	1,3	1	1,3	1	1,3	1
	11	1,3	1	3,1	1	1,3	1	1,3	1	1,3	1
	12	1,3	1	1,3	1	1,3	1	1	1	1,3	1
	13	1	1	1,3	1	1,3	1	1	1	1	1
	14	1	1	1,3	1	1,3	1	1,3	1	1,3	1
	15	1,3	1	1,3	1	1,3	1	1,3	1	1,3	1
	16	1,3	1	3,1	1	1,3	1	1,3	1	1,3	1
Klasse 2	17	2	2	2	2	(2)	2	2	2	2	2
	18	2	2	2	2	2	2	2	2	2	2
	19	2	2	2	2	1,3	1	2	2	2	2
	20	2	2	2	2	2	2	2	2	2	2
Klasse 3	21	3	3	3,1	1	1,3	1	3	3	3	3
	22	3	3	3,1	1	3,1	1	3,1	1	3,1	1
	23	3,1	1	3,1	1	3,1	1	3,1	1	3,1	1

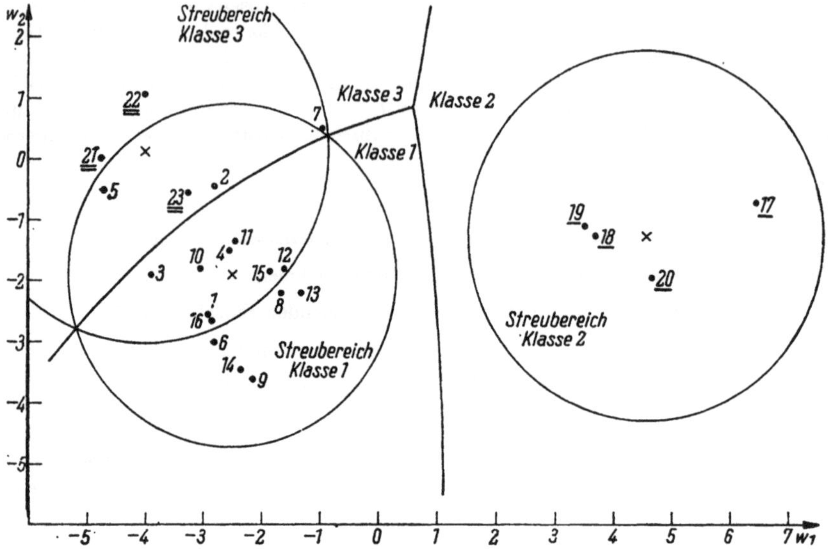

Bild 5: Diskriminanzschema des Hyperthyreose-Problems, bezogen auf alle 10 Merkmale. Mit Hilfe dieses Schemas kann die Diskrimination graphisch durchgeführt werden. Die Kreise geben die Streubereiche der drei Klassen an, während die Grenzlinien zwischen den Klassen die Diskrimination nach der höchsten Wahrscheinlichkeit ermöglichen. Die eingetragenen Punkte entsprechen den einzelnen Individuen von Tabelle 4. Aus der Unterstreichung der Individuennummer ist die vorgegebene Klasseneinteilung ersichtlich.

zwischen den Klassen (ebenfalls Kreislinien[1])) so konstruiert sind, daß zu jedem Individuum die Klasse mit dem kleinsten k_j abgelesen werden kann.

Zum Vergleich werden in den Tabellen 5 und 6 auch die Ergebnisse der Diskrimination mit dem Merkmal y_{10} allein (bestes Einzelmerkmal) angeführt (Version 3). Man erkennt, daß die Fehlerhäufigkeit bei der univariaten Diskrimination wesentlich höher ist als bei der multivariaten Diskrimination. Das Bild 7 zeigt auf anschauliche Weise, daß die Trennung allein mit y_{10} deutlich schlechter ist als mit sämtlichen Merkmalen. Ebenso wie in Bild 5 ist auch hierbei das Diskriminanzmerkmal w_1 auf die klasseninterne Streuung 1 normiert; und zwar gilt $w_1 = 2.86 y_{10}$. Dadurch sind beide Diskriminanzschemata in ihren Maßstäben vergleichbar. Die unterschiedlichen Radien der eingezeichneten Streubereiche resultieren daraus, daß in Bild 5 zwei Diskriminanzmerkmale, in Bild 7 dagegen nur ein Diskriminanzmerkmal benutzt wurde. Beim Vergleich beider Bilder fällt auf, daß die krassen Streuungsinhomogenitäten des Merkmals y_{10} in der 10-dimensionalen Betrachtung nicht mehr wirksam sind.

---

[1]) In den meisten Anwendungsfällen kann man Geraden bzw. Hyperebenen als Grenzkonturen zwischen den Klassen benutzen. Beim hier vorliegenden Beispiel entstehen die deutlichen Abweichungen von der Geraden durch die sehr niedrigen Meßwertanzahlen.

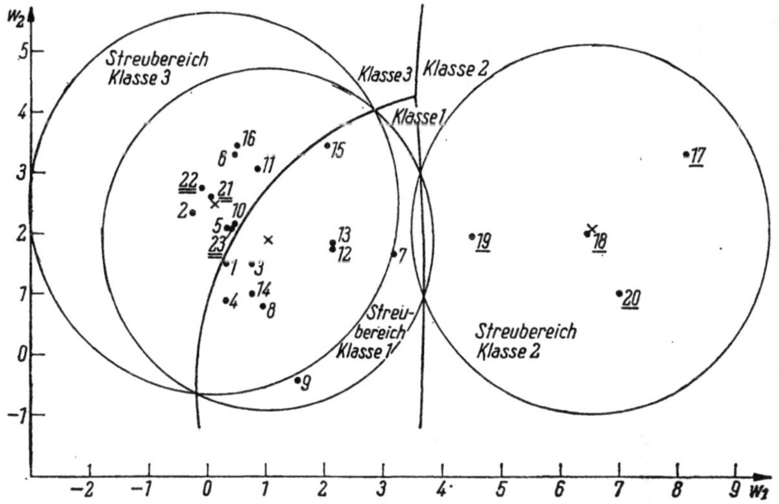

Bild 6: Diskriminanzschema des Hyperthyreose-Problems, bezogen auf die drei Merkmale y_6, y_9, y_{10}. Im Vergleich zu Bild 5 hat sich die Trennung der Klassen 1 und 3 deutlich verschlechtert. Weitere Erklärungen siehe Bild 5.

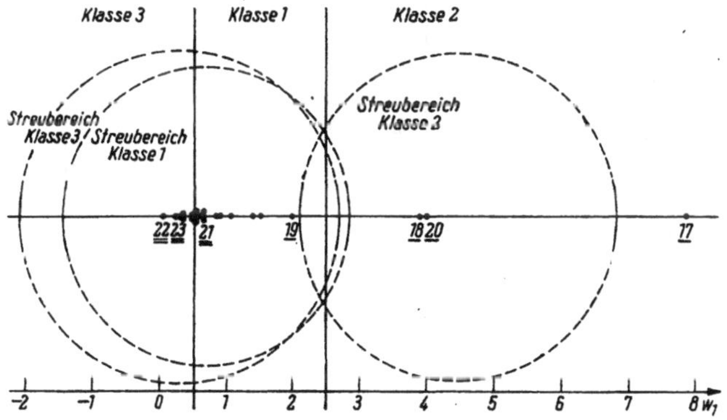

Bild 7: Diskriminanzschema des Hyperthyreose-Problems, bezogen auf das Merkmal y_{10} allein (besttrennendes Einzelmerkmal). Es handelt sich hierbei um eine eindimensionale Darstellung. Die Kreise geben die Streubereiche der drei Klassen an, während die senkrechten Linien die Abgrenzung der Klassen bei der Diskrimination nach höchster Wahrscheinlichkeit ermöglichen. Die eingetragenen Punkte entsprechen den einzelnen Individuen von Tabelle 4. Dabei sind nur die Punkte von Klasse 2 und 3 numeriert. Die Unterstreichung der Individuennummer läßt die vorgegebene Klasseneinteilung erkennen.

Tabelle 6: Häufigkeiten der einzelnen Diagnosen bei der Diskrimination der 23 Hyperthyreosepatienten (hier ist nur die wahrscheinlichste Diagnose eines Individuums berücksichtigt)

	Gegebene Klasse	Ergebnisse der Diskrimination (Häufigkeiten)					
		Ohne Aprioriwahrscheinlichkeiten			Mit Aprioriwahrscheinlichkeiten		
		Klasse 1	Klasse 2	Klasse 3	Klasse 1	Klasse 2	Klasse 3
Version 1:	Klasse 1	13	0	3	15	0	1
10 Merkmale	Klasse 2	0	4	0	0	4	0
2 Diskriminanzfunktionen	Klasse 3	0	0	3	1	0	2
Version 2:	Klasse 1	10	0	6	16	0	0
3 Merkmale	Klasse 2	0	4	0	0	4	0
2 Diskriminanzfunktionen	Klasse 3	0	0	3	3	0	0
Version 3:	Klasse 1	11	0	5	16	0	0
Merkmal y_{10}	Klasse 2	1	3	0	1	3	0
1 Diskriminanzfunktion	Klasse 3	1	0	2	3	0	0
Version 4:	Klasse 1	14	0	2	15	0	1
10 Merkmale	Klasse 2	0	4	0	0	4	0
1 Diskriminanzfunktion	Klasse 3	0	0	3	2	0	1
Version 5:	Klasse 1	14	0	2	15	0	1
10 Merkmale	Klasse 2	0	4	0	0	4	0
1 Diskr.-Funkt. (gerundet)	Klasse 3	0	0	3	2	0	1

Anwendung der elementaren Diskriminanzmerkmale

Um die hier besprochene Diskrimination durchführen zu können, ist man nicht unbedingt auf die nichtelementaren Diskriminanzmerkmale $w_1, \ldots, w_t$ angewiesen. Man kann nämlich die gleichen Resultate auch mit Hilfe der elementaren Diskriminanzmerkmale $v_1, \ldots, v_J$ erzielen. Da nicht sämtliche v_j voneinander linear unabhängig sind, benötigen wir zur Diskrimination nur den Vektor $\boldsymbol{v}^*$ der ersten t Diskriminanzmerkmale $v_1, v_2, \ldots, v_t$. Im Falle $J \leqq p + 1$ ist $t = J - 1$, dann benutzt man also alle elementaren Diskriminanzmerkmale außer dem letzten.

An die Stelle von (7.60) und (7.64) treten dabei die Gleichungen

$$k_j = \frac{n - J - t + 1}{t(n - J)} \frac{n_j}{n_j + 1} (\boldsymbol{v}^* - \boldsymbol{v}^*_{j.})' \boldsymbol{S}^{-1}_{\boldsymbol{v}^*} (\boldsymbol{v}^* - \boldsymbol{v}^*_{j.}), \tag{7.65}$$

$$m_j = \frac{1}{2} (\boldsymbol{v}^* - \boldsymbol{v}^*_{j.})' \boldsymbol{S}^{-1}_{\boldsymbol{v}^*} (\boldsymbol{v}^* - \boldsymbol{v}^*_{j.}) - \log p_j. \tag{7.66}$$

Hier ist $\boldsymbol{S}_{\boldsymbol{v}^*} = \boldsymbol{A}^{*\prime} \boldsymbol{S}^{-1} \boldsymbol{A}^*$ die Kovarianzmatrix des Merkmalsvektors $\boldsymbol{v}^*$, $\boldsymbol{A}^*$ die Matrix der ersten t Spalten von $\boldsymbol{A}$, und es gilt für die Mittelwertsvektoren

$$\boldsymbol{v}^*_{j.} = \boldsymbol{A}^{*\prime} \boldsymbol{S}^{-1} \boldsymbol{y}_{j.}. \tag{7.67}$$

Mit der Wahrscheinlichkeit 1 sind die Spalten von $\boldsymbol{A}^*$ linear unabhängig.

Daß sich tatsächlich die gleichen Diskriminationsresultate wie nach den früheren Formeln ergeben, erkennt man in folgender Weise: Es existiert, da nach Abschnitt 5.2. die elementaren und die nichtelementaren Diskriminanzmerkmale die gleichen Merkmalsräume erzeugen, eine Matrix $\boldsymbol{R}_1$, so daß

$$\boldsymbol{D} = \boldsymbol{S}^{-1} \boldsymbol{A} = \boldsymbol{E} \boldsymbol{R}_1$$

gilt. Man erhält hieraus nach (7.49)

$$\boldsymbol{A} = \boldsymbol{S} \boldsymbol{E} \boldsymbol{R}_1,$$

$$\boldsymbol{E}' \boldsymbol{A} = \boldsymbol{E}' \boldsymbol{S} \boldsymbol{E} \boldsymbol{R}_1 = \boldsymbol{R}_1,$$

$$\boldsymbol{D} = \boldsymbol{S}^{-1} \boldsymbol{A} = \boldsymbol{E} \boldsymbol{E}' \boldsymbol{A} \tag{7.68}$$

und

$$\boldsymbol{A} = \boldsymbol{S} \boldsymbol{E} \boldsymbol{E}' \boldsymbol{A}. \tag{7.69}$$

Außerdem gibt es eine Matrix $\boldsymbol{R}_2$ mit

$$\boldsymbol{E} = \boldsymbol{S}^{-1} \boldsymbol{A}^* \boldsymbol{R}_2,$$

so daß

$$\begin{aligned} A^{*\prime}E &= A^{*\prime}S^{-1}A^*R_2, \\ R_2 &= (A^{*\prime}S^{-1}A^*)^{-1}A^{*\prime}E, \\ E &= S^{-1}A^*(A^{*\prime}S^{-1}A^*)^{-1}A^{*\prime}E, \\ EE' &= S^{-1}A^*(A^{*\prime}S^{-1}A^*)^{-1}A^{*\prime}EE' \\ &= S^{-1}A^*(A^{*\prime}S^{-1}A^*)^{-1}A^{*\prime}S^{-1} \end{aligned} \tag{7.70}$$

und hiermit schließlich

$$(w - w_{j.})'(w - w_{j.}) = (v^* - v^*_{j.})'S^{-1}_{v^*}(v^* - v^*_{j.}) \tag{7.71}$$

folgt.

Eindeutigkeit der Diskrimination

Bei der nach Formel (7.62) durchgeführten Klassenzuordnung ist man bestrebt, möglichst keine mehrdeutigen Aussagen zu erhalten. Mehrdeutigkeiten sind dann von vornherein ausgeschlossen, wenn sich die Streubereiche der einzelnen Klassen nicht überschneiden. Wir können auf einfache Weise, im Zusammenhang mit dem Vergleich der Mittelwertsvektoren (Abschnitt 7.3.), überprüfen, ob die Streubereiche zweier Klassen l und m gemeinsame Punkte haben oder nicht. Die beiden Streubereiche schneiden sich genau dann nicht, wenn der kritische Punkt

$$\overline{w}_{l/m} = \frac{r_m w_{l.} + r_l w_{m.}}{r_l + r_m},$$

der durch Mittelung von $w_{l.}$ und $w_{m.}$ entsteht, wobei

$$r_l = \sqrt{\frac{n_l + 1}{n_l}}, \quad r_m = \sqrt{\frac{n_m + 1}{n_m}} \tag{7.72}$$

bis auf einen Proportionalitätsfaktor die Radien der kugelförmigen Streubereiche sind, außerhalb beider Kugeln liegt. Das bedeutet, daß

$$k_{l/m} = \frac{n - J - t + 1}{t(n - J)} \frac{1}{(r_l + r_m)^2} (w_{l.} - w_{m.})'(w_{l.} - w_{m.}) > F_{t, n-J-t+1; \alpha} \tag{7.73}$$

gelten muß. Nach (7.70) folgt, da sich stets ein Vektor q mit $(y_{l.} - y_{m.}) = A^*q$ finden läßt,

$$\begin{aligned} (w_{l.} - w_{m.})'(w_{l.} - w_{m.}) &= (y_{l.} - y_{m.})'EE'(y_{l.} - y_{m.}) \\ &= (y_{l.} - y_{m.})'S^{-1}A^*(A^{*\prime}S^{-1}A^*)^{-1}A^{*\prime}S^{-1}A^*q \\ &= (y_{l.} - y_{m.})'S^{-1}A^*q = (y_{l.} - y_{m.})'S^{-1}(y_{l.} - y_{m.}). \end{aligned}$$

Damit erhält (7.73) die Form

$$k_{l/m} = \frac{n-J-t+1}{t(n-J)} \frac{1}{(r_l+r_m)^2} (\boldsymbol{y}_{l.} - \boldsymbol{y}_{m.})' \boldsymbol{S}^{-1} (\boldsymbol{y}_{l.} - \boldsymbol{y}_{m.}) > F_{t,n-J-t+1;\alpha}. \tag{7.74}$$

Wir wollen zwei Klassen, für die diese Bedingung erfüllt ist, als voneinander isoliert bezeichnen. Insgesamt haben wir also vier Charakterisierungen für die Unterschiedlichkeit zweier Klassen gefunden:

1. Einzelvergleich nach (7.21) bis (7.23).
2. Simultanvergleich nach (7.25) bzw. (7.26).
3. Trenn- bzw. Abstandsmaß nach (7.35) oder (7.36).
4. Prüfung auf Isoliertheit nach (7.74).

Beispiel: Im Falle des Hyperthyreose-Beispiels ergibt sich

$$k_{1/2} = 5.17, \quad k_{1/3} = 0.649, \quad k_{2/3} = 6.96.$$

Der entsprechende Vergleichswert einer F-Tabelle ist $F_{2,19;0.05} = 3.52$. Hiernach sind die Klassen 1 und 2 voneinander isoliert und ebenfalls die Klassen 2 und 3. Ein Individuum, das bei der Diskrimination in die Klasse 2 eingestuft wird, kann also nicht gleichzeitig auch in eine der beiden anderen Klassen eingruppiert werden. Die in Abschnitt 7.7.1. angegebenen Diskriminationsergebnisse bestätigen diese Feststellung. Der Vorteil der Berechnung von $k_{l/m}$ liegt darin, daß man ohne direkte Durchführung der Diskrimination schon über die zu erwartenden Mehrdeutigkeiten Aussagen machen kann.

7.7.2. *Diskrimination, nicht mit sämtlichen Diskriminanzmerkmalen*

Sollen bei der Diskrimination weniger als t Diskriminanzmerkmale, etwa nur t^*, benutzt werden, so wird man hierfür gemäß Abschnitt 7.5. die nichtelementaren Diskriminanzmerkmale $w_1, w_2, \ldots, w_{t^*}$ auswählen. In diesem Fall können wieder die Formeln (7.60) und (7.62) Anwendung finden, jedoch ist t^* anstelle von t einzusetzen.

Im allgemeinen wird es sinnvoll sein, die trennschwachen Diskriminanzmerkmale bei der Diskrimination unbeachtet zu lassen. Die Benutzung uneffektiver Diskriminanzmerkmale erhöht den Rechenaufwand der Diskriminanzanalyse unnötig und bewirkt u. U. sogar ein Anwachsen des Diskriminationsfehlers.

Bei der Aussonderung wenig informativer Diskriminanzmerkmale kann man sich auf den Dimensionstest nach (7.53) bzw. (5.51) bis (5.53) stützen. Hierbei werden alle statistisch nicht gesicherten Diskriminanzmerkmale eliminiert. Allerdings kann es vorkommen, daß kein einziges Diskriminanzmerkmal gesichert ist und demzufolge alle Diskriminanzmerkmale wegfallen.

Der andere von uns in vielen Fällen beschrittene Weg beruht auf einem heuristischen „Prinzip der kleinsten Irrtumswahrscheinlichkeit". Die Anwendung dieses Prinzips bedeutet, daß von den zur Auswahl stehenden Merkmalsmengen diejenige bevorzugt wird, die beim multivariaten varianzanalytischen Test mit der kleinsten Irrtumswahrscheinlichkeit die Ablehnung der Hypothese ergibt. Im hier vorliegenden Fall müssen die Mengen (w_1), (w_1, w_2), $(w_1, w_2, w_3), \ldots, (w_1, w_2, \ldots, w_t)$ von Diskriminanzmerkmalen miteinander verglichen werden.

Da kein exakter Test für eine Menge $(w_1, w_2, \ldots, w_{t_1})$ zur Verfügung steht (siehe auch Abschnitt 4.3.3.), benutzen wir die formale Zerlegung der annähernd χ^2-verteilten Teststatistik

$$(n - J - p + 1)\, T^2 = (n - J - p + 1)\, (\lambda_1 + \lambda_2 + \cdots + \lambda_t)$$

in χ^2-Komponenten, die den einzelnen charakteristischen Wurzeln λ_h entsprechen (Rao (1973), Kullback (1959)). Der dabei zur charakteristischen Wurzel λ_h gehörige Freiheitsgrad ist $p + J - 2h$, und für die Summe $\lambda_1 + \lambda_2 + \cdots + \lambda_{t_1}$ ergibt sich der Freiheitsgrad $t_1(p + J - t_1 - 1)$. Auf Grund der engen Beziehung zwischen χ^2-Verteilung und F-Verteilung gelangt man dann zu der F-Statistik

$$\tilde{F} = \frac{n - J - p - 1}{t_1(p + J - t_1 - 1)} \frac{g_2}{g_2 - 2} (\lambda_1 + \lambda_2 + \cdots + \lambda_{t_1}) \tag{7.75}$$

und den Freiheitsgraden

$$g_1 = g_1(t_1, p + J - t_1 - 1, n - J - p + 1), \tag{7.76}$$

$$g_2 = g_2(t_1, p + J - t_1 - 1, n - J - p + 1), \tag{7.77}$$

wobei $g_1(p, f_1, l)$ und $g_2(p, f_1, l)$ die durch (4.98) bis (4.101) definierten Funktionen sind.

Zur Ermittlung einer optimalen Menge von Diskriminanzmerkmalen werden $\tilde{F}$, g_1, g_2 sowie die entsprechende kritische Irrtumswahrscheinlichkeit α für $t_1 = 1, 2, \ldots, t$ berechnet. Die kritische Irrtumswahrscheinlichkeit α ist diejenige Irrtumswahrscheinlichkeit, von der ab der „Test" Signifikanz anzeigt, also

$$\alpha = 1 - F_{g_1, g_2}(\tilde{F}),$$

wenn $F_{g_1, g_2}(y)$ die Verteilungsfunktion der F-Verteilung mit den Freiheitsgraden g_1 und g_2 darstellt. Optimal ist die Menge von Diskriminanzmerkmalen, deren kritische Irrtumswahrscheinlichkeit α minimal ist. Für die Bestimmung von α haben Dorrer (1968) und Morris (1969) Verfahren angegeben.

Natürlich können auch bei eingeschränkter Menge von Diskriminanzmerkmalen Aprioriwahrscheinlichkeiten berücksichtigt werden. Nur ist zu bedenken, daß die Optimalitätsprinzipien, durch die die nichtelementaren

Diskriminanzmerkmale festgelegt sind, nicht den Aprioriwahrscheinlichkeiten entsprechen müssen und daher unerwartete Fehler bei der Diskrimination möglich sind.

Eine Diskrimination mit weniger als t *elementaren* Diskriminanzmerkmalen dürfte nur in speziellen Anwendungsfällen sinnvoll sein. Es sei noch betont, daß sich die Formel (7.74) für die Isoliertheit zweier Klassen nicht auf die hier behandelte Diskrimination mit weniger als t Diskriminanzmerkmalen bezieht.

Beispiel: Im Falle des Hyperthyreose-Beispiels von Abschnitt 7.1. erhält man sowohl nach dem Dimensionstest (7.53) als auch nach dem „Prinzip der kleinsten Irrtumswahrscheinlichkeit", daß das Diskriminanzmerkmal w_2 vernachlässigbar ist. Bereits in Abschnitt 7.5. hatte sich beim Test bezüglich λ_2 ein $\chi^2 = 6.56$ gegenüber dem Quantil $\chi^2_{9;0.05} = 16.9$ ergeben. Die Werte der kritischen Irrtumswahrscheinlichkeit α für $t_1 = 1$ und $t_1 = 2$, von denen bei der heuristischen Methode das Minimum gesucht wird, sind aus Tabelle 7 zu entnehmen.

Die Diskriminationsresultate in den Tabellen 5 und 6 (Version 4), die allein auf w_1 basieren, zeigen, daß die Elimination von w_2 zwar gewisse Auswirkungen auf die Trennung der Klassen 1 und 3 hat, daß aber im ganzen keine entscheidende Verschlechterung der Diskrimination eintritt.

Tabelle 7: Kritische Irrtumswahrscheinlichkeit α in Abhängigkeit von der Anzahl der Diskriminanzmerkmale

t_1	$\tilde{F}$	g_1	g_2	α
1	9.09	11	11	$489 \cdot 10^{-6}$
2	5.30	200	11	$1930 \cdot 10^{-6}$

7.7.3. *Diskrimination mit gerundeten Diskriminanzfunktionen*

Teilweise benutzen wir in unseren Anwendungen nicht die exakt berechneten Diskriminanzfunktionen, sondern führen eine Rundung der Gewichtskoeffizienten e_{ih} auf eine von Null verschiedene Dezimale durch (Rundung von 0.537 auf 0.5, von 963 auf 1000 usw.). Dieser Schritt soll die manuelle Ausrechnung der Diskriminanzfunktionen erleichtern. Dann müssen natürlich die Mittelwertsvektoren $\boldsymbol{w}_{j.}$ entsprechend der Rundung neu berechnet werden, und es ist außerdem die Kovarianzmatrix $\boldsymbol{S}_w$ der gerundeten Diskriminanzmerkmale zu bestimmen. An die Stelle von (7.60) und (7.64) treten dabei

$$k_j = \frac{n - J - t + 1}{t(n - J)} \frac{n_j}{n_j + 1} (\boldsymbol{w} - \boldsymbol{w}_{j.})' \boldsymbol{S}_w^{-1} (\boldsymbol{w} - \boldsymbol{w}_{j.}) \tag{7.78}$$

und

$$m_j = \frac{1}{2} (\boldsymbol{w} - \boldsymbol{w}_{j.})' \boldsymbol{S}_w^{-1} (\boldsymbol{w} - \boldsymbol{w}_{j.}) - \log p_j . \tag{7.79}$$

Nach unseren Erfahrungen wirkt sich die Rundung auf die Güte der Diskrimination nur wenig aus.

Beispiel: Bei dem Hyperthyreose-Beispiel hat die gerundete erste Diskriminanzfunktion w_1 die Gestalt

$$w_1 = -0.02y_1 - 0.08y_2 + 0.07y_3 - 0.01y_4 - 0.05y_5$$
$$+ 0.1y_6 + 0.04y_7 - 0.02y_8 - 0.07y_9 + 2y_{10}.$$

Führt man hiermit die Diskrimination aus, so weichen die Resultate, wie aus den Tabellen 5 und 6 ersichtlich ist (Version 5), nur wenig von den entsprechenden Resultaten, die ohne Rundung entstanden sind (Version 4), ab.

7.7.4. *Schätzung des Diskriminationsfehlers nach dem zyklischen Austauschverfahren von Lachenbruch*

Bisher haben wir die Güte der gewonnenen Diskriminationsregel an Hand der Fehlerquote bei der Resubstitution beurteilt, d. h., wir haben die Diskriminationsregel an den gleichen Individuen erprobt, die auch zur Herleitung der Regel benutzt worden waren. Für die Anwendung der Diskriminanzanalyse ist aber vor allem wichtig zu wissen, mit welcher Wahrscheinlichkeit neue, unabhängige Individuen, über deren Klassenzugehörigkeit nichts bekannt ist, richtig den ihnen entsprechenden Klassen zugeordnet werden. Die Resubstitutionsmethode ergibt im allgemeinen ein zu optimistisches Resultat, die Fehlerquoten liegen dabei zu niedrig.

Der einfachste Weg, zu einer erwartungstreuen Fehlerschätzung zu gelangen, bestünde darin, die für die Diskriminanzanalyse vorliegenden Stichproben der einzelnen Klassen in zwei Teile aufzuspalten, den einen Teil nur für die Herleitung der Entscheidungsregel zu benutzen und den anderen allein zur Schätzung des Diskriminationsfehlers. Da sich hierbei aber die Stichprobenumfänge stark vermindern würden, ist dieses Verfahren nur in Ausnahmefällen sinnvoll.

P. A. Lachenbruch (1967) hat ein Verfahren vorgeschlagen, das ohne entscheidende Verkleinerung der Stichproben eine realistische Fehlerschätzung ermöglicht. Das Verfahren läuft in n Schritten, die den insgesamt n Meßwertvektoren aller J Klassen entsprechen. Bei jedem Schritt wird mit einer Menge von $n - 1$ Meßwertvektoren eine Diskriminationsregel aufgestellt und diese dann an Hand des einen übrig gelassenen Meßwertvektors, der ja von den $n - 1$ anderen unabhängig ist, erprobt. Der Anteil der in n Schritten falsch zugeordneten Beobachtungsvektoren liefert annähernd die Fehlerquote der aus allen n Individuen resultierenden Entscheidungsregel. Die Verminderung des Stichprobenumfangs um 1 bei diesem zyklischen Austauschverfahren ist für die Fehlerschätzung von untergeordneter Bedeutung.

Da das LACHENBRUCHsche Verfahren die n-malige Bestimmung der Diskriminationsregel erfordert, ist es mit einem erhöhten Rechenaufwand verbunden. Wir möchten daher eine vereinfachte Version des Verfahrens vorschlagen, deren Aufwand kaum höher als der Aufwand des Resubstitutionsverfahrens liegt. Bei dieser Version wird nicht die LACHENBRUCH-Fehlerquote selbst, sondern eine obere Schranke für diesen Fehler bestimmt. Die echte LACHENBRUCH-Fehlerquote ist in dem Intervall zwischen der Resubstitutionsfehlerquote und der berechneten oberen Schranke zu suchen.

Für die praktischen Anwendungen möchten wir unser vereinfachtes, pessimistisches Fehlerschätzverfahren u. a. deshalb empfehlen, weil neben der Ungenauigkeit der Parameterschätzung meist noch andere, hier nicht berücksichtigte Faktoren (z. B. die Zufälligkeit der Merkmalsauswahl und der Merkmalsskalierung, die Nichtkonstanz der experimentellen Bedingungen) erhöhend auf den Zuordnungsfehler einwirken.

Die konkreteren Ausführungen hierzu beziehen sich auf die Diskriminationsregel, bei der ein Individuum $\boldsymbol{y}$ in die Klasse eingeordnet wird, für die

$$\frac{n_j}{n_j + 1} (\boldsymbol{y} - \boldsymbol{y}_{j.})' \boldsymbol{S}^{-1} (\boldsymbol{y} - \boldsymbol{y}_{j.}) \qquad (j = 1, 2, \ldots, J)$$

minimal wird. Diese Regel entspricht unserem Vorgehen in Abschnitt 7.7.1., jedoch mit dem Unterschied, daß hier nicht die Werte der Diskriminanzmerkmale benutzt werden können.

Die vereinfachte Version des LACHENBRUCH-Verfahrens besteht in folgendem: Wenn für das Individuum mit dem Meßwertvektor $\boldsymbol{y}_{1k}$ aus der Klasse 1 die Diskriminationsregel erprobt werden soll, ist zu prüfen, ob für alle $j \neq 1$

$$\frac{\dfrac{n_1}{n_1 - 1} (\boldsymbol{y}_{1k} - \boldsymbol{y}_{1.})' \boldsymbol{S}^{-1} (\boldsymbol{y}_{1k} - \boldsymbol{y}_{1.})}{1 - \dfrac{1}{n - J} \dfrac{n_1}{n_1 - 1} (\boldsymbol{y}_{1k} - \boldsymbol{y}_{1.})' \boldsymbol{S}^{-1} (\boldsymbol{y}_{1k} - \boldsymbol{y}_{1.})}$$

$$\leqq \frac{n_j}{n_j + 1} (\boldsymbol{y}_{1k} - \boldsymbol{y}_{j.})' \boldsymbol{S}^{-1} (\boldsymbol{y}_{1k} - \boldsymbol{y}_{j.})$$

gilt oder ob eine dieser Ungleichungen nicht zutreffend ist. Sind alle Ungleichungen erfüllt, so ist das Individuum richtig zugeordnet. Bei den Individuen der anderen Klassen ist entsprechend vorzugehen.

Man erkennt sofort, daß diese Version des LACHENBRUCH-Verfahrens mindestens so viele Diskriminationsfehler wie die Resubstitution anzeigen wird. Der rechentechnische Aufwand dieser Methode ist kaum höher als der der Resubstitution; es sind keine zusätzlichen Matrizenoperationen notwendig.

Zur Begründung dieses Vorgehens: Bei der Realisierung des echten LACHENBRUCH-Verfahrens müßte man prüfen, ob für alle $j \neq 1$

$$\frac{n_1 - 1}{n_1} (y_{1k} - y_{1.}^*)' S^{*-1}(y_{1k} - y_{1.}^*) \leqq \frac{n_j}{n_j + 1} (y_{1k} - y_{j.})' S^{*-1} (y_{1k} - y_{j.})$$

gilt, wobei $y_{1.}^*$ der ohne die Beobachtung y_{1k} geschätzte Mittelwertsvektor der Klasse 1 ist und S^* die ohne y_{1k} geschätzte Kovarianzmatrix. Unter Verwendung von (2.30) kann man die Formeln

$$y_{1k} - y_{1.}^* = \frac{n_1}{n_1 - 1} (y_{1k} - y_{1.}),$$

$$(n - J - 1)\, S^* = (n - J)\, S - \frac{n_1}{n_1 - 1} (y_{1k} - y_{1.})\,(y_{1k} - y_{1.})'$$

und

$$\frac{1}{n - J - 1} S^{*-1} = \frac{1}{n - J} S^{-1}$$

$$+ \frac{1}{(n - J)^2} \frac{n_1}{n_1 - 1} \frac{S^{-1}(y_{1k} - y_{1.})(y_{1k} - y_{1.})' S^{-1}}{1 - \frac{1}{n - J} \frac{n_1}{n_1 - 1} (y_{1k} - y_{1.})' S^{-1}(y_{1k} - y_{1.})}$$

beweisen, so daß sich die obige Ungleichung in

$$\frac{\frac{n_1}{n_1 - 1} (y_{1k} - y_{1.})' S^{-1}(y_{1k} - y_{1.})}{1 - \frac{1}{n - J} \frac{n_1}{n_1 - 1} (y_{1k} - y_{1.})' S^{-1}(y_{1k} - y_{1.})}$$

$$\leqq \frac{n_j}{n_j + 1} (y_{1k} - y_{j.})' S^{-1}(y_{1k} - y_{j.})$$

$$+ \frac{n_j}{n_j + 1} \frac{1}{n - J} \frac{n_1}{n_1 - 1} \left[\frac{((y_{1k} - y_{1.})' S^{-1}(y_{1k} - y_{j.}))^2}{1 - \frac{1}{n - J} \frac{n_1}{n_1 - 1} (y_{1k} - y_{1.})' S^{-1}(y_{1k} - y_{1.})} \right]$$

oder

$$\frac{n_1}{n_1 - 1} (y_{1k} - y_{1.})' S^{-1}(y_{1k} - y_{1.})$$

$$\leqq \frac{n_j}{n_j + 1} (y_{1k} - y_{j.})' S^{-1}(y_{1k} - y_{j.}) - \frac{n_j}{n_j + 1} \frac{1}{n - J} \frac{n_1}{n_1 - 1}$$

$$\left[(y_{1k} - y_{1.})' S^{-1}(y_{1k} - y_{1.}) (y_{1k} - y_{j.})' S^{-1}(y_{1k} - y_{j.}) - \left((y_{1k} - y_{1.})' S^{-1}(y_{1k} - y_{j.})\right)^2\right]$$

umformen läßt. Die in diesen beiden Formeln in eckigen Klammern eingefaßten Ausdrücke sind nichtnegativ, so daß durch Streichung dieser Glieder eine leicht interpretierbare Veränderung der Diskriminationsregel zustande kommt: In der ersten Ungleichung vergrößert sich die Fehlerquote durch die Streichung, in der zweiten Ungleichung vermindert sie sich. So gelangt man zu dem Resultat, daß die echte Lachenbruch-Fehlerquote zwischen der Fehlerquote unserer vereinfachten Version und der Resubstitutionsfehlerquote liegen muß.

Beispiel: Das Lachenbruch-Verfahren soll am Hyperthyreoseproblem veranschaulicht werden. Wir betrachten drei Versionen der Diskrimination, und zwar die Diskrimination mit allen 10 Merkmalen y_1 bis y_{10}, die Diskrimination mit den drei Merkmalen y_6, y_9, y_{10} und die Diskrimination mit y_{10} allein. Es ergeben sich die folgenden Fehleranzahlen:

	Resubstitution	Lachenbruch echt	Lachenbruch vereinfacht
10 Merkmale	4	10	15
3 Merkmale	7	9	12
1 Merkmal	7	7	8

Man erkennt an diesen Resultaten, daß die Lachenbruch-Fehlerquote eine zur Resubstitution umgekehrte Tendenz besitzt. Während die Resubstitution mit wachsender Merkmalszahl weniger Zuordnungsfehler zeigt, weist das Lachenbruch-Verfahren darauf hin, daß die Diskrimination neuer, unabhängiger Individuen bei hoher Merkmalszahl besonders fehlerbehaftet sein kann. In Abschnitt 6.2.4. hatten wir dieses Phänomen bereits kennengelernt.

Die hier auftretenden extremen Differenzen zwischen den Fehlerquoten der Resubstitution, dem echten und dem vereinfachten Lachenbruch-Verfahren sind durch die im Verhältnis zur Merkmalszahl äußerst niedrigen Stichprobenumfänge begründet. Daß die Fehleranzahl der Resubstitution nicht völlig mit der Fehlerzahl gemäß Tabelle 6 identisch ist, hängt damit zusammen, daß im hier vorliegenden Abschnitt ohne Dimensionserniedrigung diskriminiert wurde.

An den Ergebnissen wird klar, daß man bei der Anwendung der Diskriminanzanalyse um größere Stichproben bemüht sein sollte.

7.8. Aussonderung entbehrlicher Merkmale

Für die Anwendung der mehrdimensionalen Varianzanalyse und Diskriminanzanalyse ist die Bestimmung hocheffektiver Merkmalskombinationen von eminenter Bedeutung. Man ist dabei bestrebt, mit möglichst wenigen Merkmalen ein möglichst hohes Trennmaß zu erreichen.

Schrittweise Merkmalsreduktion

Es kann eine schrittweise Merkmalsreduktion durchgeführt werden. Dabei verringert sich die Anzahl der Merkmale von p auf $p-1$, auf $p-2$ usw. Bei jedem Schritt wird das Merkmal eliminiert, das durch sein Ausscheiden den geringsten Abfall des multivariaten Trennmaßes verursacht. Geht man von p Merkmalen aus, so wird also das Merkmal mit der kleinsten Unentbehrlichkeit

$$U_i = T^2(y_1, \ldots, y_p) - T^2(y_1, \ldots, y_{i-1}, y_{i+1}, \ldots, y_p) \tag{7.80}$$

ausgesondert. Nach (5.29) und (7.58) gilt

$$U_i = \frac{1}{(n-J)\,t_{ii}} \sum_{j=1}^{J} n_j d_{ij}^2, \tag{7.81}$$

wobei die d_{ij} die Gewichtskoeffizienten der elementaren Diskriminanzfunktionen sind und t_{ii} das i-te Hauptdiagonalelement von $\boldsymbol{T} = \boldsymbol{S}^{-1}$ ist. Entsprechend kann man auch bei den nächsten Reduktionsschritten vorgehen. Die Unentbehrlichkeiten sind bei jedem Schritt neu zu berechnen.

Wie wir bereits in Abschnitt 5.4. ausführlich darlegten, kann die Merkmalsaussonderung auch durch eine Teststatistik $\tilde{F}_i$, die dem Redundanztest für das Merkmal i entspricht, gesteuert werden. Die sich nach dieser Methode ergebenden Eliminationen sind nicht immer mit denjenigen, welche sich auf Grund der Unentbehrlichkeiten (7.81) ergeben, identisch. Da aber die exakte Berechnung von $\tilde{F}_i$ etwas umständlich ist, wollen wir diesen zweiten Weg nicht beschreiben. Es sei hier lediglich noch eine Ungleichung für die erwähnte Teststatistik $\tilde{F}_i$ hervorgehoben:

$$\frac{n-J-p+1}{J-1} \frac{U_i}{1 + T^2(y_1, \ldots, y_p) - U_i} \leq \tilde{F}_i \leq \frac{n-J-p+1}{J-1} U_i. \tag{7.82}$$

Die Ungleichung folgt aus (5.43) und (5.46). Die Größe $\tilde{F}_i$ ist in dem Falle, daß das Merkmal i redundant ist, exakt F-verteilt mit den Freiheitsgraden

$$g_1 = J - 1, \quad g_2 = n - J - p + 1. \tag{7.83}$$

Abbruch des Reduktionsprozesses

Die andere Frage, wann der Reduktionsprozeß abzubrechen ist, wann also ein geeigneter Kompromiß zwischen der Höhe des Trennmaßes und der Anzahl der Merkmale gefunden ist, kann in unterschiedlicher Weise beantwortet werden. Analog zum Vorgehen in Abschnitt 7.7.2. kann man das Ende der Reduktion entweder davon abhängig machen, inwieweit die einzelnen Merkmale eine signifikante Erhöhung des Trennmaßes ergeben, oder man stützt sich auf ein heuristisches Prinzip der Bewertung der verschiedenen Merkmalsmengen.

Sollen durch die Reduktion alle Merkmale eliminiert werden, deren Einfluß nicht genügend statistisch gesichert ist, so kann der Reduktionsprozeß auf Grund von (7.82) und (7.83) weitergeführt werden, bis für alle noch verbliebenen Merkmale $y_{i_1}, y_{i_2}, \ldots, y_{i_{p^*}}$

$$F_{J-1, n-J-p^*+1; \alpha} < \frac{n - J - p^* + 1}{J - 1} \frac{U_i}{1 + T^2(y_{i_1}, \ldots, y_{i_{p^*}}) - U_i} \tag{7.84}$$

ist.

Auch gibt es die Möglichkeit, daß man die Reduktion so lange fortführt, wie sich beim Test die Menge aller ausgesonderten Merkmale gegenüber den verbliebenen als redundant erweist. Dann kann die Reduktion gemäß (5.43) abgebrochen werden, wenn für keines der verbliebenen Merkmale $y_{i_1}, y_{i_2}, \ldots, y_{i_{p^*}}$

$$\frac{n - J - p + 1}{(J - 1)(p - p^* + 1)} \left(T^2(y_1, \ldots, y_p) - T^2(y_{i_1}, \ldots, y_{i_{p^*}}) + U_i\right) \leqq F_{g_1, g_2; \alpha} \tag{7.85}$$

gilt. Hier ist U_i ebenso wie in (7.84) die Unentbehrlichkeit von y_i in der Menge der Merkmale $y_{i_1}, \ldots, y_{i_{p^*}}$, und es gilt

$$g_1 = \begin{cases} \dfrac{(J-1)(p-p^*+1)(n-J-p)}{n - (J-1)(p-p^*+1) - p^* - 1}, \\ \text{falls } n - (J-1)(p-p^*+1) - p^* - 1 > 0 \\ \infty, \\ \text{falls } n - (J-1)(p-p^*+1) - p^* - 1 \leqq 0, \end{cases} \tag{7.86}$$

$$g_2 = n - J - p + 1\,. \tag{7.87}$$

Im Gegensatz zu Abschnitt 5.4. wurde in (7.85) bis (7.87) zur Vereinfachung die vergröberte Form des Signifikanztests zugrunde gelegt.

Bei Anwendung dieser Signifikanzprüfungen wird der Abbruch der Reduktion stark von dem Stichprobenumfang n abhängig. Je größer n, um so weniger Merkmale werden eliminiert.

Als heuristisches Merkmalsauswahlprinzip kann wieder das bereits in 7.7.2. erwähnte Prinzip der kleinsten Irrtumswahrscheinlichkeit benutzt werden. Dabei wird von allen Merkmalsmengen, die nach Durchführung der einzelnen Eliminationen verbleiben, diejenige bestimmt, bei der der multivariate Test nach (7.12) bis (7.14) bzw. (7.15) bis (7.19) mit der kleinsten Irrtumswahrscheinlichkeit Signifikanz anzeigt. Nach unseren Erfahrungen liefert dieses heuristische Prinzip sinnvolle Resultate.

Selbstverständlich kann der Abbruch der Merkmalsreduktion bei konkreten Anwendungsbeispielen auch von bestimmten sachlogischen Überlegungen abhängig gemacht werden. In unseren allgemeinen Darlegungen können wir hierauf nicht eingehen.

Beispiel: Geht man bei dem Hyperthyreose-Beispiel von Abschnitt 7.1. von allen 10 Merkmalen aus, so ergeben sich die Unentbehrlichkeiten

$$(U_i) = (0.378 \;\; 1.31 \;\; 0.982 \;\; 0.308 \;\; 0.025 \;\; 1.68 \;\; 0.230 \;\; 0.119 \;\; 1.19 \;\; 3.33).$$

Der Vergleich dieser Werte mit denen des Trennmaßes der Einzelmerkmale (siehe Abschnitt 7.4.) zeigt, daß die Rangordnung der Merkmale nach dem univariaten Trennvermögen und die Ordnung nach den Unentbehrlichkeiten nicht übereinstimmen. So hat Merkmal y_9 zwar ein sehr geringes univariates Trennvermögen, aber in Kombination mit anderen Merkmalen, speziell mit y_6 und y_7, erweist es sich als äußerst nützlich. Das ist u. a. bedingt durch die hohen Korrelationen, die zwischen y_9 und den anderen Merkmalen bestehen (siehe Abschnitt 7.2.).

Alle angegebenen Unentbehrlichkeiten sind bei Zugrundelegung des Kriteriums (7.84) für $\alpha = 0.05$ nicht signifikant von Null verschieden. Der zur Signifikanz notwendige Mindestwert von U_i beträgt 4.47. Das Fehlen von Signifikanzen liegt daran, daß jedes der 10 Merkmale weitgehend durch die übrigen 9 ersetzbar ist und folglich der spezifische Einfluß eines bestimmten Merkmals zweifelhaft bleibt. Werden dagegen durch die Reduktion überflüssige Merkmale eliminiert, so besteht größere Aussicht, daß die Unentbehrlichkeiten der beibehaltenen Merkmale signifikant von Null abweichen bzw. diese Merkmale in definierter Weise die Trennung der Klassen beeinflussen.

Anhand von Tabelle 8 kann der ganze Merkmalsreduktionsprozeß des Hyperthyreose-Problems verfolgt werden. Der Prozeß beginnt mit der Menge von 10 Merkmalen und endet, wenn nur noch ein Merkmal übrig ist (Spalte 2). In Spalte 3 ist das bei einem Schritt jeweils auszusondernde Merkmal genannt. Spalte 4 gibt das Trennmaß T^2 der jeweils vorhandenen p^* Merkmale an, die Spalten 5, 6 und 7 enthalten den Prüfwert $\tilde{F}$ des multivariaten Tests (Abschnitt 7.2.), die zugehörigen Freiheitsgrade g_1 und g_2 und die kritische Irrtumswahrscheinlichkeit α, von der an beim multivariaten Test Signifikanz besteht. In Spalte 8 ist die Unentbehrlichkeit U_i des auszusondernden Merkmals angegeben, in Spalte 9 der Prüfwert gemäß Formel (7.84)

$$\frac{n - J - p^* + 1}{J - 1} \, \frac{U_i}{1 + T^2 - U_i},$$

und in den Spalten 10 und 11 stehen die hierzu entsprechenden Freiheitsgrade sowie das F-Quantil zur Irrtumswahrscheinlichkeit 0.05.

Das am Ende des Prozesses übrigbleibende Merkmal ist das Merkmal y_{10}, welches bereits in Abschnitt 7.4. als besttrennendes Einzelmerkmal erkannt worden war. Das durch den Reduktionsprozeß gewonnene Merkmalspaar y_6, y_{10} hatte sich auch bereits in Abschnitt 7.4. als günstigste Zweierkombination erwiesen.

Tabelle 8: Der gesamte Merkmalsreduktionsprozeß beim Hyperthyreose-Problem

	p^*	Auszusonderndes Merkmal	Trennmaß T^2 d. vorhand. Merkmale	Prüfwert $\tilde{F}$ d. vorhand. Merkmale	Freih.-Grade g_1	g_2	α	Unentb. U_i d. auszus. Merkmals	Prüfwert d. auszus. Merkmals	Freih.-Grade g_1	g_2	Tab.-Wert $F_{g_1,g_2;0.05}$
1. Schritt	10	y_5	9.64	5.30	200	11	$1930 \cdot 10^{-6}$	0.0253	0.0131	2	11	3.98
2. ,,	9	y_8	9.62	6.41	66	12	$569 \cdot 10^{-6}$	0.124	0.0711	2	12	3.89
3. ,,	8	y_7	9.49	7.71	38.4	13	$159 \cdot 10^{-6}$	0.268	0.170	2	13	3.81
4. ,,	7	y_4	9.22	9.22	26	14	$43.4 \cdot 10^{-6}$	0.364	0.258	2	14	3.74
5. ,,	6	y_1	8.86	11.1	18.7	15	$11.4 \cdot 10^{-6}$	0.449	0.358	2	15	3.68
6. ,,	5	y_3	8.41	13.5	13.6	16	$2.9 \cdot 10^{-6}$	1.40	1.40	2	16	3.63
7. ,,	4	y_2	7.01	14.9	9.85	17	$1.7 \cdot 10^{-6}$	1.61	2.13	2	17	3.59
8. ,,	3	y_9	5.40	16.2	6.80	18	$1.6 \cdot 10^{-6}$	1.82	3.59	2	18	3.55
9. ,,	2	y_6	3.58	17.0	4.24	19	$3.9 \cdot 10^{-6}$	1.17	3.26	2	19	3.52
	1	y_{10}	2.41	24.1	2	20	$4.8 \cdot 10^{-6}$	2.41	24.1	2	20	3.49

Wird die Reduktion so weit geführt, bis alle nach (7.84) nicht signifikant zur Trennung der Klassen beitragenden Merkmale ausgesondert sind, so bleibt als restliche Merkmalsmenge das Tripel y_6, y_9, y_{10}. Der Einfluß jedes dieser drei Merkmale auf die Diagnose ist statistisch gesichert (Prüfwert über 3.55), während nach Spalte 9 der Tabelle 8 für alle umfangreicheren Merkmalsmengen, die im Laufe der Reduktion auftreten, eine derartige Sicherung noch nicht gelingt ($\alpha = 0.05$). Die Tabellen 5 und 6 enthalten auch die Diskriminationsresultate, die sich bei Benutzung dieses Merkmalstripels ergeben. Das Diskriminanzschema ist in Bild 6 dargestellt.

Das heuristische Prinzip der kleinsten Irrtumswahrscheinlichkeit liefert im vorliegenden Anwendungsfall als optimale Merkmalsmenge ebenfalls das Tripel y_6, y_9, y_{10}. Dieses Resultat ruft eventuell Verwunderung hervor, wenn man das Diskriminanzschema in Bild 6 mit dem Diskriminanzschema aller 10 Merkmale in Bild 5 vergleicht. Man erkennt nämlich, daß die Trennung der Klassen 1 und 3 durch die drei ausgewählten Merkmale wesentlich schlechter möglich ist als mit allen 10 Merkmalen. Zur Erklärung soll gesagt werden, daß bei diesem Beispiel die Differenz zwischen der Klasse 2 und den beiden übrigen Klassen dominiert und daher bei der Reduktion auf die gegenseitige Trennung der Klassen 1 und 3 wenig Rücksicht genommen wird. Im Zusammenhang mit anderen Anwendungen haben die Autoren diese Verschlechterung der Trennung beim Übergang zur optimalen Merkmalsmenge kaum beobachtet.

Schrittweise Erweiterung der Merkmalsmenge

Die behandelte schrittweise Merkmalsreduktion ist zwar bei jeder einzelnen Elimination optimal, d. h., hierbei liefert sie von allen möglichen Merkmalsmengen diejenige mit dem größten Trennmaß, jedoch wird man im Ergebnis mehrerer Eliminationsschritte nicht immer die bestmögliche Menge von Merkmalen erhalten. Die gefundene Menge von p^* Merkmalen kann unter Umständen von einer anderen Menge gleichvieler Merkmale im Trennmaß noch übertroffen werden. Daher werden in den Anwendungen neben dem Reduktionsverfahren auch Verfahren des schrittweisen Aufbaus der Merkmalsmenge sowie kombinierte Auf- und Abbauverfahren benutzt. Beim schrittweisen Aufbau wird einer vorhandenen Merkmalsmenge jeweils das Merkmal hinzugefügt, das den größten Anstieg des multivariaten Trennmaßes verursacht. Auch hierdurch erhält man ebenso wie bei der Reduktion nicht immer die bestmöglichen Merkmalskombinationen.

Wiezorke (1967) hat im Zusammenhang mit der Regressionsanalyse einen Vergleich dieser Verfahren durchgeführt. Danach sind die besten Kombinationen von vielen Merkmalen eher mit dem Reduktionsverfahren, die besten Kombinationen weniger Merkmale leichter mit dem Aufbauverfahren zu gewinnen. Das Reduktionsverfahren wird gegenüber dem Aufbauverfahren als im ganzen günstiger angesehen. Wiezorke schlägt zur Überwindung der Schwierigkeiten vor, daß während eines Reduktions- bzw. Aufbauprozesses geprüft werden soll, ob nicht durch den Austausch eines in der Menge befindlichen Merkmals gegen ein bereits eliminiertes eine Verbesserung möglich ist. Wir möchten ebenfalls für den kombinierten Gebrauch beider Methoden plädieren. So kann man zunächst, wie beschrieben, das Reduktionsverfahren zusammen mit dem Prinzip der kleinsten

Irrtumswahrscheinlichkeit anwenden und dann die gefundene Merkmalsmenge durch zusätzliche Auf- und Abbauschritte optimieren. Wir werden im nächsten Abschnitt sehen, daß für die Erweiterung der Merkmalsmenge keine anderen mathematischen und rechentechnischen Mittel als für die Reduktion erforderlich sind.[1])

7.9. Rechentechnische Probleme bei der Aussonderung von Merkmalen

Wie (7.81) zeigt, kann man auf die Auf- und Abbauschritte zur Bestimmung einer optimalen Merkmalskombination nur durchführen, wenn für jede im Laufe des Prozesses auftretende Menge von p^* Merkmalen die Inverse $\boldsymbol{T}^* = \boldsymbol{S}^{*-1}$ der entsprechenden Kovarianzmatrix $\boldsymbol{S}^*$ und die Matrix $\boldsymbol{D}^*$ der Gewichtskoeffizienten der elementaren Diskriminanzfunktionen bekannt sind. Um diese beiden Matrizen nicht immer wieder erneut aus den Grunddaten $\boldsymbol{S}$ und $\boldsymbol{A}$ durch Matrixinversion bzw. Anwendung von (7.39) gewinnen zu müssen — außerdem eventuell auch wegen fehlenden Speichers —, empfiehlt sich ein Verfahren der laufenden Korrektur dieser Matrizen. Bei jedem Auf- und Abbauschritt werden die beiden Matrizen mit Hilfe einfacher Umrechnungen auf den neuesten Stand gebracht.

Jeder Zwischenzustand im Prozeß der Schaffung einer optimalen Merkmalskombination ist eindeutig dadurch charakterisiert, daß von den insgesamt p Merkmalen ein gewisser Teil — er möge aus p^* Merkmalen bestehen — innerhalb der betrachteten Merkmalsmenge $\mathfrak{M}^*$ liegt und die übrigen $p - p^*$ Merkmale aus dieser Menge eliminiert sind. Jedem der 2^p möglichen Zustände sollen zwei Matrizen $\underset{(p,p)}{\boldsymbol{P}}$ und $\underset{(p,J)}{\boldsymbol{Q}}$ entsprechen. Hierbei ist $\boldsymbol{P}$ eine symmetrische Matrix, so daß man im Computer $\frac{1}{2}\,p(p+1)$ Plätze für sie benötigt. In dem Spezialfall, daß die ersten p^* Merkmale in $\mathfrak{M}^*$ und die letzten $p - p^*$ Merkmale nicht in $\mathfrak{M}^*$ liegen, und falls dementsprechend die Matrixunterteilung

$$\underset{(p,p)}{\boldsymbol{S}} = \begin{pmatrix} \boldsymbol{S}_{11} & \boldsymbol{S}_{12} \\ \boldsymbol{S}'_{12} & \boldsymbol{S}_{22} \end{pmatrix}, \quad \boldsymbol{S}^{-1} = \underset{(p,p)}{\boldsymbol{T}} = \begin{pmatrix} \boldsymbol{T}_{11} & \boldsymbol{T}_{12} \\ \boldsymbol{T}'_{12} & \boldsymbol{T}_{22} \end{pmatrix}, \tag{7.88}$$

$$\underset{(p,J)}{\boldsymbol{A}} = \begin{pmatrix} \boldsymbol{A}_1 \\ \boldsymbol{A}_2 \end{pmatrix}, \qquad \boldsymbol{S}^{-1}\boldsymbol{A} = \underset{(p,J)}{\boldsymbol{D}} = \begin{pmatrix} \boldsymbol{D}_1 \\ \boldsymbol{D}_2 \end{pmatrix} \tag{7.89}$$

vorgenommen ist, wird

$$\underset{(p,p)}{\boldsymbol{P}} = \begin{pmatrix} \boldsymbol{S}_{11}^{-1} & \boldsymbol{S}_{11}^{-1}\boldsymbol{S}_{12} \\ -\boldsymbol{T}_{22}^{-1}\boldsymbol{T}'_{12} & -\boldsymbol{T}_{22}^{-1} \end{pmatrix}, \quad \underset{(p,J)}{\boldsymbol{Q}} = \begin{pmatrix} \boldsymbol{S}_{11}^{-1}\boldsymbol{A}_1 \\ -\boldsymbol{T}_{22}^{-1}\boldsymbol{D}_2 \end{pmatrix} \tag{7.90}$$

[1]) Die Aussonderung von Merkmalen ist Gegenstand der Forschung auf dem Gebiet der Modellwahl. Wir weisen in diesem Zusammenhang auf Arbeiten von Draper, Guttmann, Kanemasu (1971) und Mohn, Holme, Volden (1972) zum Regressionsverfahren hin.

gesetzt. Daß $\boldsymbol{P}$ tatsächlich symmetrisch ist, folgt aus der Beziehung

$$\boldsymbol{S}_{11}^{-1}\boldsymbol{S}_{12} = -\boldsymbol{T}_{12}\boldsymbol{T}_{22}^{-1}. \tag{7.91}$$

Die dem Zustand entsprechende Matrix $\boldsymbol{T}^* = \boldsymbol{S}_{11}^{-1}$ befindet sich also in der linken oberen Ecke von $\boldsymbol{P}$, die Matrix $\boldsymbol{D}^* = \boldsymbol{S}_{11}^{-1}\boldsymbol{A}_1$ im oberen Teil von $\boldsymbol{Q}$.

Wenn die Merkmale in beliebiger Reihenfolge stehen, so erhält man die zugehörigen Matrizen $\boldsymbol{P}$ und $\boldsymbol{Q}$ aus (7.90) durch eine geeignete Vertauschung von Zeilen und Spalten. Man erkennt, daß genau die Merkmale zu $\mathfrak{M}^*$ gehören, denen in $\boldsymbol{P}$ ein positives Hauptdiagonalelement p_{ii} entspricht.

Der Merkmalsauswahlprozeß wird entweder mit dem Zustand $p^* = 0$, d. h. $\mathfrak{M}^*$ ist leer, oder dem Zustand $p^* = p$, d. h. $\mathfrak{M}^*$ enthält alle Merkmale, begonnen. Es wird also gemäß (7.90) am Anfang entweder

$$T^2 \Leftarrow 0, \quad \boldsymbol{P} \Leftarrow -\boldsymbol{S}, \quad \boldsymbol{Q} \Leftarrow -\boldsymbol{A} \tag{7.92}$$

oder

$$T^2 \Leftarrow \mathrm{Sp}\,(\boldsymbol{H}\boldsymbol{G}^{-1}), \quad \boldsymbol{P} \Leftarrow \boldsymbol{S}^{-1}, \quad \boldsymbol{Q} \Leftarrow \boldsymbol{D} \tag{7.93}$$

gesetzt. Bei Hinzufügung oder Wegnahme des Merkmals y_i (die Art des Schrittes ist unwesentlich) sind folgende Rechnungen durchzuführen:

$$T^2 \Leftarrow T^2 - \frac{1}{n-J}\,\frac{1}{p_{ii}} \sum_{j=1}^{J} n_j q_{ij}^2, \tag{7.94}$$

$$p_{ii}^+ \Leftarrow -\frac{1}{p_{ii}}, \tag{7.95}$$

$$p_{gi}^+ \Leftarrow -\frac{p_{gi}}{|p_{ii}|} \qquad \text{für alle } g \neq i, \tag{7.96}$$

$$p_{ih}^+ \Leftarrow -\frac{p_{ih}}{|p_{ii}|} \qquad \text{für alle } h \neq i, \tag{7.97}$$

$$p_{gh}^+ \Leftarrow p_{gh} - \frac{p_{gi}p_{ih}}{p_{ii}} \qquad \text{für alle } g \neq i,\ h \neq i, \tag{7.98}$$

$$q_{ij}^+ \Leftarrow -\frac{q_{ij}}{|p_{ii}|} \qquad \text{für } j = 1, \ldots, J, \tag{7.99}$$

$$q_{gj}^+ \Leftarrow q_{gj} - \frac{p_{gi}q_{ij}}{p_{ii}} \qquad \text{für } j = 1, \ldots, J \text{ und alle } g \neq i, \tag{7.100}$$

$$\boldsymbol{P} \Leftarrow \boldsymbol{P}^+, \quad \boldsymbol{Q} \Leftarrow \boldsymbol{Q}^+. \tag{7.101}$$

Formel (7.94) gibt die Möglichkeit, vor Durchführung des jeweiligen Transformationsschrittes das Merkmal y_i zu bestimmen, welches den größten Anstieg bzw. geringsten Abfall des Trennmaßes ergibt.

Will man zwei aufeinanderfolgende Einzelschritte, die sich auf die Merkmale y_i und y_k beziehen ($i \neq k$), optimal gestalten, so kann die Formel

$$T^2 \Leftarrow T^2 - \frac{1}{n-J} \frac{1}{p_{ii}p_{kk} - p_{ik}^2} \sum_{j=1}^{J} n_j(p_{ii}q_{kj}^2 + p_{kk}q_{ij}^2 - 2p_{ik}q_{ij}q_{kj}) \qquad (7.102)$$

angewandt werden. Sie gilt sowohl für zwei Aufbauschritte, zwei Reduktionsschritte als auch für einen Austausch beider Merkmale.

Geht man vom Zustand (7.92) aus und führt man die Transformation der Reihe nach mit allen Merkmalen y_i durch, so entsteht aus $-S$ die Matrix S^{-1}. Daran erkennt man, daß die Formeln (7.95) bis (7.98) einen Algorithmus zur Invertierung positiv oder negativ definiter symmetrischer Matrizen festlegen.

Auf die Beweise aller in diesem Abschnitt angegebenen Formeln wollen wir verzichten. Für die Regressionsanalyse haben EFROYMSON (1960) und LÜTJOHANN (1970) den Formelapparat der Auf- und Abbauschritte angegeben.

7.10. Grobflußbild für die rechentechnische Realisierung der Analyse

Aus Bild 8 sind die wichtigsten Phasen der praktischen Durchführung der mehrdimensionalen Varianzanalyse und Diskriminanzanalyse bei einfacher Klassifikation zu ersehen. Das skizzierte Verfahren kann natürlich

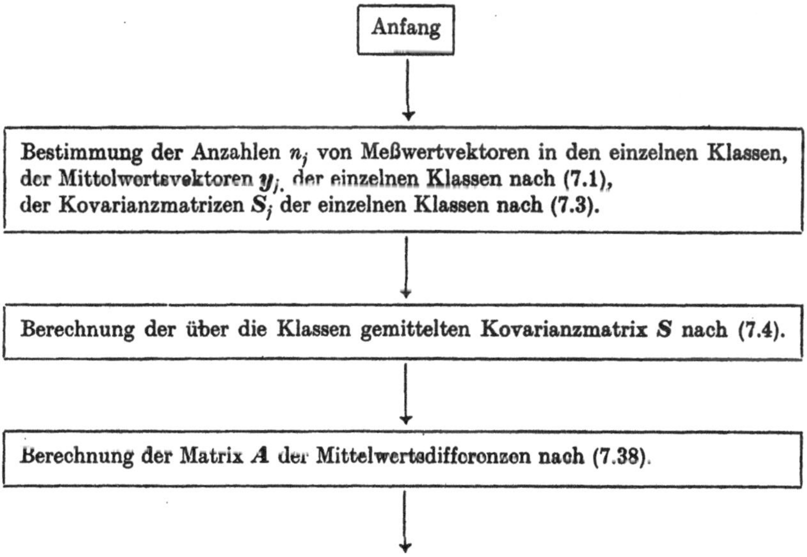

Durchführung univariater Varianzanalysen für die p einzelnen Merkmale:

Trennmaß T^2 nach (7.32) bzw. $T_1{}^2$ nach (7.34).
Test zum Mittelwertsvergleich nach (7.7) und (7.8).
Abstandsmaß für je zwei Klassen nach (7.35) oder (7.36).
Tests zum Vergleich je zweier Klassen (t-Test, S-Methode).

↓

Ermittlung einer optimalen Merkmalsmenge nach dem Aufbau- oder dem Reduktionsverfahren (Abschnitte 7.8. und 7.9.).
Nach jedem Auf- oder Abbauschritt Durchführung einer mehrdimensionalen Varianzanalyse:

Trennmaß T^2 nach (7.30) bzw. $T_1{}^2$ nach (7.34).
Test zum Mittelwertsvergleich nach (7.12) bis (7.14) bzw. (7.15) bis (7.19).
Abstandsmaß für je zwei Klassen nach (7.35) oder (7.36).
Tests zum Vergleich je zweier Klassen nach (7.21) bis (7.23) und (7.25) bzw. (7.26).
Prüfung auf Isoliertheit nach (7.74).

Bei jedem Schritt Bestimmung der elementaren Diskriminanzfunktionen nach (7.39) bzw. (7.95) bis (7.101) und der Unentbehrlichkeiten U_i, d. h. des Anstiegs bzw. Abfalls von T^2, der durch Hinzufügung bzw. Wegnahme der einzelnen Merkmale erreicht werden kann, nach (7.81), (7.94) bzw. (7.102).
Tests für die Unentbehrlichkeiten nach (7.84) bzw. (7.85) bis (7.87).

↓

Auf der Basis der optimalen Merkmalsmenge Bestimmung der nichtelementaren Diskriminanzfunktionen durch Auflösung des Eigenwertproblems (7.44) oder des Problems (7.54). Im letzten Fall Anwendung von (7.56).
Signifikanztests für die charakteristischen Wurzeln nach (7.53).
Ermittlung einer Optimalmenge von Diskriminanzmerkmalen nach (7.75) bis (7.77).
Eventuell Rundung der Gewichtskoeffizienten gemäß Abschnitt 7.7.3.

↓

Durchführung der Diskrimination für sämtliche gegebenen Individuen nach (7.60) bis (7.64) oder (7.78) bis (7.79). Anfertigung einer Häufigkeitstabelle der Diskriminationsergebnisse.

↓

Ende

Bild 8: Grobflußbild eines Rechenprogramms der mehrdimensionalen Varianzanalyse und der Diskriminanzanalyse.

in mannigfacher Weise modifiziert werden. Je nach konkreter Aufgabenstellung kann man bestimmte Schritte weglassen. Wer nur einen mehrdimensionalen Signifikanztest für die Hypothese der Gleichheit der Mittelwertsvektoren wünscht, kann auf die Bestimmung nichtelementarer Diskriminanzfunktionen verzichten. Wer keinen Wert auf die Ausschaltung entbehrlicher Merkmale legt, wird die Merkmalsreduktion umgehen usw.

7.11. Qualitative Aussagen über einzelne Merkmale und über Merkmalsmengen

Die bisher in diesem Kapitel dargestellten Methoden erlauben eine exakte quantitative Analyse der multivariaten Beobachtungen. Die erhaltenen Resultate sind aber wegen der Komplexität des multivariaten Geschehens nicht immer leicht interpretierbar, und es entsteht daher der Wunsch, einen tieferen Einblick in die Zusammenhänge zu gewinnen. So läßt sich in den meisten praktischen Fällen nicht anschaulich begründen, warum beim Merkmalsreduktionsprozeß bestimmte Merkmale ausgesondert, andere dagegen in der Merkmalsmenge belassen werden. Man möchte über das Bisherige hinaus weitere Informationen über die Beziehungen zwischen den Merkmalen, über ihre gegenseitige Ersetzbarkeit und dergleichen erhalten. Dieser Frage ist der vorliegende Abschnitt gewidmet.

7.11.1. Aufspaltung des multivariaten Trennmaßes in Komponenten, die den Diskriminanzmerkmalen entsprechen

Das Prinzip der Komponentenzerlegung

Nach (7.47), (7.58), (7.59) und (7.69) ergibt sich

$$\boldsymbol{H} = \boldsymbol{ANA'} = \boldsymbol{SEE'ANA'} = \boldsymbol{SEE'H},$$

$$\boldsymbol{H} = (n - J)\boldsymbol{SE\Lambda E'S}, \tag{7.103}$$

$$\boldsymbol{H} = (n - J)\,\boldsymbol{S}(\boldsymbol{e}_1\boldsymbol{e}_2\cdots\boldsymbol{e}_t)\begin{pmatrix} \lambda_1 & 0 & \cdots & 0 \\ 0 & \lambda_2 & & \\ \cdot & & \cdot & \\ \cdot & & & \cdot \\ \cdot & & & \cdot \\ 0 & & & \lambda_t \end{pmatrix}\begin{pmatrix} \boldsymbol{e}_1' \\ \boldsymbol{e}_2' \\ \cdot \\ \cdot \\ \cdot \\ \boldsymbol{e}_t' \end{pmatrix}\boldsymbol{S},$$

$$\boldsymbol{H} = (n - J)\sum_{h=1}^{t} \lambda_h(\boldsymbol{Se}_h)\,(\boldsymbol{Se}_h)'. \tag{7.104}$$

Die Matrix $\boldsymbol{H}$, die die Mittelwertsdifferenzen zwischen den J Klassen repräsentiert, kann also in Komponenten

$$\boldsymbol{H}_h = (n - J)\,\lambda_h(\boldsymbol{Se}_h)\,(\boldsymbol{Se}_h)',$$

welche den nichtelementaren Diskriminanzmerkmalen entsprechen, aufgespalten werden:

$$\boldsymbol{H} = \sum_{h=1}^{t} \boldsymbol{H}_h. \tag{7.105}$$

Damit entsteht die Möglichkeit, das multivariate Trennmaß T^2 aller p Merkmale sowie das Trennmaß beliebiger Teilmengen von ihnen in Komponenten aufzuspalten. Für die Komponenten

$$T_h^2(y_1, \ldots, y_p) = \mathrm{Sp}\,(\boldsymbol{H}_h\boldsymbol{G}^{-1}) \tag{7.106}$$

des Trennmaßes aller p Merkmale gilt nach (7.11) und (7.49)

$$T_h^2(y_1, \ldots, y_p) = \lambda_h\,\mathrm{Sp}\,(\boldsymbol{S}\boldsymbol{e}_h\boldsymbol{e}_h'\boldsymbol{S}\boldsymbol{S}^{-1}) = \lambda_h\boldsymbol{e}_h'\boldsymbol{S}\boldsymbol{e}_h = \lambda_h. \tag{7.107}$$

Die Komponenten T_h^2 einer eingeschränkten Merkmalsmenge erhält man, indem man in (7.106) die zugehörigen Teilmatrizen von $\boldsymbol{H}_h$ und $\boldsymbol{G}$ benutzt. So ergeben sich z. B. für ein einzelnes Merkmal y_i als Komponenten des Trennmaßes die Größen

$$T_h^2(y_i) = \frac{\lambda_h b_{ih}^2}{s_{ii}}, \tag{7.108}$$

wobei b_{ih} das allgemeine Element von $\boldsymbol{SE}$ und s_{ii} das i-te Hauptdiagonalelement von $\boldsymbol{S}$ ist. Hier sei erwähnt, daß nach (7.56)

$$\boldsymbol{SE} = (n - J)^{-1/2}\boldsymbol{A}\boldsymbol{N}^{1/2}\boldsymbol{F}\boldsymbol{\Lambda}^{-1/2} \tag{7.109}$$

gilt. Aus (7.105) folgt für das Trennmaß einer beliebigen Merkmalsmenge

$$T^2 = \sum_{h=1}^{t} T_h^2. \tag{7.110}$$

Auch die Unentbehrlichkeiten sind zerlegbar. Nach (7.39), (7.58), (7.59) und (7.69) gilt nämlich

$$\begin{aligned} \boldsymbol{DND}' &= \boldsymbol{S}^{-1}\boldsymbol{ANA}'\boldsymbol{S}^{-1} = \boldsymbol{EE}'\boldsymbol{ANA}'\boldsymbol{S}^{-1} = \boldsymbol{EE}'\boldsymbol{HS}^{-1} \\ &= (n - J)\,\boldsymbol{E\Lambda E}', \end{aligned} \tag{7.111}$$

woraus man nach (7.81)

$$U_i = \frac{1}{t_{ii}} \sum_{h=1}^{t} \lambda_h e_{ih}^2 \tag{7.112}$$

erhält. Hierbei sind die e_{ih} die Gewichtskoeffizienten der nichtelementaren Diskriminanzfunktionen.

Rotation im Diskriminanzraum

Der Darstellung (7.103) sind die Beziehungen

$$\boldsymbol{y}_{j.} - \boldsymbol{y}_{..} = \boldsymbol{SE}(\boldsymbol{w}_{j.} - \boldsymbol{w}_{..}) \qquad (j = 1, \ldots, J)$$

bzw.

$$\boldsymbol{y}_{j.} - \boldsymbol{y}_{..} = \boldsymbol{SE\Lambda}^{1/2} \cdot \boldsymbol{\Lambda}^{-1/2}(\boldsymbol{w}_{j.} - \boldsymbol{w}_{..}) \qquad (j = 1, \ldots, J), \qquad (7.113)$$

die sich aus (7.69) ergeben, verwandt. Gleichung (7.113) drückt aus, daß die Klassenmittelpunkte im Originalraum aus den Mittelpunkten im Raum der Diskriminanzmerkmale $W_h = \frac{1}{\sqrt{\lambda_h}} w_h$ $(h = 1, \ldots, t)$ durch Multiplikation mit $\boldsymbol{SE\Lambda}^{1/2}$ hervorgehen. Wendet man nun auf die Diskriminanzmerkmale W_h eine orthogonale Transformation $\boldsymbol{Q}'$ an, so tritt an die Stelle von $\boldsymbol{SE\Lambda}^{1/2}$ die neue Matrix $\boldsymbol{SE\Lambda}^{1/2}\boldsymbol{Q}$, gemäß

$$\boldsymbol{y}_{j.} - \boldsymbol{y}_{..} = \boldsymbol{SE\Lambda}^{1/2}\boldsymbol{Q} \cdot \boldsymbol{Q}'\boldsymbol{\Lambda}^{-1/2}(\boldsymbol{w}_{j.} - \boldsymbol{w}_{..}).$$

Analog kann auch in Gleichung (7.103) zu einer neuen Basis des Diskriminanzraumes übergegangen werden. Setzt man hierzu

$$\boldsymbol{Q} = (\boldsymbol{q}_1\boldsymbol{q}_2 \cdots \boldsymbol{q}_t),$$

wobei die $\boldsymbol{q}_h$ die einzelnen Spalten der orthogonalen Matrix $\boldsymbol{Q}$ sind, so ergibt sich

$$\boldsymbol{H} = (n - J)\, \boldsymbol{SE\Lambda}^{1/2}\boldsymbol{Q} \cdot \boldsymbol{Q}'\boldsymbol{\Lambda}^{1/2}\boldsymbol{E}'\boldsymbol{S},$$

$$\boldsymbol{H} = (n - J) \sum_{h=1}^{t} (\boldsymbol{SE\Lambda}^{1/2}\boldsymbol{q}_h)\, (\boldsymbol{SE\Lambda}^{1/2}\boldsymbol{q}_h)'. \qquad (7.114)$$

Das ist die Komponentenzerlegung von $\boldsymbol{H}$, die sich auf eine beliebige orthonormierte Basis des Diskriminanzraumes bezieht. Man erhält auf diese Weise zu jeder gegebenen orthonormierten Basis die entsprechende additive Zerlegung des Trennmaßes T^2 einer Merkmalsmenge in Komponenten $T_1^2, T_2^2, \ldots, T_t^2$.

Abstandsmaß

Nunmehr ist es möglich, eine qualitative Beurteilung der Merkmalsmengen vorzunehmen. Zwei Merkmalsmengen werden als ähnlich angesehen, wenn sie bei allen orthonormierten Basen des Diskriminanzraumes gleiche oder nur wenig unterschiedliche Komponenten $T_1^2, T_2^2, \ldots, T_t^2$ besitzen. Um die Ähnlichkeit strenger zu fassen, kann man für zwei Merkmalsmengen $\mathfrak{M}$ und $\mathfrak{M}^*$ den Abstand

$$d = \max \sqrt{\sum_{h=1}^{t} (T_h - T_h^*)^2} \tag{7.115}$$

definieren, wo bei der Maximumbildung über alle möglichen orthonormierten Basen des Diskriminanzraumes zu variieren ist. Unter T_h bzw. T_h^* verstehen wir die Quadratwurzel aus T_h^2 bzw. T_h^{*2}. Auf der Grundlage des Abstands d wird die Menge aller Merkmalsmengen zu einem metrischen Raum[1]). Etwas problematisch ist allerdings bei zwei beliebigen Merkmalsmengen die numerische Bestimmung von d.

Vektordiagramm zur Darstellung der Einzelmerkmale

Werden die speziellen Merkmalsmengen betrachtet, die nur aus jeweils einem Merkmal bestehen, so ergeben sich besondere Vereinfachungen. Jedem Einzelmerkmal y_i kann ein t-dimensionaler Vektor Y_i zugeordnet werden. Bei Zugrundelegung der Basis, die durch $W_1 = \frac{1}{\sqrt{\lambda_1}} w_1, \ldots, W_t = \frac{1}{\sqrt{\lambda_t}} w_t$ bestimmt ist, hat der Vektor Y_i die Koordinaten

$$Y_{ih} = \frac{\sqrt{\lambda_h}\, b_{ih}}{\sqrt{s_{ii}}} \qquad (h = 1, \ldots, t). \tag{7.116}$$

Wird eine andere orthonormierte Basis, die durch die Transformation Q' entsteht, angewandt, so besitzt Y_i die Koordinaten

$$\sum_{g=1}^{t} \frac{\sqrt{\lambda_g}\, b_{ig} q_{gh}}{\sqrt{s_{ii}}} \qquad (h = 1, \ldots, t).$$

Die geometrische Länge von Y_i ist die Quadratwurzel des zugehörigen Trennmaßes $T^2(y_i)$, der Winkel zwischen zwei Vektoren drückt die unterschiedlichen Qualitäten der Merkmale aus.

Auf diesem Wege folgt, wie sich beweisen läßt, für den Abstand d zweier Einzelmerkmale y_i und y_k

$$d = \min (|Y_i - Y_k|, |Y_i + Y_k|). \tag{7.117}$$

Der Abstand d ist somit unmittelbar als die geometrische Länge des Differenzvektors $Y_i - Y_k$ zu gewinnen, wenn die Vektoren Y_i und Y_k — even-

---

[1]) Merkmalsmengen, die bei allen orthonormierten Basen gleiche Komponenten haben, werden zu einem Element des Raumes zusammengefaßt.

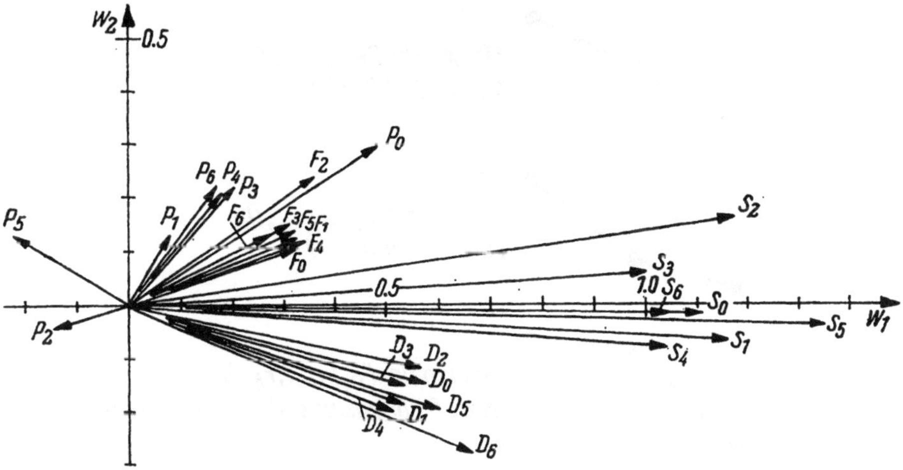

Bild 9: Vektordiagramm der 28 Merkmale der psychophysiologischen Untersuchung.
Bezeichnung der Merkmale:
Systolische Blutdrücke: $S_0, S_1, \ldots, S_6$.
Diastolische Blutdrücke: $D_0, D_1, \ldots, D_6$.
Herzfrequenzen: $F_0, F_1, \ldots, F_6$
Hautpotentiale: $P_0, P_1, \ldots, P_6$.

tuell ist hierzu bei einem Merkmal eine Vorzeichenänderung notwendig — in einem spitzen Winkel zueinander stehen.

Es sei bemerkt, daß die qualitative Beurteilung der Merkmale, die sich bei diesem Verfahren ergibt, stark durch die Dimension t des Diskriminanzraumes beschränkt ist. Bei zwei Klassen ($J = 2$) sind je zwei der Vektoren Vielfache voneinander, bei drei Klassen ($J = 3$) liegen alle Vektoren in einem zweidimensionalen Raum, usw.

Die hier durchgeführten Überlegungen sind denjenigen, die bei der sogenannten Faktorenanalyse vorkommen, weitgehend ähnlich.

Beispiel (Dr. E. Richter-Heinrich, Zentralinstitut für Herz- und Kreislauf-Regulationsforschung der Akademie der Wissenschaften der DDR): Es werden 28-dimensionale Meßwertvektoren betrachtet, die jeweils von einer Person stammen. Und zwar ergeben sich die einzelnen Meßwerte einer Person während einer psychophysiologischen Untersuchung, die in den 7 Zeitabschnitten

0) Ruhe I
1) Bereitschaft I
2) Kopfrechnen
3) Ruhe II
4) Bereitschaft II
5) Satzbildung
6) Ruhe III

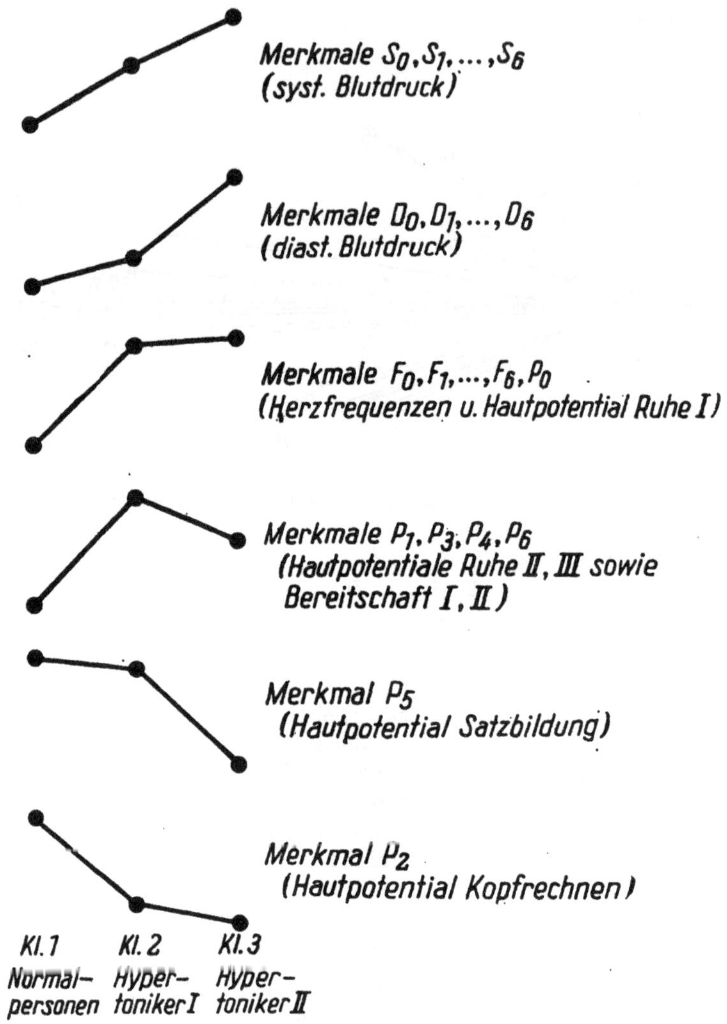

Bild 10: Verschiedene Verhaltensmuster der 28 Merkmale der psychophysiologischen Untersuchung.

abläuft. In jedem dieser Zeitabschnitte werden die 4 Größen S (systolischer Blutdruck), D (diastolischer Blutdruck), F (Herzfrequenz) und P (Hautpotential) gemessen. Der 28-dimensionale Meßwertvektor einer Person hat demnach die Form

$$(S_0\, S_1 \cdots S_6\, D_0\, D_1 \cdots D_6\, F_0\, F_1 \cdots F_6\, P_0\, P_1 \cdots P_6).$$

Die Untersuchung dient der Diagnostik der Hypertonie (Bluthochdruck).

Die 100 Patienten, deren Meßwerte statistisch ausgewertet werden, sind unterteilt in

30 Normalpersonen (Klasse 1),
40 Hypertoniker des Schweregrades I (Klasse 2),
30 Hypertoniker des Schweregrades II (Klasse 3).

Wir gehen hier nicht auf die multivariaten Signifikanztests und die Diskrimination ein (siehe hierzu Richter-Heinrich u. Läuter (1969), Läuter, Richter-Heinrich u. Baumann (1971)), sondern behandeln nur die Frage der qualitativen Beurteilung der Merkmale. In diesem Anwendungsfall hat das Vektordiagramm, welches die Verwandtschaft zwischen den 28 Merkmalen beschreibt, die in Bild 9 angegebene Form.

Man erkennt in dem Bild, daß die 7 Merkmale $S_0, S_1, \ldots, S_6$ des systolischen Blutdrucks, ebenso die 7 Merkmale $D_0, D_1, \ldots, D_6$ des diastolischen Blutdrucks und auch die 7 Merkmale $F_0, F_1, \ldots, F_6$ der Herzfrequenz einander sehr ähnlich sind. Das Merkmal P_0 des Hautpotentials Ruhe I hat gegenüber der Herzfrequenz ein stärkeres Trennvermögen, ist aber in seiner Qualität, die sich in der Richtung des Vektors ausdrückt, den Merkmalen der Herzfrequenz verwandt. Die Merkmale P_1, P_3, P_4, P_6 des Hautpotentials bilden eine weitere Gruppe von Merkmalen, jedoch weicht P_1 hinsichtlich des Trennvermögens etwas ab. Die beiden verbleibenden Merkmale P_2 und P_5, die dem Hautpotential in den beiden Belastungssituationen entsprechen, fallen dadurch auf, daß sie in einer gegenläufigen Beziehung zum ersten Diskriminanzmerkmal W_1 stehen. Betrachtet man nur die Richtung der Vektoren, nicht ihre Länge, so ergibt sich eine gewisse Ähnlichkeit von P_5 zu $D_0, \ldots, D_6$ und von P_2 zu $F_0, \ldots, F_6$ (um dies zu erkennen, muß man in P_2 und P_5 eine Vorzeichenänderung vornehmen bzw. die Vektoren um 180° drehen).

Den einzelnen Richtungen im Vektordiagramm sind bestimmte Verhaltensmuster der Merkmale zugeordnet (Bild 10). Der systolische Blutdruck ist durch starke Anstiege von Klasse 1 zu Klasse 2 und von Klasse 2 zu Klasse 3 gekennzeichnet. Beim diastolischen Blutdruck ist der Unterschied zwischen Klasse 1 und Klasse 2 relativ gering, ebenso auch bei Merkmal P_5. Die Herzfrequenzen zeigen einen starken Anstieg von Klasse 1 zu Klasse 2 und einen schwachen Anstieg von Klasse 2 zu Klasse 3, spiegelbildlich gleich verhält sich das Merkmal P_2. Die Hautpotentiale P_1, P_3, P_4, P_6 besitzen einen nichtmonotonen Verlauf.

Man erkennt an dieser Interpretation, daß die Komponentenzerlegung des Trennmaßes sinnvolle Resultate liefert.

7.11.2. Benutzung des Affinitätskoeffizienten a

Ein anderer Weg zur Aufklärung der diagnostischen Verwandtschaft von Merkmalen und Merkmalsmengen führt über den Affinitätskoeffizienten a, der in (7.33) definiert worden war. Zwei Merkmalsmengen sind in ihrer diagnostischen Aussage um so gleichartiger, je kleiner der Affinitätskoeffizient a ist. Um zu erkennen, welche Merkmale einander ähnlich, welche dagegen sehr unterschiedlich sind, wenden wir ein Merkmalsclusterungsverfahren an. Dabei werden Cluster von ähnlichen Merkmalen bestimmt.

Wir gehen bei dem Verfahren folgendermaßen vor: Zunächst bildet jedes der p Merkmale für sich allein ein Cluster. Dann wird für je zwei Cluster, d. h. für je zwei einzelne Merkmale, der Affinitätskoeffizient a berechnet. Die beiden Cluster, die den kleinsten Wert a ergeben, werden zu einem einzigen Cluster vereinigt. Damit verringert sich die Anzahl der Cluster von p auf $p - 1$. Nun wird wieder durch Berechnung von a die Affinität zwischen je zwei der bestehenden Cluster bestimmt, und es werden die zwei Cluster mit dem minimalen a zu einem Cluster vereinigt. In dieser Weise wird fortgefahren. Die Zahl der Cluster erniedrigt sich bei jedem Schritt um 1. Man kann das Verfahren weiterführen, bis alle Merkmale in einem Cluster vereinigt sind — dann hat man sämtliche Zwischenresultate des Prozesses für die Interpretation zur Verfügung und kann sich die günstigste Aufteilung der Merkmale aussuchen —, oder man bricht das Verfahren an einem bestimmten Punkt ab. In den von uns durchgerechneten Beispielen war es sinnvoll, das Verfahren zu beenden, nachdem alle Affinitätskoeffizienten unterhalb 0.75 beseitigt waren.

Beispiel: Im Fall des Hypertonie-Problems, das in Abschnitt 7.11.1. dargestellt ist, entstehen bei diesem Verfahren folgende Cluster (Abbruch bei der Grenze 0.75):

1. $S_0, S_1, \ldots, S_6$.
2. $D_0, D_1, \ldots, D_6$.
3. $F_0, F_1, \ldots, F_6$.
4. P_0.
5. P_1, P_3, P_4, P_6.
6. P_2.
7. P_5.

Beim nächstfolgenden Clusterungsschritt würden P_0, P_1, P_3, P_4, P_6 vereinigt; das würde bedeuten, daß sämtliche Hautpotentiale der Ruhe- und Bereitschaftssituationen zusammengefaßt wären.

Vergleicht man diese Resultate mit denen von Abschnitt 7.11.1., so zeigt sich weitgehende Übereinstimmung. Bestimmte Einzelheiten, z. B. die Tatsache, daß im Vektordiagramm das Hautpotential P_0 den Herzfrequenzen $F_0, \ldots, F_6$ näherliegt als den Hautpotentialen P_1, P_3, P_4, P_6, weisen aber darauf hin, daß das Clusterungsverfahren auf der Basis des Affinitätskoeffizienten besser dem Inhalt der Merkmale gerecht wird. Hierbei finden die eigentlich multivariaten Gegebenheiten stärkere Berücksichtigung als bei der Anfertigung des Vektordiagramms (Bild 9). Das Vektordiagramm andererseits hat den Vorteil, daß es die äußerlich sichtbaren Eigenschaften der Merkmale gut widerspiegelt und daß die Resultate daher teilweise leichter interpretierbar sind.

7.12. Planung des Stichprobenumfangs

In unseren bisherigen Darlegungen zur mehrdimensionalen Varianzanalyse, durch die die Gleichheitshypothese der Mittelwertsvektoren geprüft wird, haben wir beliebige Stichprobenumfänge n_j der Klassen zugelassen. Die Varianzanalyse ist natürlich nur dann echt sinnvoll, wenn die Stichproben so groß sind, daß mit ausreichender Sicherheit eine Entscheidung für oder gegen die Hypothese möglich wird. Die bisher für die Charakterisierung des Tests benutzte Irrtumswahrscheinlichkeit α, auch als Risiko erster Art bezeichnet, garantiert lediglich, daß sich bei Gleichheit der „wahren" Mittelwertsvektoren nicht zu oft deren Ungleichheit ergibt. Wir wollen in diesem Abschnitt zusätzlich das Risiko zweiter Art β, die Wahrscheinlichkeit der Annahme der Gleichheitshypothese, obwohl diese falsch ist, berücksichtigen. Die angestrebte Beschränkung von β gelingt allerdings nur, wenn zwischen den wahren Mittelwertsvektoren eine gewisse Mindestabweichung besteht. Je größer diese Abweichung von der Nullhypothese angenommen wird, desto kleiner können die Stichproben sein, die beim Test die Einhaltung bestimmter Risiken erster und zweiter Art ermöglichen.

Die Mindestabweichung von der Gleichheitshypothese bestehe darin, daß für eines der Merkmale und zwei der Klassen

$$\frac{|\mu_{ij_1} - \mu_{ij_2}|}{\sigma_i} \geqq \delta$$

gelten soll, wobei mit μ_{ij_1} und μ_{ij_2} die beiden betreffenden Mittelwerte und mit σ_i^2 die entsprechende Varianz bezeichnet ist.

Bei der Planung des Stichprobenumfangs wollen wir annehmen, daß in jeder Klasse die gleiche Anzahl K von Beobachtungsvektoren auftritt. Es wird jeweils der kleinste Stichprobenumfang gesucht, der bei gegebenen Werten von p, J, α, β und δ für den Test in Frage kommt.

Bei Bestehen der obigen Mindestabweichung von der Gleichheitshypothese gilt für den ersten Nichtzentralitätsparameter γ_1 der Matrix $\boldsymbol{H}$

$$\gamma_1 \geqq \frac{K}{2} \delta^2.$$

Unter Benutzung der F-Approximation des nichtzentralen T^2 (siehe Abschnitt 4.4.2.) wurden von J. Läuter (1978b) Tafeln der bei 2, 3, 4, 5, 6, 8 und 10 Klassen erforderlichen Stichprobenumfänge bestimmt. Für $J = 2$ haben wir die Tafelwerte in den Anhang dieses Buches aufgenommen.

Hinsichtlich grundsätzlicher Fragen zur Planung des Stichprobenumfangs möchten wir den Leser auf die Verfahrensbibliothek Versuchsplanung und -auswertung von Rasch, Herrendörfer, Bock und Busch (1978) verweisen.

8. Mehrfach klassifizierte vollständige Versuchspläne

Bei der bisher betrachteten einfachen Klassifikation werden alle zu erwartenden Differenzen zwischen den Mittelwerten nur durch einen einzigen Faktor verursacht. In vielen Fällen jedoch werden mehrere Faktoren zur Entstehung von Unterschieden zwischen den betrachteten statistischen Maßzahlen beitragen. Wenn z. B. die mittleren Erträge von 4 verschiedenen Weizensorten (Faktor A in 4 Stufen) an 3 verschiedenen Standorten (Faktor B in 3 Stufen) bei 5 verschiedenen Düngerzusammensetzungen (Faktor C in 5 Stufen) untersucht werden sollen, dann erfordert die Durchführung und Analyse des Experiments die Wahl einer dreifachen Klassifikation. Ist die Anzahl der Meßwerte in der Zelle (j, k, l) $(j = 1, \ldots, J;$ $k = 1, \ldots, K$ und $l = 1, \ldots, L)$ für alle j, k, l gleich, so spricht man von mehrfach klassifizierten vollständigen und balanzierten Versuchsplänen, in diesem Fall von einer dreifachen Klassifikation.

Wichtig ist, daß außer den betrachteten Faktoren keine weiteren Faktoren einen systematischen Einfluß auf die Meßwerte ausüben, und damit der durch reine Zufallseinflüsse bedingte Versuchsfehler so gering wie möglich gehalten werden kann. Die Varianzanalyse liefert dann eine ziemlich genaue Schätzung der Versuchsfehlervarianz. Der Vorteil mehrfach klassifizierter vollständiger und balanzierter Versuchspläne liegt besonders darin, daß im univariaten Fall eine Zerlegung der Summe der quadratischen Abweichungen der Einzelmeßwerte vom Gesamtmittel (SQ_{Total}) in eine Summe von SQ's möglich ist, die sich auf die einzelnen Faktoren einschließlich des Versuchsfehlers beziehen. Diese SQ's bilden die Grundlage für die Aufstellung des F-Tests. Es sind quadratische Formen, deren Matrizen Q_H und Q_G im univariaten und multivariaten Fall übereinstimmen. Folglich kann man für mehrfach klassifizierte vollständige und balanzierte Versuchspläne im multivariaten Fall die Teststatistik sehr einfach aus dem zugehörigen univariaten Plan nach dem im Abschnitt 4.5. angegebenen Verfahren erhalten.

Wir stellen den hier betrachteten mehrfach klassifizierten vollständigen und balanzierten Versuchsplänen immer das univariate Analogon voran, um die Elemente der Varianzanalyse zur Hand zu haben, die auch im multivariaten Fall Verwendung finden.

8.1. Zweifache Klassifikation, ein Beobachtungsvektor je Zelle

Ein Versuchsplan dieser Art wird meist in Form eines randomisierten Blockexperiments realisiert, wobei die Randomisierung ein zur Versuchstechnik gehörender Bestandteil ist, der die Homogenität der Versuchsbedingungen in den einzelnen Blöcken garantieren soll.

Univariater Fall; $\dim(y_{jk}) = p = 1$.

Faktor A in J Stufen, Faktor B in K Stufen.

Das Schema des Versuchsplans kann man sich wie folgt denken:

$$\begin{array}{cc|cccc} & & & B & & \\ & j \diagdown k & 1 & 2 & \cdots & K \\ \hline & 1 & y_{11} & y_{12} & \cdots & y_{1K} \\ A & 2 & y_{21} & y_{22} & \cdots & y_{2K} \\ & \vdots & \cdots & \cdots & \cdots & \cdots \\ & J & y_{J1} & y_{J2} & \cdots & y_{JK} \end{array} \tag{8.1}$$

Für das lineare Modell (4.3) wird bei der zweifachen Klassifikation folgender Ansatz gemacht:

$$y_{jk} = \mu + \alpha_j + \beta_k + \varepsilon_{jk} \tag{8.2}$$

$$j = 1, \ldots, J; \quad k = 1, \ldots, K$$

mit

$$y_{jk} \sim N(\mu \mid \alpha_j + \beta_k, \sigma^2)$$

für alle j und k.
Es interessieren die Nullhypothesen

$$\begin{aligned} H_{0A}&: \alpha_1 = \cdots = \alpha_J \\ H_{0B}&: \beta_1 = \cdots = \beta_K . \end{aligned} \tag{8.3}$$

Andere Autoren benutzen an dieser Stelle ein Modell mit Reparametrisierungsbedingungen und Hypothesen der Form $\alpha_j = 0$ für alle j und $\beta_k = 0$ für alle k. Diese Methode ist mit der von uns beschriebenen äquivalent. Die Wahl des Modells (8.2) und der Hypothesen (8.3) wurde getroffen, um in Übereinstimmung mit Abschnitt 4.1. zu bleiben.

Tabelle der Varianzanalyse (8.4)

SQ	FG	Teststatistik
$SQ_A = K \sum_j (y_{j.} - y_{..})^2$	$f_A = J - 1$	$\frac{f_R}{f_A}\frac{SQ_A}{SQ_R} \sim F_{f_A,f_R}$
$SQ_B = J \sum_k (y_{.k} - y_{..})^2$	$f_B = K - 1$	$\frac{f_R}{f_B}\frac{SQ_B}{SQ_R} \sim F_{f_B,f_R}$
$SQ_R = \sum_j \sum_k (y_{jk} - y_{j.} - y_{.k} + y_{..})^2$	$f_R = (J-1)(K-1)$	

$\frac{SQ_R}{f_R}$ ist eine erwartungstreue Schätzung für die Varianz σ^2 des Versuchsfehlers. Es gilt hierbei

$$y_{j.} = \frac{1}{K}\sum_k y_{jk}, \quad y_{.k} = \frac{1}{J}\sum_j y_{jk}, \quad y_{..} = \frac{1}{JK}\sum_j\sum_k y_{jk}. \tag{8.5}$$

Multivariater Fall; $\dim(\boldsymbol{y}_{jk}) = p > 1$.

Die Beobachtungsgrößen sind Realisierungen p-dimensionaler normalverteilter zufälliger Vektoren. Das Schema der zweifachen Klassifikation entspricht dem univariaten Fall, nur daß jetzt im Feld (j, k) der Beobachtungsvektor $\boldsymbol{y}_{jk}$ steht, der p gemessene Merkmale eines Individuums enthält. Die Modellgleichung lautet:

$$\boldsymbol{y}_{jk} = \boldsymbol{\mu} + \boldsymbol{\alpha}_j + \boldsymbol{\beta}_k + \boldsymbol{\epsilon}_{jk} \tag{8.6}$$

$$j = 1, \ldots, J; \quad k = 1, \ldots, K$$

mit

$$\boldsymbol{\epsilon}_{jk} \sim \underset{(p,p)}{N(\boldsymbol{0}, \boldsymbol{\Sigma})} \qquad \text{für alle } j \text{ und } k. \tag{8.7}$$

Es sollen folgende Nullhypothesen geprüft werden:

$$H_{0A}: \boldsymbol{\alpha}_1 = \cdots = \boldsymbol{\alpha}_J \tag{8.8}$$

$$H_{0B}: \boldsymbol{\beta}_1 = \cdots = \boldsymbol{\beta}_K. \tag{8.9}$$

Entsprechend der in Abschnitt 4.5. angegebenen Methode sind zur Ermittlung der Teststatistik die Matrizen $\boldsymbol{H}_A$, $\boldsymbol{H}_B$ und $\boldsymbol{G}$ zu ermitteln, die sich direkt als Verallgemeinerung der SQ_A, SQ_B und SQ_R aus der univariaten

Tabelle der Varianzanalyse ergeben:

$$\boldsymbol{H}_A = K \sum_j (\boldsymbol{y}_{j.} - \boldsymbol{y}_{..}) (\boldsymbol{y}_{j.} - \boldsymbol{y}_{..})', \tag{8.10}$$

$$\boldsymbol{H}_B = J \sum_k (\boldsymbol{y}_{.k} - \boldsymbol{y}_{..}) (\boldsymbol{y}_{.k} - \boldsymbol{y}_{..})', \tag{8.11}$$

$$\boldsymbol{G} = \sum_j \sum_k (\boldsymbol{y}_{jk} - \boldsymbol{y}_{j.} - \boldsymbol{y}_{.k} + \boldsymbol{y}_{..}) (\boldsymbol{y}_{jk} - \boldsymbol{y}_{j.} - \boldsymbol{y}_{.k} + \boldsymbol{y}_{..})', \tag{8.12}$$

wobei die Größen $\boldsymbol{y}_{j.}$, $\boldsymbol{y}_{.k}$ und $\boldsymbol{y}_{..}$ aus (8.5) hervorgehen, indem man anstelle der y_{jk} die Vektoren $\boldsymbol{y}_{jk}$ setzt.

Als Teststatistiken verwenden wir gemäß Abschnitt 4.4.

$$\frac{f_R - p + 1}{f_A p} \operatorname{Sp} (\boldsymbol{H}_A \boldsymbol{G}^{-1}) \qquad \text{für die Hypothese } H_{0A} \tag{8.13}$$

und

$$\frac{f_R - p + 1}{f_B p} \operatorname{Sp} (\boldsymbol{H}_B \boldsymbol{G}^{-1}) \qquad \text{für die Hypothese } H_{0B}. \tag{8.14}$$

Die Matrix

$$\boldsymbol{S} = \frac{1}{f_R} \boldsymbol{G} \tag{8.15}$$

stellt eine erwartungstreue Schätzung der Kovarianzmatrix $\boldsymbol{\Sigma}$ des Versuchsplanes dar. Es ist

$$\operatorname{Sp} (\boldsymbol{H}_A \boldsymbol{G}^{-1}) = \frac{K}{f_R} \sum_j (\boldsymbol{y}_{j.} - \boldsymbol{y}_{..})' \boldsymbol{S}^{-1} (\boldsymbol{y}_{j.} - \boldsymbol{y}_{..}) \tag{8.16}$$

und

$$\operatorname{Sp} (\boldsymbol{H}_B \boldsymbol{G}^{-1}) = \frac{J}{f_R} \sum_k (\boldsymbol{y}_{.k} - \boldsymbol{y}_{..})' \boldsymbol{S}^{-1} (\boldsymbol{y}_{.k} - \boldsymbol{y}_{..}). \tag{8.17}$$

Somit erhalten wir zum Prüfen der Hypothesen die folgenden Teststatistiken:

Hypothese $H_{0A}\colon \boldsymbol{\alpha}_1 = \cdots = \boldsymbol{\alpha}_J$.

Es ist nach (8.4) $f_A = J - 1$ und $f_R = (J - 1)(K - 1)$, und somit ist nach (8.13) und (8.16) sowie nach Abschnitt 4.4.

$$\begin{aligned} \tilde{F} &= \frac{(J-1)(K-1) - p + 1}{(J-1)p} \operatorname{Sp} (\boldsymbol{H}_A \boldsymbol{G}^{-1}) \\ &= \frac{[(J-1)(K-1) - p + 1] K}{(J-1)^2 (K-1) p} \sum_{j=1}^{J} (\boldsymbol{y}_{j.} - \boldsymbol{y}_{..})' \boldsymbol{S}^{-1} (\boldsymbol{y}_{j.} - \boldsymbol{y}_{..}) \end{aligned} \tag{8.18}$$

approximativ F-verteilt mit g_1 und g_2 Freiheitsgraden, wobei

$$g_1 = \begin{cases} \dfrac{(J-1)\,p[(J-1)(K-1)-p]}{(J-1)(K-p)-1}, & \text{falls } (J-1)(K-p)-1 > 0 \\ \infty & \text{sonst,} \end{cases} \tag{8.19}$$

$$g_2 = (J-1)(K-1)-p+1. \tag{8.20}$$

Zu einer vorgegebenen Irrtumswahrscheinlichkeit α wird die Hypothese H_{0A} abgelehnt, wenn

$$\tilde{F} > F_{g_1,g_2;\alpha}. \tag{8.21}$$

Hypothese H_{0B}: $\boldsymbol{\beta}_1 = \cdots = \boldsymbol{\beta}_K$.

Nach Tab. (8.4) gilt $f_B = (K-1)$ und $f_R = (J-1)(K-1)$. Somit ist nach (8.14) und (8.17) sowie Abschnitt 4.4.

$$\begin{aligned} \tilde{F} &= \frac{(J-1)(K-1)-p+1}{(K-1)\,p} \operatorname{Sp}(\boldsymbol{H}_B \boldsymbol{G}^{-1}) \\ &= \frac{[(J-1)(K-1)-p+1]\,J}{(J-1)(K-1)^2 p} \sum_{k=1}^{K} (\boldsymbol{y}_{.k} - \boldsymbol{y}_{..})' \boldsymbol{S}^{-1} (\boldsymbol{y}_{.k} - \boldsymbol{y}_{..}) \end{aligned} \tag{8.22}$$

approximativ F-verteilt mit g_1 und g_2 Freiheitsgraden, wobei

$$g_1 = \begin{cases} \dfrac{(K-1)\,p[(J-1)(K-1)-p]}{(K-1)(J-p)-1}, & \text{falls } (K-1)(J-p)-1 > 0 \\ \infty & \text{sonst,} \end{cases} \tag{8.23}$$

$$g_2 = (J-1)(K-1)-p+1. \tag{8.24}$$

Zu einer vorgegebenen Irrtumswahrscheinlichkeit α wird die Hypothese H_{0B}: $\boldsymbol{\beta}_1 = \cdots = \boldsymbol{\beta}_K$ abgelehnt, wenn

$$\tilde{F} > F_{g_1,g_2;\alpha}. \tag{8.25}$$

8.2. Zweifache Klassifikation, m Beobachtungsvektoren je Zelle

Der Unterschied zur im Abschnitt 8.1. behandelten 2fachen Klassifikation besteht nur darin, daß jetzt im (j, k)-ten Feld des Versuchsplans eine gleiche Anzahl von $m > 1$ Beobachtungsvektoren $\boldsymbol{y}_{jk1}, \ldots, \boldsymbol{y}_{jkm}$ stehen, die jeweils p Merkmale enthalten. Damit sollte von vornherein in der Modellgleichung ein Wechselwirkungseffekt berücksichtigt werden, der durch das Zusammentreffen der j-ten Stufe des Faktors A mit der k-ten Stufe des Faktors B

entstanden sein könnte. Ein Wechselwirkungseffekt ist natürlich auch für $m = 1$ möglich, aber erst für $m > 1$ analysierbar.

Geht man im *univariaten* Fall von dem Modell

$$y_{jkl} = \mu_{jk} + \varepsilon_{jkl} \tag{8.26}$$

$$(j = 1, \ldots, J; \quad k = 1, \ldots, K; \quad l = 1, \ldots, m)$$

aus, wobei $E(y_{jkl}) = \mu_{jk}$ das „wahre" Mittel der Beobachtungen in der Zelle (j, k) des Versuchsplanes ist und $\varepsilon_{jkl} \sim N(0, \sigma^2)$ für alle j, k und l, so ist jedes μ_{jk} schätzbar und folglich auch jede lineare Funktion der μ_{jk} schätzbar.

Modelle dieser Art sind stets von vollem Rang. Es existieren keine Unklarheiten darüber, welche Funktionen der μ_{jk} schätzbar und welche Hypothesen testbar sind. Zum Beispiel sind die folgenden linearen Kontrasts von Interesse und schätzbar:

$$\sum_k \mu_{jk} - \sum_k \mu_{j'k} \qquad j \neq j', \tag{8.27}$$

$$\sum_j \mu_{jk} - \sum_j \mu_{jk'} \qquad k \neq k', \tag{8.28}$$

$$(\mu_{jk} - \mu_{jk'}) - (\mu_{j'k} - \mu_{j'k'}) \quad j \neq j', \quad k \neq k'. \tag{8.29}$$

Die sich hieraus ergebenden Nullhypothesen sind testbar:

$$H_{0A}: \sum_k \mu_{jk} - \sum_k \mu_{j'k} = 0 \qquad j \neq j', \tag{8.30}$$

$$H_{0B}: \sum_j \mu_{jk} - \sum_j \mu_{jk'} = 0 \qquad k \neq k', \tag{8.31}$$

$$H_{0A\times B}: (\mu_{jk} - \mu_{jk'}) - (\mu_{j'k} - \mu_{j'k'}) = 0 \quad j \neq j', \; k \neq k'. \tag{8.32}$$

Weit verbreitet in der Varianzanalyse ist jedoch eine Modellauffassung, die die sogenannten Haupt- und Wechselwirkungseffekte explizit berücksichtigt:

$$\mu_{jk} = \mu + \alpha_j + \beta_k + (\alpha\beta)_{jk}. \tag{8.33}$$

Modelle dieser Art sind überspezifiziert, sie enthalten mehr Parameter als linear unabhängige Mittel zu ihrer Schätzung zur Verfügung stehen. Folglich kommt man ohne weitere Beschränkungen, die zur Identifikation der Parameter erforderlich sind, nicht aus. Sie ergeben sich jedoch in einfacher Weise aus folgenden Überlegungen.

Bei einer zweifachen (zweifaktoriellen) Klassifikation wirke Faktor A in J und Faktor B in K Stufen (Klassen). Dann sind

$$A_j = \frac{1}{K} \sum_k \mu_{jk}$$

und

$$B_k = \frac{1}{J} \sum_j \mu_{jk}$$

die Mittel der Stufen des Faktors A bzw. B. Das Gesamtmittel μ ist dann

$$\mu = \frac{1}{J} \sum_j A_j = \frac{1}{K} \sum_k B_k = \frac{1}{JK} \sum_j \sum_k \mu_{jk}.$$

Als Haupteffekte α_j bzw. β_k werden die Abweichungen der Mittel A_j bzw. B_k vom Gesamtmittel μ definiert:

$$\alpha_j = A_j - \mu, \qquad \beta_k = B_k - \mu. \tag{8.34}$$

Hieraus folgt unmittelbar

$$\sum_j \alpha_j = 0, \qquad \sum_k \beta_k = 0. \tag{8.35}$$

Als Wechselwirkungseffekte definiert man

$$(\alpha\beta)_{jk} = (\mu_{jk} - B_k) - \alpha_j = (\mu_{jk} - A_j) - \beta_k, \tag{8.36}$$

woraus unmittelbar folgt, daß

$$(\alpha\beta)_{jk} = \mu_{jk} - \alpha_j - \beta_k - \mu$$

bzw.

$$\mu_{jk} = \mu + \alpha_j + \beta_k + (\alpha\beta)_{jk}$$

und

$$\sum_j (\alpha\beta)_{jk} = 0 \quad \text{für alle } k \text{ und} \tag{8.37}$$

$$\sum_k (\alpha\beta)_{jk} = 0 \quad \text{für alle } j \text{ gilt.} \tag{8.38}$$

Bei Verwendung des Modells (8.33) mit den Bedingungen (8.35), (8.37) und (8.38) erhält man aus (8.27) bis (8.29) die schätzbaren Kontrasts

$$\alpha_j - \alpha_{j'} \qquad j \neq j',$$

$$\beta_k - \beta_{k'} \qquad k \neq k',$$

$$\left((\alpha\beta)_{jk} - (\alpha\beta)_{jk'}\right) - \left((\alpha\beta)_{j'k} - (\alpha\beta)_{j'k'}\right) \quad j \neq j',\ k \neq k'.$$

Die sich hieraus ergebenden Nullhypothesen können bei Berücksichtigung der Bedingungen (8.35), (8.37) und (8.38) aus den Nullhypothesen (8.30), (8.31) und (8.32) abgeleitet und wie folgt formuliert werden:

$$H_{0A}\colon \alpha_1 = \cdots = \alpha_J = 0, \tag{8.39}$$

$$H_{0B}\colon \beta_1 = \cdots = \beta_K = 0, \tag{8.40}$$

$$H_{0A\times B}\colon (\alpha\beta)_{11} = \cdots = (\alpha\beta)_{JK} = 0. \tag{8.41}$$

Modell (8.26) mit den Hypothesen (8.30) bis (8.32) hat den Vorteil, daß es als Spezialfall des allgemeinen linearen Modells von Abschnitt 4.1. betrachtet werden kann.

Das Modell (8.33) mit den Zusatzbedingungen (8.35), (8.37) und (8.38) und den Hypothesen (8.39) bis (8.41) besitzt eine Form, die kein Spezialfall des allgemeinen linearen Modells darstellt. Beide Modelle sind aber einander äquivalent. Diese Zusammenhänge sind auch im *multivariaten* Fall, für $p > 1$, gültig, d. h., wenn man die vektoriellen Haupt- und Wechselwirkungseffekte $\boldsymbol{\mu}$, $\boldsymbol{\alpha}_j$, $\boldsymbol{\beta}_k$, $(\boldsymbol{\alpha\beta})_{jk}$ verwendet.

Univariater Fall; dim $(y_{jkl}) = p = 1$.

Modellgleichung

$$y_{jkl} = \mu + \alpha_j + \beta_k + (\alpha\beta)_{jk} + \varepsilon_{jkl} \tag{8.42}$$

$$j = 1, \ldots, J; \quad k = 1, \ldots, K; \quad l = 1, \ldots, m$$

mit

$$y_{jkl} \sim N(\mu + \alpha_j + \beta_k + (\alpha\beta)_{jk}, \sigma^2) \tag{8.43}$$

und den Bedingungen

$$\sum_{j=1}^{J} \alpha_j = 0, \quad \sum_{k=1}^{K} \beta_k = 0, \quad \sum_{j=1}^{J} (\alpha\beta)_{jk} = 0 \quad \text{für alle } k \text{ und}$$

$$\sum_{k=1}^{K} (\alpha\beta)_{jk} = 0 \quad \text{für alle } j.$$

Die Tabelle der Varianzanalyse für den univariaten Fall lautet:

SQ	FG	Teststatistik
$SQ_A = mK \sum_j (y_{j..} - y_{...})^2$	$f_A = J - 1$	H_{0A} gilt: $\frac{f_R}{f_A} \frac{SQ_A}{SQ_R} \sim F_{f_A, f_R}$
$SQ_B = mJ \sum_k (y_{.k.} - y_{...})^2$	$f_B = K - 1$	H_{0B} gilt: $\frac{f_R}{f_B} \frac{SQ_B}{SQ_R} \sim F_{f_B, f_R}$
$SQ_{A\times B} = m \sum_j \sum_k (y_{jk.} - y_{j..} - y_{.k.} + y_{...})^2$	$f_{A\times B} = (J-1)(K-1)$	$H_{0A\times B}$ gilt: $\frac{f_R}{f_{A\times B}} \frac{SQ_{A\times B}}{SQ_R} \sim F_{f_{A\times B}, f_R}$
$SQ_R = \sum_j \sum_k \sum_l (y_{jkl} - y_{jk.})^2$	$f_R = JK(m-1)$	(8.44)

$\frac{SQ_R}{f_R}$ ist eine unverzerrte Schätzung der Versuchsfehlervarianz σ^2.

$$y_{jk.} = \frac{1}{m} \sum_l y_{jkl}, \quad y_{j..} = \frac{1}{mK} \sum_k \sum_l y_{jkl}, \quad y_{.k.} = \frac{1}{mJ} \sum_j \sum_l y_{jkl}, \quad y_{...} = \frac{1}{mJK} \sum_j \sum_k \sum_l y_{jkl}. \tag{8.45}$$

Multivariater Fall; dim $(\boldsymbol{y}_{jkl}) = p > 1$

Modellgleichung für den l-ten Meßwertvektor im Feld (j, k):

$$\boldsymbol{y}_{jkl} = \boldsymbol{\mu} + \boldsymbol{\alpha}_j + \boldsymbol{\beta}_k + (\boldsymbol{\alpha\beta})_{jk} + \boldsymbol{\epsilon}_{jkl} \tag{8.46}$$

$$j = 1, \ldots, J; \quad k = 1, \ldots, K; \quad l = 1, \ldots, m.$$

Für die $(p, 1)$-Vektoren $\boldsymbol{\alpha}_j, \boldsymbol{\beta}_k, (\boldsymbol{\alpha\beta})_{jk}$ sollen die folgenden Bedingungen gelten:

$$\sum_{j=1}^{J} \boldsymbol{\alpha}_j = \boldsymbol{0}, \quad \sum_{k=1}^{K} \boldsymbol{\beta}_k = \boldsymbol{0}, \quad \sum_{j=1}^{J} (\boldsymbol{\alpha\beta})_{jk} = \boldsymbol{0}$$

für alle k und

$$\sum_{k=1}^{K} (\boldsymbol{\alpha\beta})_{jk} = \boldsymbol{0}$$

für alle j. Für die Vektoren der Versuchsfehler wird vorausgesetzt: $\boldsymbol{\epsilon}_{jkl} \sim N(\boldsymbol{0}, \underset{(p,p)}{\boldsymbol{\Sigma}})$ für alle j, k und l.

Es sollen die folgenden Nullhypothesen geprüft werden:

$$\begin{aligned} &H_{0A\times B}\colon (\boldsymbol{\alpha\beta})_{11} = \cdots = (\boldsymbol{\alpha\beta})_{JK} = \boldsymbol{0}, \\ &H_{0A}\colon \boldsymbol{\alpha}_1 = \cdots = \boldsymbol{\alpha}_J = \boldsymbol{0}, \\ &H_{0B}\colon \boldsymbol{\beta}_1 = \cdots = \boldsymbol{\beta}_K = \boldsymbol{0}. \end{aligned} \tag{8.47}$$

Dazu ist die Berechnung der Matrizen $\boldsymbol{H}_A$, $\boldsymbol{H}_B$, $\boldsymbol{H}_{A\times B}$ und $\boldsymbol{G}$ erforderlich. Sie lauten:

$$\boldsymbol{H}_A = mK \sum_j (\boldsymbol{y}_{j..} - \boldsymbol{y}_{...}) (\boldsymbol{y}_{j..} - \boldsymbol{y}_{...})', \tag{8.48}$$

$$\boldsymbol{H}_B = mJ \sum_k (\boldsymbol{y}_{.k.} - \boldsymbol{y}_{...}) (\boldsymbol{y}_{.k.} - \boldsymbol{y}_{...})', \tag{8.49}$$

$$\boldsymbol{H}_{A\times B} = m \sum_j \sum_k (\boldsymbol{y}_{jk.} - \boldsymbol{y}_{j..} - \boldsymbol{y}_{.k.} + \boldsymbol{y}_{...}) (\boldsymbol{y}_{jk.} - \boldsymbol{y}_{j..} - \boldsymbol{y}_{.k.} - \boldsymbol{y}_{...})', \tag{8.50}$$

$$\boldsymbol{G} = \sum_j \sum_k \sum_l (\boldsymbol{y}_{jkl} - \boldsymbol{y}_{jk.}) (\boldsymbol{y}_{jkl} - \boldsymbol{y}_{jk.})'. \tag{8.51}$$

Die Größen $\boldsymbol{y}_{jk.}$, $\boldsymbol{y}_{j..}$, $\boldsymbol{y}_{.k.}$ und $\boldsymbol{y}_{...}$ erhält man nach (8.45), indem man für y_{jkl} die $(p, 1)$-Vektoren $\boldsymbol{y}_{jkl}$ einsetzt.

Als Teststatistiken werden verwendet:

$$\frac{f_R - p + 1}{f_{A\times B}\,p}\,\mathrm{Sp}\,(\boldsymbol{H}_{A\times B}\boldsymbol{G}^{-1}) \text{ für die Hypothese } H_{0A\times B}, \tag{8.52}$$

$$\frac{f_R - p + 1}{f_A p}\,\mathrm{Sp}\,(\boldsymbol{H}_A\boldsymbol{G}^{-1}) \quad \text{für die Hypothese } H_{0A}, \tag{8.53}$$

$$\frac{f_R - p + 1}{f_B p}\,\mathrm{Sp}\,(\boldsymbol{H}_B\boldsymbol{G}^{-1}) \quad \text{für die Hypothese } H_{0B}. \tag{8.54}$$

Die Matrix $\boldsymbol{S} = \frac{1}{f_R}\,\boldsymbol{G}$ ist wieder eine erwartungstreue Schätzung der Kovarianzmatrix $\boldsymbol{\Sigma}$.

Es ist aber

$$\mathrm{Sp}\,(\boldsymbol{H}_{A\times B}\boldsymbol{G}^{-1}) = \frac{m}{JK(m-1)}\sum_j\sum_k (\boldsymbol{y}_{jk.} - \boldsymbol{y}_{j..} - \boldsymbol{y}_{.k.} + \boldsymbol{y}_{...})' \, \boldsymbol{S}^{-1}(\boldsymbol{y}_{jk.} - \boldsymbol{y}_{j..} - \boldsymbol{y}_{.k.} + \boldsymbol{y}_{...}) \tag{8.55}$$

$$\mathrm{Sp}\,(\boldsymbol{H}_A\boldsymbol{G}^{-1}) = \frac{m}{J(m-1)}\sum_j (\boldsymbol{y}_{j..} - \boldsymbol{y}_{...})'\,\boldsymbol{S}^{-1}(\boldsymbol{y}_{j..} - \boldsymbol{y}_{...}), \tag{8.56}$$

$$\mathrm{Sp}\,(\boldsymbol{H}_B\boldsymbol{G}^{-1}) = \frac{m}{K(m-1)}\sum_k (\boldsymbol{y}_{.k.} - \boldsymbol{y}_{...})'\,\boldsymbol{S}^{-1}(\boldsymbol{y}_{.k.} - \boldsymbol{y}_{...}). \tag{8.57}$$

Somit erhält man zum Prüfen der Hypothesen (8.47) die folgenden Teststatistiken:

Hypothese $H_{0A\times B}$: $(\boldsymbol{\alpha\beta})_{11} = \cdots = (\boldsymbol{\alpha\beta})_{JK} = \boldsymbol{0}$.

Nach (8.44) ist $f_{A\times B} = (J-1)(K-1)$ und $f_R = JK(m-1)$. Somit ist nach (8.52) und (8.55) auf Grund von Abschnitt 4.4.

$$\tilde{F} = \frac{[JK(m-1) - p + 1]\,m}{(J-1)(K-1)\,p\,JK(m-1)}\sum_j\sum_k (\boldsymbol{y}_{jk.} - \boldsymbol{y}_{j..} - \boldsymbol{y}_{.k.} + \boldsymbol{y}_{...})' \times \boldsymbol{S}^{-1}(\boldsymbol{y}_{jk.} - \boldsymbol{y}_{j..} - \boldsymbol{y}_{.k.} + \boldsymbol{y}_{...}) \tag{8.58}$$

approximativ F-verteilt mit g_1 und g_2 Freiheitsgraden, wobei

$$g_1 = \begin{cases} \dfrac{(J-1)(K-1)\,p[JK(m-1) - p]}{JK(m-1) - (p-1)(J-1)(K-1) - 1}, & \text{falls der Nenner größer als 0} \\ \infty & \text{sonst,} \end{cases} \tag{8.59}$$

$$g_2 = JK(m-1) - p + 1. \tag{8.60}$$

Bei vorgegebener Irrtumswahrscheinlichkeit α wird die Hypothese $H_{0A\times B}$ abgelehnt, wenn

$$\tilde{F} > F_{g_1,g_2;\alpha}. \tag{8.61}$$

Hypothese H_{0A}: $\boldsymbol{\alpha}_1 = \cdots = \boldsymbol{\alpha}_J = \boldsymbol{0}$.

Aus (8.44) folgt, daß $f_A = J - 1$ und $f_R = JK(m-1)$. Wegen (8.53) und (8.56) und Abschnitt 4.4. ist

$$\tilde{F} = \frac{(JK(m-1) - p + 1)\,m}{(J-1)\,p\,J(m-1)} \sum_j (\boldsymbol{y}_{j..} - \boldsymbol{y}_{...})'\, S^{-1}(\boldsymbol{y}_{j..} - \boldsymbol{y}_{...}) \tag{8.62}$$

approximativ F-verteilt mit g_1 und g_2 Freiheitsgraden, wobei

$$g_1 = \begin{cases} \dfrac{\big(JK(m-1) - p\big)(J-1)\,p}{JK(m-1) - (J-1)(p-1) - 1}, & \text{falls der Nenner größer als 0} \\ \infty & \text{sonst,} \end{cases} \tag{8.63}$$

$$g_2 = JK(m-1) - p + 1. \tag{8.64}$$

Bei vorgegebener Irrtumswahrscheinlichkeit α wird die Hypothese H_{0A} abgelehnt, wenn

$$\tilde{F} > F_{g_1,g_2;\alpha}. \tag{8.65}$$

Hypothese H_{0B}: $\boldsymbol{\beta}_1 = \cdots = \boldsymbol{\beta}_K = \boldsymbol{0}$.

Nach (8.44) ist $f_B = K - 1$ und $f_R = JK(m-1)$. Somit ist nach (8.54) und (8.57) auf Grund von Abschnitt 4.4.

$$\tilde{F} = \frac{(JK(m-1) - p + 1)m}{(K-1)\,p\,K(m-1)} \sum_k (\boldsymbol{y}_{.k.} - \boldsymbol{y}_{...})'\, S^{-1}(\boldsymbol{y}_{.k.} - \boldsymbol{y}_{...}) \tag{8.66}$$

approximativ F-verteilt mit g_1 und g_2 Freiheitsgraden, wobei

$$g_1 = \begin{cases} \dfrac{\big(JK(m-1) - p\big)(K-1)\,p}{JK(m-1) - (K-1)(p-1) - 1}, & \text{falls der Nenner größer als 0} \\ \infty & \text{sonst,} \end{cases} \tag{8.67}$$

$$g_2 = JK(m-1) - p + 1. \tag{8.68}$$

Die Hypothese H_{0B} wird bei vorgegebener Irrtumswahrscheinlichkeit α abgelehnt, wenn

$$\tilde{F} > F_{g_1,g_2;\alpha}. \tag{8.69}$$

Für dreifach und höher klassifizierte Versuchspläne mit gleicher Besetzung und für Hypothesenprüfungen, die ganze Gruppen von Haupt- und Wechselwirkungseffekten betreffen, kann man die zugehörigen Teststatistiken leicht nach dem Vorbild der zweifachen Klassifikation ableiten, indem man von der Kenntnis des entsprechenden univariaten Falles ausgeht.

Beispiel: Wir betrachten das Beispiel einer zweifachen Klassifikation mit $m = 4$ Beobachtungsvektoren der Dimension $p = 2$ je Zelle. Es soll ein vereinfachtes Zahlenbeispiel sein, weil es uns in erster Linie darauf ankommt, dem Leser die Hauptetappen einer multivariaten zweifaktoriellen Varianzanalyse numerisch so zu veranschaulichen, daß er jederzeit in der Lage ist, mit relativ einfachen Hilfsmitteln jeden einzelnen Schritt nachzuvollziehen.

Untersucht werden $J = 3$ verschiedene Rassen (Faktor A in 3 Stufen) eines Nutztieres. Sie sollen zum Zeitpunkt des Versuches gleichen Alters und gleichen Geschlechts sein, sowie gleichen Umweltbedingungen unterliegen. Jede Rasse wird $K = 3$ wachstumsfördernden Behandlungen (Faktor B in 3 Stufen) unterworfen. Es werden $p = 2$ Merkmale gemessen, und zwar die Gewichtszunahme in zwei zeitlich aufeinanderfolgenden Wachstumsperioden. Die Dimension der Beobachtungsvektoren beträgt also $p = 2$ und offenbar sind die Gewichtszunahmen in aufeinanderfolgenden Wachstumsperioden zwei korrelierende Merkmale. Je Rasse und je Behandlung wurden $m = 4$ Wiederholungen durchgeführt ($l = 1, 2, 3, 4$). Wir wollen folgende Annahme an den Anfang stellen:

Der Vektor $\boldsymbol{y}'_{jkl} = (y_{1jkl}, y_{2jkl})$ der Gewichtszunahmen in 2 aufeinanderfolgenden Wachstumsperioden folgt einer 2dimensionalen Normalverteilung mit dem Mittelwertsvektor $(\boldsymbol{\mu} + \boldsymbol{\alpha}_j + \boldsymbol{\beta}_k + (\boldsymbol{\alpha\beta})_{jk})$ und gleicher Kovarianzmatrix $\underset{(2,2)}{\boldsymbol{\Sigma}}$ für alle Kombinationen von Rassen und Behandlungen.

Modell:

$$\boldsymbol{y}_{jkl} = \boldsymbol{\mu} + \boldsymbol{\alpha}_j + \boldsymbol{\beta}_k + (\boldsymbol{\alpha\beta})_{jk} + \boldsymbol{\epsilon}_{jkl} \tag{8.70}$$

$$j = 1, \ldots, J; \quad k = 1, \ldots, K; \quad l = 1, \ldots, m.$$

$\boldsymbol{\mu}$ — allgemeines Mittel (Mittelwertsvektor der Gewichtszunahme),
$\boldsymbol{\alpha}_j$ — Effekte, die durch die Rassen hervorgerufen werden,
$\boldsymbol{\beta}_k$ — Effekte, die durch die Behandlungen hervorgerufen werden,
$(\boldsymbol{\alpha\beta})_{jk}$ — Wechselwirkungseffekte zwischen Rassen und Behandlungen,
$\boldsymbol{\epsilon}_{jkl}$ — Fehlervektor auf Grund nichtkontrollierbarer zufälliger Einflüsse mit der Verteilung

$$\boldsymbol{\epsilon}_{jkl} \sim N(\boldsymbol{0}, \underset{(2,2)}{\boldsymbol{\Sigma}}). \tag{8.71}$$

Unter diesen hier genannten Voraussetzungen sollen folgende Fragen beantwortet werden:

1. Üben die durch die verschiedenen Rassen hervorgerufenen Effekte einen Einfluß auf die mittleren Gewichtszunahmen aus?
   Diese Frage kann durch das Prüfen der Hypothese H_{0A}: $\boldsymbol{\alpha}_1 = \boldsymbol{\alpha}_2 = \boldsymbol{\alpha}_3 = \boldsymbol{0}$ beantwortet werden.
2. Üben die durch die verschiedenen Behandlungen hervorgerufenen Effekte einen Einfluß auf die mittleren Gewichtszunahmen aus?
   Das heißt, die Hypothese H_{0B}: $\boldsymbol{\beta}_1 = \boldsymbol{\beta}_2 = \boldsymbol{\beta}_3 = \boldsymbol{0}$ ist zu prüfen.
3. Existieren Wechselwirkungen zwischen den Rassen und Behandlungen, die ungewöhnlich starke oder geringe mittlere Gewichtszunahmen bewirken?
   Hier muß die Hypothese $H_{0A \times B}$: $(\boldsymbol{\alpha\beta})_{11} = (\boldsymbol{\alpha\beta})_{12} = \cdots = (\boldsymbol{\alpha\beta})_{33} = \boldsymbol{0}$ geprüft werden.

Als Schema des Versuchsplanes erhält man:

Faktor B (Behandlungen) (8.72)

Faktor A (Rassen) j \ k	1	2	3
1	y_{111}	·	y_{131}
	⋮	·	⋮
	y_{114}	·	y_{134}
2	⋮	⋮	⋮
3	y_{311}	·	y_{331}
	⋮	·	⋮
	y_{314}	·	y_{334}

Die Durchführung des Versuchs habe folgendes Zahlenmaterial ergeben, wobei wir die Meßwertvektoren als 2dimensionale Zeilenvektoren hinschreiben, die wir je Zelle (j, k) angeben:

Zelle (1, 1):	(4, 5),	(4, 3),	(8, 8),	(6, 5)
„ (1, 2):	(6, 5),	(6, 6),	(8, 11),	(5, 7)
„ (1, 3):	(17, 13),	(10, 8),	(13, 10),	(8, 6)
„ (2, 1):	(6, 9),	(5, 5),	(8, 6),	(7, 9)
„ (2, 2):	(9, 12),	(7, 6),	(6, 5),	(5, 8)
„ (2, 3):	(12,10),	(10, 8),	(10, 9),	(9, 8)
„ (3, 1):	(8, 10),	(7, 7),	(10, 8),	(9, 11)
„ (3, 2):	(11, 13),	(9, 8),	(8, 7),	(7, 9)
„ (3, 3):	(13, 11),	(11, 8),	(11, 9),	(10, 7)

Da es sich um ein Beispiel handelt, dessen Beobachtungsvektoren nur die Dimension $p = 2$ besitzen, ist es zweckmäßig, die Matrizen $\boldsymbol{H}_A$, $\boldsymbol{H}_B$, $\boldsymbol{H}_{A\times B}$ und $\boldsymbol{G}$ nach (8.48) bis (8.51) direkt zu berechnen, $\boldsymbol{G}$ zu invertieren und dann entsprechend der jeweiligen Nullhypothese Sp $(\boldsymbol{H}\boldsymbol{G}^{-1})$ zu ermitteln, ohne die in den Formeln (8.55) bis (8.57) enthaltenen Umformungen zu verwenden. Wegen der Symmetrie der Matrizen $\boldsymbol{H}$ und $\boldsymbol{G}$ ergeben sich außerdem noch Vereinfachungen. Es ist

$$\boldsymbol{G} = \begin{pmatrix} 98.7500 & 87.2500 \\ & 144.0000 \end{pmatrix},$$

$$\boldsymbol{G}^{-1} = \begin{pmatrix} 0.021794 & -0.013205 \\ & 0.014945 \end{pmatrix}.$$

$$\boldsymbol{S} = \frac{1}{f_R} \boldsymbol{G} = \begin{pmatrix} 3.657 & 3.231 \\ & 5.333 \end{pmatrix}$$

ist eine Schätzung von $\boldsymbol{\Sigma}$.

Man erhält

$$H_A = \begin{pmatrix} 21.1666 & 18.0833 \\ & 18.7222 \end{pmatrix},$$

$$H_B = \begin{pmatrix} 137.1666 & 44.9167 \\ & 18.3889 \end{pmatrix},$$

$$H_{A\times B} = \begin{pmatrix} 17.6668 & 16.9167 \\ & 18.7778 \end{pmatrix}.$$

Zuerst wird die Hypothese $H_{0A\times B}$ geprüft, um Aufklärung zu erhalten, ob Wechselwirkungseffekte auftreten und die reine Additivität des Modells gestört ist.

Alle Hypothesen sollen mit der Irrtumswahrscheinlichkeit $\alpha = 0.05$ geprüft werden. Die Freiheitsgrade sind $f_A = 2$, $f_B = 2$, $f_{A\times B} = 4$, $f_R = 27$, $p = 2$.

Hypothese $H_{0A\times B}$: $(\alpha\beta)_{11} = \cdots = (\alpha\beta)_{33} = \boldsymbol{0}$.

$$\text{Sp}\,(H_{A\times B}G^{-1}) = 0.2189,$$

$$\tilde{F} = \frac{f_R - p + 1}{f_{A\times B}\,p}\,\text{Sp}\,(H_{A\times B}G^{-1}) = 0.7114.$$

Die Freiheitsgrade g_1 und g_2 erhält man nach (8.59) und (8.60) mit $g_1 = 9.1$ und $g_2 = 26$. Folglich ist

$$F_{g_1,g_2;\alpha} = F_{9.1,26;0.05} \approx 2.27$$

und somit

$$\tilde{F} \leqq F_{g_1,g_2;\alpha},$$

d. h., wir lehnen die Hypothese $H_{0A\times B}$, daß keine Wechselwirkungseffekte nachweisbar sind, nicht ab. Folglich können wir ein rein additives Modell annehmen.

Hypothese H_{0A}: $\alpha_1 = \alpha_2 = \alpha_3 = \boldsymbol{0}$.

$$\text{Sp}\,(H_AG^{-1}) = 0.2635,$$

$$\tilde{F} = \frac{f_R - p + 1}{f_A\,p}\,\text{Sp}\,(H_AG^{-1}) = 1.7129.$$

Die Freiheitsgrade g_1 und g_2 erhält man nach (8.63) und (8.64) mit $g_1 = 4.1667$, $g_2 = 26$, so daß bei $\alpha = 0.05$

$$F_{g_1,g_2;\alpha} = F_{4.1667,26;0.05} \approx 2.72.$$

Wieder ist $\tilde{F} \leqq F_{g_1,g_2;\alpha}$, so daß wir die Hypothese H_{0A} nicht ablehnen.

Hypothese H_{0B}: $\beta_1 = \beta_2 = \beta_3 = 0$.

$$\text{Sp}\,(H_BG^{-1}) = 2.0780,$$

$$\tilde{F} = \frac{f_R - p + 1}{f_B\,p}\,\text{Sp}\,(H_BG^{-1}) = 13.5068.$$

Wieder ist (wegen $J = K = 3$) $g_1 = 4.1667$ und $g_2 = 26$ und somit für $\alpha = 0.05$

$$F_{g_1,g_2;\alpha} = F_{4.1667,26;0.05} \approx 2.72$$

und somit

$$\tilde{F} > F_{g_1,g_2;\alpha},$$

d. h., wir lehnen die Hypothese H_{0B} ab. Man kann also auf Grund des gegebenen Materials annehmen, daß durch den Einfluß der verschiedenen Behandlungen unterschiedliche Wirkungen auf die mittlere Gewichtszunahme hervorgerufen werden.

Im folgenden möchten wir dem Leser an diesem Beispiel auch den Gebrauch des Kriteriums der größten charakteristischen Wurzel und der HECKschen Nomogramme demonstrieren (KRES, H. (1975)).

Aus den Nomogrammen erhält man obere Prozentpunkte der Nullverteilung der Testgröße

$$x_\alpha = x_{\alpha;s,m,n} = \Theta_{\max},$$

wobei $\Theta_{\max}$ ($\equiv l_{\max}$ in Abschnitt 4.3.3.) die größte charakteristische Wurzel der Gleichung $|\boldsymbol{H} - \Theta(\boldsymbol{H} + \boldsymbol{G})| = 0$ bzw. der Gleichung $|\boldsymbol{H}(\boldsymbol{H} + \boldsymbol{G})^{-1} - \Theta\boldsymbol{I}| = 0$ ist. Zwischen diesem und dem von uns bisher betrachteten Eigenwertproblem $|\boldsymbol{H} - \lambda\boldsymbol{G}| = 0$ bzw. $|\boldsymbol{H}\boldsymbol{G}^{-1} - \lambda\boldsymbol{I}| = 0$ gelten die folgenden Beziehungen:

$$\lambda_{\max} = \frac{\Theta_{\max}}{1 - \Theta_{\max}} = \frac{x_\alpha}{1 - x_\alpha} \quad \text{bzw.} \quad x_\alpha = \frac{\lambda_{\max}}{1 + \lambda_{\max}}.$$

Damit können wir die HECKschen Nomogramme benutzen.

Die Parameter bedeuten

$$s = \min(n_h, p), \qquad n_h = FG \text{ (Hypothese)},$$
$$m = (|n_h - p| - 1)/2,$$
$$n = (n_e - p - 1)/2, \qquad n_e = FG \text{ (Fehler)}$$

(sie entsprechen unseren in Kap. 4. benutzten Parametern t, m_1, m_2).

Der kritische Bereich ist für alle $\Theta_{\max}$ fixiert mit

$$P(\Theta_{\max} > x_{\alpha;s,m,n}) = \alpha.$$

Prüfung der einzelnen Hypothesen:

$H_{0A\times B}$: Berechne $\lambda_{\max}$ aus $|\boldsymbol{H}_{A\times B}\boldsymbol{G}^{-1} - \lambda\boldsymbol{I}| = 0$.

Das charakteristische Polynom ist von 2. Ordnung.

$$\lambda^2 - \mathrm{Sp}\,(\boldsymbol{H}_{A\times B}\boldsymbol{G}^{-1})\,\lambda + \det\,(\boldsymbol{H}_{A\times B}\boldsymbol{G}^{-1}) = 0,$$
$$\lambda^2 - 0.2189\lambda + 0.0069 = 0,$$
$$\lambda_{\max} = 0.1808 \quad \text{bzw.} \quad \Theta_{\max} = 0.1531.$$

Es ist $n_h = f_{A\times B} = 4$, $s = \min(n_h, p) = 2$, $m = 1/2$, $n = 12$. Aus dem Nomogramm entnimmt man für $\alpha = 0.05$

$$x_{\alpha;s,m,n} = x_{0.05;2,1/2,12} = 0.405.$$

Da $\Theta_{\max} < x_{\alpha;s,m,n}$, kann man auf Grund der Daten die Hypothese $H_{0A\times B}$, daß die Wechselwirkungen gleich 0 sind, nicht ablehnen. Wir können somit ein rein additives Modell annehmen.

H_{A0}: Berechne $\lambda_{\max}$ aus $|\boldsymbol{H}_A\boldsymbol{G}^{-1} - \lambda\boldsymbol{I}| = 0$, d. h. aus

$$\lambda^2 - \mathrm{Sp}(\boldsymbol{H}_A\boldsymbol{G}^{-1})\,\lambda + \det(\boldsymbol{H}_A\boldsymbol{G}^{-1}) = 0,$$

$$\lambda^2 - 0.2635\lambda + 0.0105 = 0,$$

$$\lambda_{\max} = 0.2146 \qquad \text{bzw.} \qquad \Theta_{\max} = 0.1767.$$

Es ist $n_h = f_A = 2$, $s = \min(n_h, p) = 2$, $m = -1/2$, $n = 12$. Damit erhält man aus dem Nomogramm

$$x_{\alpha;s,m,n} = x_{0.05;2,-1/2,12} = 0.278.$$

Da $\Theta_{\max} < x_{\alpha;s,m,n}$, kann auf Grund der Daten die Hypothese H_{0A} nicht abgelehnt werden.

H_{0B}: Berechne $\lambda_{\max}$ aus $|\boldsymbol{H}_B\boldsymbol{G}^{-1} - \lambda\boldsymbol{I}| = 0$, d. h. aus

$$\lambda^2 - \mathrm{Sp}(\boldsymbol{H}_B\boldsymbol{G}^{-1})\,\lambda + \det(\boldsymbol{H}_B\boldsymbol{G}^{-1}) = 0,$$

$$\lambda^2 - 2.078\lambda + 0.0764 = 0,$$

$$\lambda_{\max} = 2.041 \qquad \text{bzw.} \qquad \Theta_{\max} = 0.6711.$$

Es ist $n_h = f_B = 2$, $s = \min(n_h, p) = 2$, $m = -1/2$, $n = 12$.
Damit erhält man aus dem Nomogramm

$$x_{\alpha;s,m,n} = x_{0.05;2,-1/2,12} = 0.278.$$

Da $\Theta_{\max} > x_{\alpha;s,m,n}$, folgt die Ablehnung der Hypothese der Gleichheit der Wirkungen unterschiedlicher Behandlungen auf die mittlere Gewichtszunahme.

Damit entsteht die Frage, welche Behandlungen unterschiedliche mittlere Gewichtszunahmen bewirken, d. h. ein Problem des multiplen Vergleichs im multivariaten Fall.

8.3 Simultane Konfidenzgrenzen auf der Basis der Verteilung der größten charakteristischen Wurzel

Simultane Konfidenzgrenzen, aus denen sich die multiplen Vergleiche ergeben, sind für die allgemeine multivariate lineare Hypothese ausführlich bei S. N. Roy (1957) behandelt und im Detail hergeleitet worden.

Die Herleitung beruht auf zwei einfachen algebraischen Relationen:

1. $|\boldsymbol{u}'\boldsymbol{y}| \leqq +\sqrt{d^2}$ ist äquivalent mit $\boldsymbol{y}'\boldsymbol{y} \leqq d^2$ für alle $\boldsymbol{u} \neq \boldsymbol{0}$ mit $\boldsymbol{u}'\boldsymbol{u} = 1$.
2. $\sup_{\boldsymbol{u}} (\boldsymbol{u}'\boldsymbol{H}\boldsymbol{u}/\boldsymbol{u}'\boldsymbol{G}\boldsymbol{u}) = \lambda_{\max}$ für alle $\boldsymbol{u} \neq 0$. $\lambda_{\max}$ ist dabei die größte charakteristische Wurzel der Determinantengleichung $|\boldsymbol{H} - \lambda\boldsymbol{G}| = 0$.

Die zweite der beiden Beziehungen macht deutlich, daß das Union-Intersection-Prinzip und die Verteilung der größten charakteristischen Wurzel von S. N. Roy unmittelbar die Basis für die Konstruktion simultaner Konfidenzgrenzen bilden.

Will man die allgemeinste Form simultaner Konfidenzgrenzen für die allgemeine lineare multivariate Hypothese betrachten bzw. multiple Vergleiche durchführen, muß man die Möglichkeit einschließen, sowohl Spalten- als auch Zeilenkombinationen der Parametermatrix $\underset{(m,p)}{\mathbf{B}}$ erfassen zu können. Das ist durch die Verwendung der in Abschnitt 4.2.5. angegebenen verallgemeinerten Form der multivariaten linearen Hypothese möglich, die man durch die Hinzunahme der Matrix $\underset{(p,u)}{U}$ gegebener Konstanten erhält, wobei $\text{Rg}\,(U) = u \leqq p$ ist.

Gemäß (4.5) und (4.6) folgt aus der Rangbedingung $\text{Rg}\,(X) = r \leqq m$ die Zerlegung der Versuchsplanmatrix X und der Hypothesenmatrix K in $\underset{(n,m)}{X} = (\underset{(n,r)}{X_1} \,\vdots\, \underset{(n,m-r)}{X_2})$, $\underset{(s,m)}{K} = (\underset{(s,r)}{K_1} \,\vdots\, \underset{(s,m-r)}{K_2})$ was eine entsprechende Zerlegung der Parametermatrix $\underset{(m,p)}{\mathbf{B}} = \begin{pmatrix} \underset{(r,p)}{\mathbf{B}_1} \\ \cdots \\ \underset{(m-r,p)}{\mathbf{B}_2} \end{pmatrix}$ induziert. Die Nullhypothese lautet dann

$$H_0^{(U)} : \underset{(s,m)}{K} \; \underset{(m,p)}{\mathbf{B}} \; \underset{(p,u)}{U} = \underset{(s,u)}{0},$$

$$\text{d. h. } (K_1 \,\vdots\, K_2) \begin{pmatrix} \mathbf{B}_1 \\ \cdots \\ \mathbf{B}_2 \end{pmatrix} = 0 \text{ bzw. } (K_1\mathbf{B}_1 + K_2\mathbf{B}_2)\, U = 0$$

gegen die Alternativhypothese

$$H_1^{(U)} : (K_1\mathbf{B}_1 + K_2\mathbf{B}_2)\, U \neq 0 .$$

Für alle Bilinearformen $b'K\mathbf{B}Uu$ der Elemente der Matrix $K\mathbf{B}U$ mit beliebigem Nichtnullvektor $\underset{(u,1)}{u}$ und beliebigem Vektor $\underset{(s,1)}{b}$, der der Normierungsbedingung

$$b'K_1(X_1'X_1)^{-1} K_1'b = 1 \tag{8.72}$$

genügt, findet man bei S. N. Roy (1957) (siehe auch Morrison (1967)) die Angabe simultaner Konfidenzgrenzen zum Niveau $1 - \alpha$ für die Parameter des multivariaten allgemeinen linearen Hypothesenmodells in der folgenden Form:

$$b'K_1(X_1'X_1)^{-1} X_1'Y'Uu - \sqrt{\frac{x_\alpha}{1 - x_\alpha}\, u'Gu} \leqq b'(K_1\mathbf{B}_1 + K_2\mathbf{B}_2)\, Uu$$

$$\leqq b'K_1(X_1'X_1)^{-1} X_1'Y'Uu + \sqrt{\frac{x_\alpha}{1 - x_\alpha}\, u'Gu} \tag{8.73}$$

x_α sind die kritischen Werte aus den HECKschen Nomogrammen und $\boldsymbol{b}'\boldsymbol{K}_1(\boldsymbol{X}_1'\boldsymbol{X}_1)^{-1}\boldsymbol{X}_1'\boldsymbol{Y}'\boldsymbol{U}\boldsymbol{u}$ ist, wie aus (4.46) abgeleitet werden kann, ein erwartungstreuer Schätzer (mit minimaler Varianz) für $\boldsymbol{b}'(\boldsymbol{K}_1\mathbf{B}_1 + \boldsymbol{K}_2\mathbf{B}_2)\,\boldsymbol{U}\boldsymbol{u}$.

Da die Bilinearformen Skalare bzw. eindimensionale zufällige Größen sind, enthält obiger Ausdruck als extremen Spezialfall zum Beispiel das Konfidenzintervall für den Mittelwert einer Normalverteilung bei unbekannter Varianz, d. h.

$$\bar{x} - \sqrt{t^2_{\frac{\alpha}{2}} \frac{s^2}{n}} \leqq \mu \leqq \bar{x} + \sqrt{t^2_{\frac{\alpha}{2}} \frac{s^2}{n}},$$

wobei die t-Verteilung zugrunde gelegt werden muß.

Durch die freie Wahl der Hypothesenmatrix $\boldsymbol{K}$ und der Matrix $\boldsymbol{U}$ kann eine unendliche Vielfalt von Hypothesen geprüft werden. Wir wollen hier nur die einfachsten, aber praktisch wichtigsten Fälle der MANOVA und zwar den komponentenweisen Vergleich von Behandlungseffekten betrachten. Damit erhält die Hypothesenmatrix $\boldsymbol{K}$ eine bekannte Struktur und für die Matrix $\boldsymbol{U}$ wird die (p,p)-Einheitsmatrix gewählt.

8.3.1. *Multiple Vergleiche bei der einfachen Klassifikation — multivariater Fall*

Wie wir aus Kap. 4. ersehen, ändern sich beim Übergang vom univariaten zum multivariaten Fall beim gleichen Versuchsplan und derselben Hypothese die Matrizen $\boldsymbol{X}$ und $\boldsymbol{K}$ nicht.

Die Wahl des Vektors $\boldsymbol{b}$ für die Normierungsbedingung (8.72) hängt von der Hypothesenmatrix $\boldsymbol{K}$ ab, die zu der Globalhypothese

$$H_{0A}: \boldsymbol{\alpha}_1 = \cdots = \boldsymbol{\alpha}_J = \boldsymbol{0}$$

gewählt werden kann.

Setzt man $\boldsymbol{K} = (\boldsymbol{K}_1 : \boldsymbol{K}_2)$ mit

$$\underset{(J-1,J)}{\boldsymbol{K}_1} = \begin{pmatrix} 1 & 0 & \cdots & & -1 \\ 0 & 1 & \cdots & & -1 \\ \cdot & \cdot & \cdot & \cdot & \cdot \\ 0 & \cdot & \cdots & 1 & -1 \end{pmatrix} \text{ und } \underset{(J-1,1)}{\boldsymbol{K}_2} = \begin{pmatrix} 0 \\ \vdots \\ 0 \end{pmatrix}$$

dann erhält man für $\boldsymbol{K}_1(\boldsymbol{X}_1'\boldsymbol{X}_1)^{-1}\boldsymbol{K}_1'$ den unter (2.81) angegebenen Ausdruck.

Um der Normierungsbedingung (8.72) zu genügen muß man als Vektor $\boldsymbol{b}$ wählen

$$\underset{(1,J-1)}{\boldsymbol{b}'} = \left(0, \ldots, 0, \sqrt{\frac{n_j n_J}{n_j + n_J}}, 0, \ldots, 0\right),$$

wobei der Wurzelausdruck an j-ter Stelle steht und $j = 1, \ldots, J-1$.

Wenn $\boldsymbol{y}_{1.}, \ldots, \boldsymbol{y}_{J.}$ die Mittelwertvektoren der J Gruppen sind und $\boldsymbol{\alpha}_1, \ldots, \boldsymbol{\alpha}_J$ mit $\boldsymbol{\alpha}_j' = (\alpha_{1j} \ldots \alpha_{pj})$ die Vektoren, die die Behandlungseffekte (Gruppeneffekte) repräsentieren, dann erhält man für alle von Null verschiedenen Linearkombinationen des j-ten und J-ten Behandlungseffektes

$$\sum_{i=1}^{p} u_i(\alpha_{ij} - \alpha_{iJ})$$

die folgenden simultanen Konfidenzintervalle zum Niveau $1 - \alpha$:

$$\sum_{i=1}^{p} u_i(y_{ij.} - y_{iJ.}) - \sqrt{\frac{x_\alpha}{1 - x_\alpha} \boldsymbol{u}'\boldsymbol{G}\boldsymbol{u} \left(\frac{1}{n_j} + \frac{1}{n_J}\right)} \leqq \sum_{i=1}^{p} u_i(\alpha_{ij} - \alpha_{iJ})$$

$$\leqq \sum_{i=1}^{p} u_i(y_{ij.} - y_{iJ.}) + \sqrt{\frac{x_\alpha}{1 - x_\alpha} \boldsymbol{u}'\boldsymbol{G}\boldsymbol{u} \left(\frac{1}{n_j} + \frac{1}{n_J}\right)} \qquad (8.74)$$

Für die praktische Nutzung ist folgendes zu beachten:

1. Wählt man für den Nichtnullvektor $\boldsymbol{u}$ die Vektoren $\boldsymbol{u}' = (0, \ldots, 0, 1, 0, \ldots, 0)$ mit der 1 an der i-ten Stelle ($i = 1, \ldots, p$) so erhält man für ein festes i_0 simultane Konfidenzintervalle von Behandlungsdifferenzen für die i_0-te Komponente.
2. Da die Durchnumerierung der Behandlungen (Gruppen) beliebig vorgenommen werden kann, gelten die simultanen Konfidenzintervalle (8.74) für Linearkombinationen beliebiger Behandlungsdifferenzen, zum Beispiel der j_1-ten und j_2-ten Gruppe

$$\sum_{i=1}^{p} u_i(\alpha_{ij_1} - \alpha_{ij_2}),$$

wobei in (8.74) unter der Wurzel der Faktor $\frac{1}{n_{j_1}} + \frac{1}{n_{j_2}}$ zu verwenden ist.

8.3.2. *Multiple Vergleiche bei der zweifachen Klassifikation ohne Wechselwirkung — multivariater Fall*

Gemäß der allgemeinen Formel (8.73) sind für die zweifache Klassifikation ohne Wechselwirkung vor allem die Versuchsplanmatrix $\boldsymbol{X}$ und deren Basismatrizen entsprechend den Tests der Haupteffekte für die multiplen Vergleiche von Bedeutung. Die entsprechenden Hypothesenmatrizen ergeben sich sofort aus der übersichtlichen Form der Hypothesen über die Haupteffekte.

Betrachtet man die $(m, 1)$-Vektoren $\boldsymbol{1}$ und $\boldsymbol{0}$ bestehend aus lauter Einsen bzw. Nullen, dann hat die Versuchsplanmatrix $\boldsymbol{X}$ der zweifachen

Klassifikation die folgende Gestalt (z. B. AHRENS, H. (1967)):

$$X = \begin{pmatrix} 1 & \vdots & 0 & 1 \cdots 0 & 1 \\ \vdots & \vdots & \vdots & \cdots\cdots & \vdots \\ 1 & \vdots & 0 & 0 \cdots 1 & \vdots \\ 0 & \vdots & \vdots & \vdots \quad \vdots & \vdots \\ \vdots & \vdots & 1 & 1 \cdots 0 & \vdots \\ \vdots & \vdots & \vdots & \cdots\cdots & \vdots \\ 0 & \cdot & 1 & 0 \cdots 1 & 1 \end{pmatrix}$$

X ist eine $(N, J + K + 1)$-Matrix mit $\mathrm{Rg}\,(X) = J + K - 1$. Dabei ist $N = JKm$. Die $(m,1)$-Vektoren $\mathbf{1}$ ergeben sich aus der m-fachen Besetzung der Zellen. Will man die Hypothese H_{0A} über die Zeileneffekte testen, erhält man eine Basismatrix X_1 aus den ersten $J + K - 1$ Spalten von X, für die Hypothese H_{0B} zum Beispiel aus den letzten $J + K - 1$ Spalten von X. In jedem Falle erhält man $X_1'X_1$ nicht mehr als Diagonalmatrix wie bei der einfachen Klassifikation, die notwendige Inversion jedoch ergibt sich relativ einfach bei Nutzung der Formel (2.78). Die Herleitung im Detail kann der Leser z. B. für den Fall $J = K = 3$ selbst sehr einfach durchführen.

In vollkommener Analogie zur einfachen Klassifikation, d. h. zur Formel (8.74), erhält man simultane Konfidenzintervalle zum Niveau $1 - \alpha$ für die Linearkombination der Differenzen der j_1-ten und j_2-ten Zeileneffekte bzw. der k_1-ten und k_2-ten Spalteneffekte ($j_1, j_2 = 1, \ldots, J$; $k_1, k_2 = 1, \ldots, K$; $j_1 \neq j_2$, $k_1 \neq k_2$).

Im Vergleich zur einfachen Klassifikation setzt man im Falle simultaner Konfidenzintervalle für die Zeileneffekte statt $\frac{1}{n_{j_1}} + \frac{1}{n_{j_2}}$ jetzt $\frac{1}{Km} + \frac{1}{Km} = \frac{2}{Km}$ (Km = Anzahl aller Beobachtungen einer Zeile) und für die Spalteneffekte $\frac{1}{Jm} + \frac{1}{Jm} = \frac{2}{Jm}$ (Jm = Anzahl aller Beobachtungen einer Spalte) als Faktor von $u'Gu$ unter die Wurzel. Somit erhält man für einen beliebigen Nichtnullvektor u für die Zeileneffekte die simultanen Konfidenzintervalle

$$\sum_{i=1}^{p} u_i(y_{ij_1..} - y_{ij_2..}) - \sqrt{\frac{x_\alpha}{1 - x_\alpha}\, u'Gu\, \frac{2}{Km}} \leq \sum_{i=1}^{p} u_i(\alpha_{ij_1} - \alpha_{ij_2})$$

$$\leq \sum_{i=1}^{p} u_i(y_{ij_1..} - y_{ij_2..}) + \sqrt{\frac{x_\alpha}{1 - x_\alpha}\, u'Gu\, \frac{2}{Km}} \tag{8.75}$$

und für die Spalteneffekte entsprechend

$$\sum_{i=1}^{p} u_i(y_{i.k_1.} - y_{i.k_2.}) - \sqrt{\frac{x_\alpha}{1 - x_\alpha}\, u'Gu\, \frac{2}{Jm}} \leq \sum_{i=1}^{p} u_i(\beta_{ik_1} - \beta_{ik_2})$$

$$\leq \sum_{i=1}^{p} u_i(y_{i.k_1.} - y_{i.k_2.}) + \sqrt{\frac{x_\alpha}{1 - x_\alpha} u'Gu \frac{2}{Jm}} \tag{8.76}$$

Im Falle der Zeileneffekte hat der kritische Wert x_α die Parameter: $s = \min(f_A, p)$, $m = (|f_A - p| - 1)/2$, $n = (JK(m-1) - p - 1)/2$. Im Falle der Spalteneffekte wird $f_A = J - 1$ durch $f_B = K - 1$ ersetzt.

Durch die Wahl von $u' = (0 \ldots 1 \ldots 0)$ mit 1 an der i_0-ten Stelle erhält man die simultanen Konfidenzintervalle für die Differenzen der Zeilen bzw. Spalteneffekte in der i_0-ten Komponente.

Beispiel: Betrachten wir unser numerisches Beispiel (Modell (8.70)), für das wir auf Grund der Annahme der Nullhypothese über die Wechselwirkungseffekte ein rein additives Modell annehmen können. Damit haben multiple Vergleiche von Zeilen- bzw. Spalteneffekten eine unmittelbar anschauliche Bedeutung.

Die Ablehnung der Hypothese H_{0B}: $\beta_1 = \beta_2 = \beta_3 = 0$ wirft die Frage auf, welche der Behandlungen dafür verantwortlich gemacht werden können. Es ist

$$G = \begin{pmatrix} 98.75 & 87.25 \\ 87.25 & 144.00 \end{pmatrix},$$

und für das erste Merkmal wählt man $u' = (1, 0)$. Dann ist $u'Gu = g_{11} = 98.75$, $x_{\alpha;s,m,n} = x_{0.05;2,-\frac{1}{2},12} = 0.278$ und $\frac{2}{Jm} = 0.167$. Somit erhält man $\sqrt{u'Gu} \times \sqrt{\frac{x_\alpha}{1 - x_\alpha} \frac{2}{Jm}} = 2.514$.

Die simultanen Konfidenzintervalle der Behandlungsdifferenzen im ersten Merkmal ergeben

$$-2.934 \leq \beta_{11} - \beta_{12} \leq 2.094,$$
$$1.826 \leq \beta_{13} - \beta_{11} \leq 6.854,$$
$$1.403 \leq \beta_{13} - \beta_{12} \leq 6.431.$$

Somit erweist sich, daß mit der Wahrscheinlichkeit 0.95 in der ersten Wachstumsperiode die zweite und dritte der wachstumsfördernden Behandlungen eine mittlere Gewichtszunahme bewirkt, die signifikant von der ersten Behandlung abweicht.

Wie der Leser nachrechnet, werden diese signifikanten Abweichungen in der zweiten Wachstumsperiode nicht erreicht.

9. Modelle mit zufälligen Effekten (Modelle II) im multivariaten Fall

In diesem Kapitel sollen am Beispiel der einfachen Klassifikation nur einige Grundgedanken des Schätzens multivariater Varianzkomponenten dargelegt werden, wobei vom bekannten univariaten Fall ausgegangen wird. Das abschließende Kapitel soll damit zugleich einführenden Charakter in das Gebiet „Multivariate Varianzkomponenten" bzw. „Multivariate Modelle II" haben.

Eine gute Übersicht über die Problematik findet der Leser in sehr allgemeiner Darstellung in der Arbeit von S. N. ROY und R. GNANADESIKAN (1959).

Wir betrachten hier nur den Fall eines Versuchsplans mit balanzierten Daten.

Für das univariate Analogon gibt es für diesen Fall im wesentlichen nur eine Methode für das Schätzen der Varianzkomponenten, die sogenannte Methode der Varianzanalyse. Sie beruht darauf, daß man eine Varianzanalyse unter der Annahme durchführt, das Modell hätte feste Effekte. Dann ergeben sich Quadratsummen entsprechend der Klassifikation der Versuchsanlage. Bei Division durch die zugehörigen Freiheitsgrade erhält man sogenannte mittlere Quadratsummen, von denen Erwartungswerte gebildet werden, indem man jetzt ein Modell mit zufälligen Effekten voraussetzt. Die Erwartungswerte sind lineare Funktionen der Varianzkomponenten. Bei Gleichsetzen dieser Erwartungswerte mit ihren beobachteten Werten erhält man ein System linearer Gleichungen in den Varianzkomponenten. Die Lösungen dieses Systems sind dann die Schätzungen der Varianzkomponenten. Dieses Verfahren kann der Leser ausführlich u. a. bei AHRENS (1968) und SEARLE (1971) für verschiedene Versuchsanlagen beschrieben finden.

Univariater Fall

Für den univariaten Fall bei der einfachen Klassifikation verlangt das Verfahren, wie folgt vorzugehen.

Faktor A in J Stufen, d. h. J Stichproben jeweils der Länge K.

Modell:

$$y_{jk} = \mu + a_j + \varepsilon_{jk} \quad (j = 1, 2, \ldots, J;\ k = 1, 2, \ldots, K). \tag{9.1}$$

μ allgemeines Mittel, fester Effekt,

a_j nichtkorrelierende zufällige Veränderliche mit $E(a_j) = 0$ und Var $(a_j) = \sigma_a^2$ für alle j,

ε_{jk} nichtkorrelierende zufällige Veränderliche mit $E(\varepsilon_{jk}) = 0$ und Var $(\varepsilon_{jk}) = \sigma_e^2$ für alle j und k.

Die zufälligen Veränderlichen a_j und ε_{jk} sind untereinander nichtkorrelierend.

Unter der Annahme, daß die a_j feste Effekte (Parameter) seien, über die eine Nullhypothese geprüft werden soll, erhält man die bekannte Tabelle der Varianzanalyse:

SQ	FG	MQ
$SQ_A = K \sum_{j=1}^{J} (y_{j.} - y_{..})^2$	$f_A = J - 1$	$MQ_A = SQ_A/f_A$
$SQ_R = \sum_{j=1}^{J} \sum_{k=1}^{K} (y_{jk} - y_{j.})^2$	$f_R = J(K-1)$	$MQ_R = SQ_R/f_R$.

(9.2)

Nehmen wir jetzt wieder an, daß die a_j zufällige Effekte sind, dann erhält man die Erwartungswerte $E(MQ_A)$ und $E(MQ_R)$:

$$E(MQ_A) = K\sigma_a^2 + \sigma_e^2,$$
$$E(MQ_R) = \sigma_e^2. \tag{9.3}$$

Das Gleichungssystem zum Schätzen der Varianzkomponenten lautet dann

$$MQ_A = K\hat{\sigma}_a^2 + \hat{\sigma}_e^2,$$
$$MQ_R = \hat{\sigma}_e^2,$$

woraus man die Schätzungen ermittelt:

$$\hat{\sigma}_e^2 = MQ_R,$$
$$\hat{\sigma}_a^2 = \frac{1}{K}(MQ_A - MQ_R). \tag{9.4}$$

Wichtig für die Herleitung der multivariaten Varianzkomponenten ist die genaue Kenntnis der Struktur der Kovarianzmatrix des Versuchsplanes im univariaten Fall.

Der Modellansatz (9.1) lautet in vektorieller Schreibweise

$$\underset{(n,1)}{\boldsymbol{y}} = \underset{(n,m)}{\boldsymbol{X}}\ \underset{(m,1)}{\boldsymbol{\beta}} + \underset{(n,1)}{\boldsymbol{\epsilon}} \tag{9.5}$$

mit $n = JK$ und $m = J + 1$. Der Zerlegung der Versuchsplanmatrix $\boldsymbol{X}$ in

$$\boldsymbol{X} = (\boldsymbol{X}_1 \ \vdots\ \boldsymbol{X}_2) \quad \text{mit}$$

$$\underset{(JK,J)}{\boldsymbol{X}_1} = \begin{pmatrix} 1 & \cdot & 0 \\ 1 & \cdot & 0 \\ \vdots & \cdot & \cdot \\ 1 & & \cdot \\ 0 & \cdot & \cdot \\ \vdots & \cdot & \cdot \\ \cdot & & \cdot \\ \cdot & \cdot & \cdot \\ \cdot & & 1 \\ \vdots & \cdot & \vdots \\ 0 & \cdot & 1 \end{pmatrix} \qquad \text{und } \underset{(JK,1)}{\boldsymbol{X}_2} = \begin{pmatrix} 1 \\ \vdots \\ \vdots \\ \vdots \\ 1 \end{pmatrix} = \boldsymbol{1}$$

entspricht eine Zerlegung des Vektors $\boldsymbol{\beta} = \begin{pmatrix} \boldsymbol{\beta}_1 \\ \cdots \\ \beta_2 \end{pmatrix}$ mit $\boldsymbol{\beta}_1' = (a_1, \ldots, a_J)$ und $\beta_2 = \mu$.

Die Kovarianzmatrix $\boldsymbol{\Sigma}$ erhält man aus

$$\underset{(JK,JK)}{\boldsymbol{\Sigma}} = E(\boldsymbol{y}\boldsymbol{y}') - E(\boldsymbol{y})\, E(\boldsymbol{y}').$$

Auf Grund der Annahmen über a_j, ε_{jk} und μ ist

$$E(\boldsymbol{y}) = E(\boldsymbol{X\beta}) = \mu \underset{(JK,1)}{\boldsymbol{1}}$$

mit $\boldsymbol{1}$ als Vektor aus lauter Einsen.
Folglich gilt

$$\boldsymbol{\Sigma} = E(\boldsymbol{X\beta} + \boldsymbol{\epsilon})\,(\boldsymbol{X\beta} + \boldsymbol{\epsilon})' - \mu^2 \boldsymbol{T}$$

mit $\boldsymbol{T}$ als (JK, JK)-Matrix aus lauter Einsen. Daraus erhält man unter Berücksichtigung der Nichtkorreliertheit von $\boldsymbol{\beta}$ und $\boldsymbol{\epsilon}$

$$\boldsymbol{\Sigma} = \boldsymbol{X}E(\boldsymbol{\beta\beta}')\boldsymbol{X}' + E(\boldsymbol{\epsilon\epsilon}') - \mu^2 \boldsymbol{T},$$

und bei Verwendung der Zerlegung von $\boldsymbol{X}$ und $\boldsymbol{\beta}$ in $(\boldsymbol{X}_1 \vdots \boldsymbol{X}_2)$ und $(\boldsymbol{\beta}_1' \vdots \boldsymbol{\beta}_2')'$ erhält man die Darstellung der Kovarianzmatrix des Versuchsplans:

$$\boldsymbol{\Sigma} = \sigma_a^2 \boldsymbol{X}_1 \boldsymbol{X}_1' + \sigma_e^2 \boldsymbol{I}. \tag{9.6}$$

Diese Zerlegung der Kovarianzmatrix $\boldsymbol{\Sigma}$ gilt mindestens für alle vollständig klassifizierten und balanzierten Versuchspläne.

Zum Beispiel würde man für die k-fache Klassifikation ohne Wechselwirkung eine Zerlegung der Versuchsplanmatrix $\boldsymbol{X} = (\boldsymbol{X}_1 \vdots \boldsymbol{X}_2 \vdots \cdots \vdots \boldsymbol{X}_k \vdots \boldsymbol{X}_e)$ erhalten.

Wenn $\sigma_1^2, \ldots, \sigma_k^2, \sigma_e^2$ die Varianzkomponenten dieses Versuchsplans sind, so würde für die Kovarianzmatrix $\boldsymbol{\Sigma}$ des Versuchsplans gelten:

$$\boldsymbol{\Sigma} = \sigma_1^2 \boldsymbol{X}_1 \boldsymbol{X}_1' + \sigma_2^2 \boldsymbol{X}_2 \boldsymbol{X}_2' + \cdots + \sigma_k^2 \boldsymbol{X}_k \boldsymbol{X}_k' + \sigma_e^2 \boldsymbol{I} \tag{9.7}$$

(siehe S. N. Roy und R. Gnanadesikan (1959)).

Wir betrachten weiter die einfache Klassifikation.

Nach der Varianzanalyse-Methode sind die Erwartungswerte der beiden quadratischen Formen $SQ_A = \boldsymbol{y}'\boldsymbol{Q}_1\boldsymbol{y}$ und $SQ_R = \boldsymbol{y}'\boldsymbol{Q}_2\boldsymbol{y}$ zu bilden, wobei wir die Struktur der Matrizen $\boldsymbol{Q}_1$, $\boldsymbol{Q}_2$ der quadratischen Formen noch nicht kennen, was vorerst auch nicht erforderlich ist.

Auf Grund eines Satzes von Lancaster (1954) wird der Erwartungswert einer quadratischen Form auf den Spuroperator zurückgeführt:

Satz: Sei $\boldsymbol{y}$ ein zufälliger Vektor mit $E(\boldsymbol{y}) = \boldsymbol{\mu}$ und $E(\boldsymbol{y} - \boldsymbol{\mu})(\boldsymbol{y} - \boldsymbol{\mu})' = \boldsymbol{\Sigma}$. Dann gilt

$$E(\boldsymbol{y}'\boldsymbol{Q}\boldsymbol{y}) = \text{Sp}\,(\boldsymbol{Q}\boldsymbol{\Sigma}) + \boldsymbol{\mu}'\boldsymbol{Q}\boldsymbol{\mu}. \tag{9.8}$$

(Dieser Satz ist ursprünglich für höhere Momente bewiesen worden.)

Für den Fall vollständiger Klassifikationen mit gleicher Besetzung ist

$$\boldsymbol{\mu}'\boldsymbol{Q}\boldsymbol{\mu} = 0. \tag{9.9}$$

Berücksichtigt man für $\boldsymbol{\Sigma}$ die Beziehung (9.6) und beachtet (9.9), so erhält man für die Erwartungswerte von SQ_A und SQ_R die folgenden Gleichungen:

$$E(SQ_A) = E(\boldsymbol{y}'\boldsymbol{Q}_1\boldsymbol{y}) = \text{Sp}\,(\boldsymbol{Q}_1\boldsymbol{\Sigma}) = \text{Sp}\,[\boldsymbol{Q}_1(\boldsymbol{X}_1\boldsymbol{X}_1')]\,\sigma_a^2 + \text{Sp}\,(\boldsymbol{Q}_1)\sigma_e^2, \tag{9.10}$$

$$E(SQ_R) = E(\boldsymbol{y}'\boldsymbol{Q}_2\boldsymbol{y}) = \text{Sp}\,(\boldsymbol{Q}_2\boldsymbol{\Sigma}) = \text{Sp}\,[\boldsymbol{Q}_2(\boldsymbol{X}_1\boldsymbol{X}_1')]\,\sigma_a^2 + \text{Sp}\,(\boldsymbol{Q}_2)\,\sigma_e^2. \tag{9.11}$$

Man läßt den Erwartungswertoperator weg und setzt für σ_a^2 und σ_e^2 die Schätzungen $\hat{\sigma}_a^2$ und $\hat{\sigma}_e^2$ ein, so daß man als Gleichungssystem für die Schätzungen erhält:

$$SQ_A = \text{Sp}\,[\boldsymbol{Q}_1(\boldsymbol{X}_1\boldsymbol{X}_1')]\,\hat{\sigma}_a^2 + \text{Sp}\,(\boldsymbol{Q}_1)\,\hat{\sigma}_e^2, \tag{9.12}$$

$$SQ_R = \text{Sp}\,[\boldsymbol{Q}_2(\boldsymbol{X}_1\boldsymbol{X}_1')]\,\hat{\sigma}_a^1 + \text{Sp}\,(\boldsymbol{Q}_2)\,\hat{\sigma}_e^2. \tag{9.13}$$

Für vollständige Klassifikationen im balanzierten Fall sind die Matrizen $\boldsymbol{Q}_i$ der quadratischen Formen in der Tabelle der Varianzanalyse idempotent, d. h. (für die einfache Klassifikation)

$$\operatorname{Sp}(\boldsymbol{Q}_1) = \operatorname{Rg}(\boldsymbol{Q}_1) = f_A = J - 1, \tag{9.14}$$

$$\operatorname{Sp}(\boldsymbol{Q}_2) = \operatorname{Rg}(\boldsymbol{Q}_2) = f_R = J(K - 1), \tag{9.15}$$

also gleich den Freiheitsgraden der SQ's.

Um die Koeffizienten $\operatorname{Sp}[\boldsymbol{Q}_1(\boldsymbol{X}_1\boldsymbol{X}_1')]$ und $\operatorname{Sp}[\boldsymbol{Q}_2(\boldsymbol{X}_1\boldsymbol{X}_1')]$ zu erhalten, braucht man Kenntnisse über die Struktur der Matrizen $\boldsymbol{Q}_1$, $\boldsymbol{Q}_2$ und $(\boldsymbol{X}_1\boldsymbol{X}_1')$.

Man erhält sie leicht, wenn man die sogenannten Beziehungsmatrizen verwendet (siehe Ahrens (1968)). Es sind symmetrische (N,N)-Matrizen mit $N = JK$ für die einfache Klassifikation, die nur aus Nullen und Einsen bestehen.

Wir definieren

$$\boldsymbol{A} = \begin{pmatrix} \underset{(K,K)}{\boldsymbol{1}} & \underset{(K,K)}{\boldsymbol{0}} & \underset{(K,K)}{\boldsymbol{0}} \\ & \ddots & \\ \underset{(K,K)}{\boldsymbol{0}} & & \underset{(K,K)}{\boldsymbol{1}} \end{pmatrix}, \tag{9.16}$$

$$\boldsymbol{T} = \begin{pmatrix} \underset{(K,K)}{\boldsymbol{1}} & & \underset{(K,K)}{\boldsymbol{1}} \\ \cdot & \cdot \quad \cdot \quad \cdot & \cdot \\ \underset{(K,K)}{\boldsymbol{1}} & & \underset{(K,K)}{\boldsymbol{1}} \end{pmatrix} \tag{9.17}$$

mit $\boldsymbol{1}$ als (K,K)-Matrix aus lauter Einsen, wobei $\boldsymbol{A}$ und $\boldsymbol{T}$ aus J^2 Untermatrizen bestehen. Folglich ist auch eine Bestimmung von $\boldsymbol{A}$ und $\boldsymbol{T}$ durch ihre Untermatrizen möglich:

$$\boldsymbol{A}: \quad \delta_{jl} \underset{(K,K)}{\boldsymbol{1}} \quad (j, l = 1, \ldots, J), \tag{9.18}$$

$$\boldsymbol{T}: \quad \underset{(K,K)}{\boldsymbol{1}}, \tag{9.19}$$

$$\delta_{jl} = \begin{cases} 1 & \text{für } j = l \\ 0 & \text{für } j \neq l. \end{cases}$$

Mit dieser Definition ist es möglich, den Algorithmus der Matrizenmultiplikation durchzuführen.

Setzt man nun

$$\tilde{A} = \frac{1}{K} A \tag{9.20}$$

und

$$\tilde{T} = \frac{1}{JK} T, \tag{9.21}$$

dann erhält man

$$SQ_A = y'Q_1y = y'(\tilde{A} - \tilde{T})\, y, \tag{9.22}$$

$$SQ_R = y'Q_2y = y'(I - \tilde{A})\, y \tag{9.23}$$

mit I als (N,N)-Einheitsmatrix.

Ferner sieht man leicht, daß

$$X_1X_1' = A. \tag{9.24}$$

Somit erhält man die Koeffizienten

$$\mathrm{Sp}\,[Q_1(X_1X_1')] = \mathrm{Sp}\left[(\tilde{A} - \tilde{T})\, A\right] = K(J-1), \tag{9.25}$$

$$\mathrm{Sp}\,[Q_2(X_1X_1')] = \mathrm{Sp}\left[(I - \tilde{A})\, A\right] = 0 \tag{9.26}$$

und daraus schließlich die Schätzungen (9.4).

Multivariater Fall

Wir gehen von der Modellgleichung

$$y_{jk} = \mu + a_j + \epsilon_{jk} \quad (j = 1, \ldots, J;\ k = 1, \ldots, K) \tag{9.27}$$

aus und fassen die $n = JK$ Vektoren mit je p Komponenten ($p \leqq n$) zu einer Matrix zusammen: $Y = (y_1 \cdots y_n)$. So erhalten wir das bekannte lineare multivariate Modell

$$\underset{(n,p)}{Y'} = \underset{(n,m)}{X}\ \underset{(m,p)}{\mathbf{B}} + \underset{(n,p)}{\mathbf{E}}, \quad m = J + 1 \tag{9.28}$$

mit X als Versuchsplanmatrix wie im univariaten Fall.

$\mathrm{Rg}\,(X) = \mathrm{Rg}\,(X_1) = J$. Es sei $p \leqq n - J$. Die ersten J Zeilenvektoren der Matrix $\mathbf{B}$ seien untereinander nichtkorrelierende p-dimensionale zufällige Vektoren mit dem Erwartungswertvektor $E(a_j) = 0$ für alle j und der (p,p)—Kovarianzmatrix Σ_a. Die $n = JK$ Zeilenvektoren von $\mathbf{E}$ seien ebenfalls untereinander nichtkorrelierend mit den Erwartungswertvektoren $E(\epsilon_{jk}) = 0$ und der Kovarianzmatrix Σ_e für alle j und k.

Σ_a und Σ_e sind die zu schätzenden multivariaten Varianzkomponenten der Kovarianzmatrix Σ aller Beobachtungsvektoren des Versuchsplanes.

Im multivariaten Fall geht man bei der Schätzung von $\mathbf{\Sigma}_a$ und $\mathbf{\Sigma}_e$ nach der Varianzanalyse-Methode entsprechend wie im univariaten Fall vor.

Unter der vorläufigen Annahme, daß die Matrix $\mathbf{B}$ im Modell (9.28) nur feste Parameter enthalte, werden die mit Wahrscheinlichkeit 1 wenigstens positiv semidefiniten Matrizen

$$\boldsymbol{H} = \boldsymbol{Y}\boldsymbol{Q}_H\boldsymbol{Y}' = \sum_j \sum_k (\boldsymbol{y}_{j.} - \boldsymbol{y}_{..})(\boldsymbol{y}_{j.} - \boldsymbol{y}_{..})' \tag{9.29}$$

und

$$\boldsymbol{G} = \boldsymbol{Y}\boldsymbol{Q}_G\boldsymbol{Y}' = \sum_j \sum_k (\boldsymbol{y}_{jk} - \boldsymbol{y}_{j.})(\boldsymbol{y}_{jk} - \boldsymbol{y}_{j.})' \tag{9.30}$$

abgeleitet.

Wir lassen dann die Annahme fester Parameter fallen, und es sind, entsprechend dem univariaten Fall, von $\boldsymbol{H}$ und $\boldsymbol{G}$ die Erwartungswerte zu bilden. $\boldsymbol{H}$ und $\boldsymbol{G}$ sind als verallgemeinerte quadratische Formen zu betrachten, über deren Verteilung man Aussagen machen kann, wenn man die Verteilung der zugehörigen gewöhnlichen quadratischen Formen $\boldsymbol{u}'\boldsymbol{H}\boldsymbol{u}$ und $\boldsymbol{u}'\boldsymbol{G}\boldsymbol{u}$ für alle Nichtnullvektoren $\boldsymbol{u}$ kennt (siehe Kapitel 3.).

Aussagen, die die Verteilung betreffen, findet der Leser u. a. auch bei S. N. Roy und R. Gnanadesikan (1959).

Aus Kapitel 4. ist bekannt, daß die Matrizen $\boldsymbol{Q}_H$ und $\boldsymbol{Q}_G$ in (9.29) und (9.30) mit den Matrizen $\boldsymbol{Q}_1$ und $\boldsymbol{Q}_2$ der entsprechenden Formen des univariaten Falles identisch sind. Wir erhalten

$$\boldsymbol{H} = \boldsymbol{Y}\boldsymbol{Q}_H\boldsymbol{Y}' = \boldsymbol{Y}\boldsymbol{Q}_1\boldsymbol{Y}' = \boldsymbol{Y}(\tilde{\boldsymbol{A}} - \tilde{\boldsymbol{T}})\boldsymbol{Y}', \tag{9.31}$$

$$\boldsymbol{G} = \boldsymbol{Y}\boldsymbol{Q}_G\boldsymbol{Y}' = \boldsymbol{Y}\boldsymbol{Q}_2\boldsymbol{Y}' = \boldsymbol{Y}(\boldsymbol{I} - \tilde{\boldsymbol{A}})\boldsymbol{Y}', \tag{9.32}$$

wobei die folgenden einfachen Beziehungen gelten:

$$\underset{(p,p)}{\boldsymbol{H}} = \boldsymbol{Y}\boldsymbol{Q}_H\boldsymbol{Y}' = \begin{pmatrix} \boldsymbol{y}_1^{*\prime}\boldsymbol{Q}_H\boldsymbol{y}_1^* & \cdots & \boldsymbol{y}_1^{*\prime}\boldsymbol{Q}_H\boldsymbol{y}_p^* \\ \cdots & \cdots & \cdots \\ \boldsymbol{y}_p^{*\prime}\boldsymbol{Q}_H\boldsymbol{y}_1^* & \cdots & \boldsymbol{y}_p^{*\prime}\boldsymbol{Q}_H\boldsymbol{y}_p^* \end{pmatrix}, \tag{9.33}$$

$$\underset{(p,p)}{\boldsymbol{G}} = \boldsymbol{Y}\boldsymbol{Q}_G\boldsymbol{Y}' = \begin{pmatrix} \boldsymbol{y}_1^{*\prime}\boldsymbol{Q}_G\boldsymbol{y}_1^* & \cdots & \boldsymbol{y}_1^{*\prime}\boldsymbol{Q}_G\boldsymbol{y}_p^* \\ \cdots & \cdots & \cdots \\ \boldsymbol{y}_p^{*\prime}\boldsymbol{Q}_G\boldsymbol{y}_1^* & \cdots & \boldsymbol{y}_1^{*\prime}\boldsymbol{Q}_G\boldsymbol{y}_p^* \end{pmatrix}. \tag{9.34}$$

Die Vektoren $\boldsymbol{y}_i^*$ $(i = 1, \ldots, p)$ sind $(n,1)$-Vektoren, die aus den i-ten Komponenten der gegebenen n Meßwertvektoren bestehen. Die Elemente von $\boldsymbol{H}$ und $\boldsymbol{G}$ bestehen aus quadratischen und bilinearen Formen in den $\boldsymbol{y}_i^*$-Vektoren.

Gesucht sind die Erwartungswerte $E(\boldsymbol{H})$ und $E(\boldsymbol{G})$. Über den Erwartungswert einer Bilinearform gilt der folgende Satz, den wir hier unter den Voraussetzungen angeben, wie sie für unseren Fall erforderlich sind.

Satz: $\boldsymbol{y}_i$ und $\boldsymbol{y}_{i'}$ seien $(n,1)$-Vektoren mit

$$E(\boldsymbol{y}_i) = E(\boldsymbol{y}_{i'}) = \boldsymbol{\mu} \quad \text{und} \quad E(\boldsymbol{y}_i - \boldsymbol{\mu})(\boldsymbol{y}_{i'} - \boldsymbol{\mu})' = \boldsymbol{V}_{ii'}.$$

Dann gilt für den Erwartungswert von $\boldsymbol{y}_i'\boldsymbol{Q}\boldsymbol{y}_{i'}$ (mit $\boldsymbol{Q}$ symmetrisch):

$$E(\boldsymbol{y}_i'\boldsymbol{Q}\boldsymbol{y}_{i'}) = \text{Sp}\,(\boldsymbol{V}_{ii'}\boldsymbol{Q}) + \boldsymbol{\mu}'\boldsymbol{Q}\boldsymbol{\mu}. \tag{9.35}$$

Für vollständig klassifizierte Pläne im balanzierten Fall ist wieder

$$\boldsymbol{\mu}'\boldsymbol{Q}\boldsymbol{\mu} = 0. \tag{9.36}$$

Für die (n,n)-Kovarianzmatrix $\boldsymbol{V}_{ii'}$ gilt in entsprechender Weise wie (9.6) die Zerlegung

$$\boldsymbol{V}_{ii'} = \sigma_{a_i}\sigma_{a_{i'}}(\boldsymbol{X}_1\boldsymbol{X}_1') + \sigma_{e_i}\sigma_{e_{i'}}\boldsymbol{I}. \tag{9.37}$$

Somit erhält man für die Erwartungswerte $E(\boldsymbol{H})$ und $E(\boldsymbol{G})$ unter Berücksichtigung von (9.35), (9.36) und (9.37)

$$E(\boldsymbol{H}) = \begin{pmatrix} \text{Sp}\,(\boldsymbol{V}_{11}\boldsymbol{Q}_H) & \cdots & \text{Sp}\,(\boldsymbol{V}_{1p}\boldsymbol{Q}_H) \\ \cdots & \cdots & \cdots \\ \text{Sp}\,(\boldsymbol{V}_{p1}\boldsymbol{Q}_H & \cdots & \text{Sp}\,(\boldsymbol{V}_{pp}\boldsymbol{Q}_H) \end{pmatrix}$$

$$= \begin{pmatrix} \sigma_{a_1}^2\,\text{Sp}\,[(\boldsymbol{X}_1\boldsymbol{X}_1')\,\boldsymbol{Q}_H] + \sigma_{e_1}^2\,\text{Sp}\,(\boldsymbol{Q}_H) \ldots & \ldots \sigma_{a_1}\sigma_{a_p}\,\text{Sp}\,[(\boldsymbol{X}_1\boldsymbol{X}_1')\,\boldsymbol{Q}_H] + \sigma_{e_1}\sigma_{e_p}\text{Sp}\,(\boldsymbol{Q}_H) \\ \cdots & \cdots \\ \sigma_{a_p}\sigma_{a_1}\,\text{Sp}\,[(\boldsymbol{X}_1\boldsymbol{X}_1')\,\boldsymbol{Q}_H] + \sigma_{e_p}\sigma_{e_1}\,\text{Sp}\,(\boldsymbol{Q}_H) \ldots & \ldots \sigma_{a_p}^2\,\text{Sp}\,[(\boldsymbol{X}_1\boldsymbol{X}_1')\,\boldsymbol{Q}_H] + \sigma_{e_p}^2\,\text{Sp}\,(\boldsymbol{Q}_H) \end{pmatrix},$$

d. h.

$$E(\boldsymbol{H}) = \text{Sp}\,[(\boldsymbol{X}_1\boldsymbol{X}_1')\,\boldsymbol{Q}_H]\,\boldsymbol{\Sigma}_a + \text{Sp}\,(\boldsymbol{Q}_H)\,\boldsymbol{\Sigma}_e \tag{9.38}$$

und entsprechend für $E(\boldsymbol{G})$:

$$E(\boldsymbol{G}) = \text{Sp}\,[(\boldsymbol{X}_1\boldsymbol{X}_1')\boldsymbol{Q}_G]\,\boldsymbol{\Sigma}_a + \text{Sp}\,(\boldsymbol{Q}_G)\,\boldsymbol{\Sigma}_e. \tag{9.39}$$

Die Erwartungswerte der Matrizen $\boldsymbol{H}$ und $\boldsymbol{G}$ sind lineare Funktionen der multivariaten Varianzkomponenten $\boldsymbol{\Sigma}_a$ und $\boldsymbol{\Sigma}_e$. Die Gleichungen (9.38) und (9.39) stellen die multivariate Verallgemeinerung der Gleichungen (9.10) und (9.11) dar. Nach der oben beschriebenen Varianzanalyse-Methode läßt man den Erwartungswertoperator weg und geht zu den Schätzungen über:

$$\boldsymbol{H} = \text{Sp}\,[(\boldsymbol{X}_1\boldsymbol{X}_1')\,\boldsymbol{Q}_H]\,\hat{\boldsymbol{\Sigma}}_a + \text{Sp}\,(\boldsymbol{Q}_H)\,\hat{\boldsymbol{\Sigma}}_e, \tag{9.40}$$

$$\boldsymbol{G} = \text{Sp}\,[(\boldsymbol{X}_1\boldsymbol{X}_1')\,\boldsymbol{Q}_G]\,\hat{\boldsymbol{\Sigma}}_a + \text{Sp}\,(\boldsymbol{Q}_G)\,\hat{\boldsymbol{\Sigma}}_e. \tag{9.41}$$

Da die Versuchsplanmatrix $\boldsymbol{X}$ und ihre Basis $\boldsymbol{X}_1$ sowie die Matrizen $\boldsymbol{Q}_H$ und $\boldsymbol{Q}_G$ für ein- und denselben Versuchsplan im uni- und multivariaten Fall identisch sind, stimmen die Koeffizienten in (9.40) und (9.41) mit denen des univariaten Falles überein (siehe auch (9.31) und (9.32)), und man erhält die Schätzungen

$$\hat{\boldsymbol{\Sigma}}_a = \frac{1}{K}\left(\frac{1}{J-1}\boldsymbol{H} - \frac{1}{J(K-1)}\boldsymbol{G}\right), \tag{9.42}$$

$$\hat{\boldsymbol{\Sigma}}_e = \frac{1}{J(K-1)}\boldsymbol{G}. \tag{9.43}$$

Die für die einfache Klassifikation abgeleiteten Beziehungen sind, wie durch (9.7) angedeutet wurde, für alle vollständig klassifizierten Versuchspläne mit gleicher Besetzung in jeder Versuchseinheit (balanzierter Fall) gültig.

Somit können für Versuchspläne dieser Art aus der Kenntnis des univariaten Falles sofort die entsprechenden multivariaten Varianzkomponenten geschätzt werden (Ahrens, H. (1977)).

Auch die für den univariaten Fall existierende Unzulänglichkeit, daß positive Varianzkomponenten negative Schätzungen haben können (Searle (1971)), überträgt sich in entsprechender Weise.

Multivariate Varianzkomponenten (MVK) sind nach Definition positiv definit. Entsprechend dem univariaten Fall gibt es aber auch im Multivariaten die Möglichkeit, daß die Schätzungen negativ definit sein können. Negativ definite Schätzungen positiv definiter Matrizen bereiten offenbar große Interpretationsschwierigkeiten. Es gibt unterschiedliche Erklärungen und Schlußfolgerungen für diesen Tatbestand im univariaten Fall, die auch auf den multivariaten Fall zutreffen und mehr oder weniger befriedigend sind:

a) Man kann die negativ definite Schätzung als Hinweis dafür akzeptieren, daß die „wahre" MVK gleich der Nullmatrix ist. Als Schätzung hätte man dann die Nullmatrix an Stelle der negativ definiten Matrix zu verwenden. Dieser Vorschlag scheint logisch zwingend zu sein, doch verliert man durch solch ein Vorgehen die Eigenschaft der Erwartungstreue der Schätzungen.

b) Die negativ definite Schätzung kann als Zeichen dafür gedeutet werden, daß das gewählte Modell nicht der Wirklichkeit entspricht, und somit als Aufforderung dafür anzusehen ist, ein neues Modell zur Beschreibung der vorgegebenen Datenmenge zu suchen.

c) Die negativ definite Schätzung kann als Hinweis dienen, die Methode. mit der sie erzielt wurde, in Frage zu stellen.

d) Betrachte die negativ definite Schätzung als Hinweis dafür, daß die zu analysierende Datenmenge unzureichend ist. Das heißt, es sind weitere Daten zu ermitteln und entweder nur aus den neuen oder unter Einbeziehung der alten Daten von neuem Schätzungen vorzunehmen. Werden im letzteren Falle wiederum negativ definite Schätzungen erhalten, kann das als zusätzlicher Hinweis gedeutet werden, daß die „wahre" MVK Null ist.

In jedem Fall ist eine negativ definite Schätzung nach der Varianzanalyse-Methode nur eine Folge der verwendeten Daten und der Schätzmethode und hat nichts mit der angenommenen Verteilung zu tun.

Wie aus dem hier geschilderten Schätzverfahren für MVK hervorgeht, das auf der Varianzanalyse-Methode beruht, kann man für alle vollständig klassifizierten Versuchspläne mit gleicher Besetzung die MVK aus den entsprechenden univariaten Varianzkomponenten erhalten, indem man an Stelle der $\sigma_a^2, \sigma_b^2, \ldots, \sigma_e^2$ die entsprechenden Matrizen $\mathbf{\Sigma}_a, \mathbf{\Sigma}_b, \ldots, \mathbf{\Sigma}_e$ setzt. Die Koeffizienten des Gleichungssystems stimmen im univariaten und multivariaten Fall überein. Aussagen darüber, wie man im unbalanzierten Fall verfährt, d. h., ob z. B. HENDERSONsche Methode 1 ins Multivariate übertragbar ist, liegen zur Zeit noch nicht vor, jedoch ist zu vermuten, daß dabei keine wesentlichen Schwierigkeiten auftreten.

10. Skalierung von Merkmalen als Vorbereitungsschritt der multivariaten Analyse (einfache Klassifikation)

Bei vielen Merkmalen, die durch eine mehrdimensionale Varianzanalyse oder eine Diskriminanzanalyse untersucht werden sollen, muß man sich die Frage stellen, ob die vorliegenden Meßskalen den Verfahren adäquat sind. Insbesondere besteht im Falle qualitativer Merkmale (mit oder ohne Rangordnung) die Notwendigkeit, das Skalierungsproblem zu lösen.

In diesem Kapitel soll eine Methode der Quantifizierung qualitativer Merkmale und der Neuskalierung gegebener quantitativer Merkmale beschrieben werden, die der Zielstellung der multivariaten Verfahren entspricht. Diese Methode hat folgende Haupteigenschaften:

a) Die Quantifizierung eines Merkmals erfolgt in der Weise, daß das univariate Trennmaß T^2 seinen Maximalwert erreicht.
b) Für zwei beliebige Verteilungen des Merkmals erweist sich die nach vorangegangener Skalierung durchgeführte lineare Diskriminanzanalyse unter allen auf das Merkmal bezogenen Trennverfahren als optimal.
c) Die Skalierung läßt sich durch einen einfachen Rechenalgorithmus realisieren.
d) Bei der Skalierung entstehen keine normalverteilten Variablen.

Vorgehensweisen der hier beschriebenen Art finden sich u. a. bei Linder (1963), Läuter und Nitschkoff (1975), Läuter (1078a) sowie bei Kendall und Stuart (1967), Kapitel 33.

10.1. Zurückführung der Skalierung auf ein Eigenwertproblem

Wir betrachten ein qualitatives Merkmal, das K verschiedene Nominalwerte (Kategorien, Zustände, Stufen) annehmen kann und das in einer multivariaten Analyse, bei der die Individuen in J Klassen eingeteilt sind, benutzt werden soll. Aus jeder Klasse möge eine Stichprobe zufällig ausgewählter Individuen vorliegen. Dann lassen sich die Meßergebnisse des qualitativen Merkmals durch eine Häufigkeitsmatrix N, deren J Zeilen den Klassen und deren K Spalten den Kategorien entsprechen, beschreiben. Das Element n_{jk} von N drückt aus, wie oft unter den Beobachtungen der Klasse j die Kategorie k vorkommt ($1 \leqq j \leqq J$; $1 \leqq k \leqq K$). Mit $n_{j.}$ bezeichnen wir die

Zeilensummen von $\boldsymbol{N}$, mit $n_{.k}$ die Spaltensummen und mit n die Gesamtsumme aller Häufigkeiten. $n_{j.}$ ist die Anzahl der Individuen der Klasse j und n die Gesamtzahl aller Individuen. Es wird angenommen, daß keine der Zeilen- und Spaltensummen gleich Null ist.

Durch das Skalierungsverfahren sollen den Kategorien $1, 2, \ldots, K$ bestimmte Maßzahlen $y_1, y_2, \ldots, y_K$ zugeordnet werden. Das soll in der Weise geschehen, daß der univariate F-Quotient (7.7), welcher den Unterschied zwischen den Klassen zum Ausdruck bringt, maximal wird. Man strebt also kleine Streuungen in den Klassen und große Differenzen zwischen den Klassen an.

Bei Zugrundelegung der Häufigkeitsmatrix $\boldsymbol{N}$ und bei Annahme irgendeines Vektors $\boldsymbol{y}' = (y_1 \ldots y_K)'$ von Maßzahlen erhält man für diesen F-Quotienten

$$F = \frac{(n - J)\, \boldsymbol{y}'\boldsymbol{DADy}}{(J - 1)\, \boldsymbol{y}'\boldsymbol{DBDy}} = \frac{(n - J)\tilde{\boldsymbol{y}}'\boldsymbol{A}\tilde{\boldsymbol{y}}}{(J - 1)\tilde{\boldsymbol{y}}'\boldsymbol{B}\tilde{\boldsymbol{y}}}. \tag{10.1}$$

Hierbei sind $\boldsymbol{A}$ und $\boldsymbol{B}$ quadratische Matrizen der Ordnung K mit den Elementen

$$a_{kl} = \frac{1}{\sqrt{n_{.k}n_{.l}}} \sum_{j=1}^{J} \frac{n_{jk}n_{jl}}{n_{j.}} - \frac{\sqrt{n_{.k}n_{.l}}}{n}, \tag{10.2}$$

$$b_{kl} = \delta_{kl} - \frac{1}{\sqrt{n_{.k}n_{.l}}} \sum_{j=1}^{J} \frac{n_{jk}n_{jl}}{n_{j.}}, \tag{10.3}$$

$\boldsymbol{D}$ bedeutet die Diagonalmatrix mit den Elementen $\sqrt{n_{.1}}, \ldots, \sqrt{n_{.K}}$ in der Hauptdiagonalen, und es ist $\tilde{\boldsymbol{y}} = \boldsymbol{Dy}$ gesetzt. δ_{kl} kennzeichnet, wie üblich, die Elemente einer Einheitsmatrix.

Die Matrix $\boldsymbol{A}$ besitzt die Darstellung

$$\boldsymbol{A} = \boldsymbol{X}'\boldsymbol{X}, \tag{10.4}$$

wobei $\boldsymbol{X}$ die (J, K)-Matrix mit den Elementen

$$x_{jk} = \frac{n_{jk}}{\sqrt{n_{j.}n_{.k}}} - \frac{\sqrt{n_{j.}n_{.k}}}{n} \tag{10.5}$$

ist.

Die quadratischen Formen im Zähler und im Nenner des F-Quotienten verschwinden, sobald alle Maßzahlen $y_1, \ldots, y_K$ einander gleich sind. Wir wollen voraussetzen, daß die quadratische Form des Nenners unter keinen anderen Bedingungen gleich Null werden soll. Dem entspricht die Annahme, daß die Häufigkeitsmatrix $\boldsymbol{N}$ nicht in der Form

$$\boldsymbol{N} = \begin{pmatrix} \boldsymbol{N}_1 & \boldsymbol{0}_{12} \\ \boldsymbol{0}_{21} & \boldsymbol{N}_2 \end{pmatrix}$$

durch Untermatrizen, wobei $\boldsymbol{O}_{12}$ und $\boldsymbol{O}_{21}$ Nullmatrizen sind, darstellbar ist und diese Form auch nicht durch Vertauschen von Zeilen und Spalten hergestellt werden kann. Alle Kategorien und ebenso alle Klassen sollen also „miteinander verkoppelt" sein.

Eine weitere Voraussetzung besteht darin, daß nicht alle Zeilen von $\boldsymbol{N}$ ein Vielfaches der ersten Zeile sein sollen, d. h. der Rang von $\boldsymbol{N}$ mindestens 2 sein muß. Das bedeutet, daß nicht alle Klassen die gleiche Verteilung der Beobachtungen haben dürfen.

Aus diesen Voraussetzungen folgt

$$\operatorname{Rg}(\boldsymbol{B}) = K - 1, \qquad \operatorname{Rg}(\boldsymbol{A}) = \operatorname{Rg}(\boldsymbol{X}) \geqq 1. \tag{10.6}$$

Durch Anwendung des Satzes (2.66a) findet man den Vektor $\boldsymbol{y}$ bzw. $\tilde{\boldsymbol{y}}$, der den F-Quotienten (10.1) maximiert. Die quadratische Matrix $\boldsymbol{C}$ der Ordnung K mit den Elementen

$$c_{kl} = \frac{\sqrt{n_{.k} n_{.l}}}{n} \tag{10.7}$$

erfüllt die in dem Satz gestellten Bedingungen

$$\operatorname{Rg}(\boldsymbol{B}) + \operatorname{Rg}(\boldsymbol{C}) = K \qquad \text{und} \qquad \boldsymbol{BC} = \boldsymbol{O}, \tag{10.8}$$

so daß man auf das Eigenwertproblem

$$\boldsymbol{A}\tilde{\boldsymbol{y}} = \lambda(\boldsymbol{B} + \boldsymbol{C})\,\tilde{\boldsymbol{y}} \qquad \text{bzw.} \qquad \boldsymbol{A}\tilde{\boldsymbol{y}} = \lambda(\boldsymbol{I} - \boldsymbol{A})\,\tilde{\boldsymbol{y}} \tag{10.9}$$

geführt wird. Mit Hilfe einer einfachen Umformung ergibt sich daraus das Eigenwertproblem

$$\boldsymbol{A}\tilde{\boldsymbol{y}} = \frac{\lambda}{1+\lambda}\,\tilde{\boldsymbol{y}} \qquad \text{bzw.} \qquad \boldsymbol{A}\tilde{\boldsymbol{y}} = \mu\tilde{\boldsymbol{y}}, \tag{10.10}$$

wobci

$$\mu = \frac{\lambda}{1+\lambda} \tag{10.11}$$

gesetzt ist. Durch Anwendung von (10.4) entstehen unter Berücksichtigung des Satzes (2.64) die beiden zueinander äquivalenten Eigenwertaufgaben

$$\boldsymbol{X}'\boldsymbol{X}\tilde{\boldsymbol{y}} = \mu\tilde{\boldsymbol{y}} \qquad \text{und} \qquad \boldsymbol{X}\boldsymbol{X}'\tilde{\boldsymbol{z}} = \mu\tilde{\boldsymbol{z}}. \tag{10.12}$$

Das erste Eigenwertproblem stimmt in seiner Ordnung mit der Anzahl K der Kategorien überein, das zweite hat die Ordnung J, die Anzahl der Klassen. Beide Eigenwertprobleme sind gleichermaßen zur Lösung des Skalierungsproblems geeignet. Hinsichtlich der von Null verschiedenen charakteristischen Wurzeln $(1 > \mu_1 \geqq \mu_2 \geqq \cdots \geqq \mu_t > 0)$ stimmen beide Eigenwertaufgaben überein, und für die entsprechenden charakteristischen

Vektoren (auf Länge 1 normiert) gelten die Umrechnungsregeln

$$\tilde{z}_h = \frac{1}{\sqrt{\mu_h}} X\tilde{y}_h, \quad \tilde{y}_h = \frac{1}{\sqrt{\mu_h}} X'\tilde{z}_h. \tag{10.13}$$

Nach der Formel $y_1 = D^{-1}\tilde{y}_1$ erhält man den Vektor y_1 der gesuchten Maßzahlen. Der optimale F-Wert ist

$$F = \frac{n-J}{J-1}\lambda_1 = \frac{n-J}{J-1}\frac{\mu_1}{1-\mu_1}. \tag{10.14}$$

Falls eine Merkmalsbewertung gesucht ist, die in der anschließenden statistischen Analyse die klasseninterne Streuung 1 ergibt, kann man

$$\sqrt{\frac{n-J}{1-\mu_1}}\, y_1 = \sqrt{\frac{n-J}{1-\mu_1}}\, D^{-1}\tilde{y}_1 \tag{10.15}$$

benutzen. Für die Varianz dieser Bewertung gilt nämlich, da nach (10.10)

$$\tilde{y}_1'C\tilde{y}_1 = \frac{1}{\mu_1}\tilde{y}_1'CA\tilde{y}_1 = 0$$

ist,

$$s^2 = \frac{1}{n-J}\sqrt{\frac{n-J}{1-\mu_1}}\, y_1'DBD\sqrt{\frac{n-J}{1-\mu_1}}\, y_1 = \frac{1}{1-\mu_1}\tilde{y}_1'B\tilde{y}_1$$

$$= \frac{1}{1-\mu_1}\tilde{y}_1'(B+C)\tilde{y}_1 = \frac{1}{1-\mu_1}\tilde{y}_1'(I-A)\tilde{y}_1 = 1.$$

Bei vielen Anwendungen spielt die Normierung der Bewertungen eine untergeordnete Rolle. In diesen Fällen ist es möglich, statt der Häufigkeitsmatrix N irgendein Vielfaches cN zu benutzen. Will man den Einfluß der unterschiedlichen Stichprobenumfänge $n_{j.}$ auf die Skalierung ausschalten, so verwendet man in der Skalierungsrechnung anstelle von N die Matrix der relativen Häufigkeiten $\frac{n_{jk}}{n_{j.}}$.

Beispiel: (Prof. Dr. S. Nitschkoff, Zentralinstitut für Herz- und Kreislauf-Regulationsforschung der Akademie der Wissenschaften der DDR): Zur Diagnostik der arteriellen Hypertonie (Bluthochdruck) wird neben vielen anderen Merkmalen das Röntgenbild der Aorta herangezogen. An 400 Patienten mögen sich für die Schweregrade I bis IV die in Tabelle 9 wiedergegebenen Häufigkeitsverteilungen ergeben haben.

Als beste Bewertung der drei Kategorien „normal“, „Ektasie“ und „Sklerose“ mit Streuung 1 erhält man die drei im Vektor (2.41 — 1.57 — 2.46) zusammengefaßten Maßzahlen. Man erkennt, daß die beiden krankhaften Zustände „Ektasie“ und „Sklerose“ voneinander weniger unterschieden sind als der Normalbefund von ihnen beiden. Die zugehörige charakteristische Wurzel, die als Trennmaß des so bewerteten Merkmals interpretiert werden kann, ist $\lambda_1 = 3.86$.

Tabelle 9: Häufigkeitsverteilungen, die beim Röntgen der Aorta an Hypertoniepatienten der Schweregrade I bis IV ermittelt wurden

Hypertonie-schweregrad	Normalbefund	Ektasie (Gefäßerweiterung)	Sklerose (Gefäßverkalkung)
I	98	2	0
II	78	22	0
III	3	57	40
IV	0	45	55

10.2. Mehrfache Skalierung eines qualitativen Merkmals

Über das ursprünglich gestellte Ziel der Bestimmung einer optimalen Merkmalsbewertung hinausgehend, weist der Abschnitt 10.1. Wege, zu einer mehrfachen Skalierung eines qualitativen Merkmals zu gelangen. Es kann nämlich aus jedem der t charakteristischen Vektoren $\tilde{y}_h$, die sich als Lösung von (10.12) ergeben, die entsprechende Bewertung

$$y_h = D^{-1}\tilde{y}_h \tag{10.16}$$

berechnet werden. Der jeweilige F-Wert ist

$$F = \frac{n-J}{J-1}\lambda_h = \frac{n-J}{J-1}\frac{\mu_h}{1-\mu_h}. \tag{10.17}$$

Bei Normierung auf Varianz 1 hat man

$$\sqrt{\frac{n-J}{1-\mu_h}}\, y_h = \sqrt{\frac{n-J}{1-\mu_h}}\, D^{-1}\tilde{y}_h \qquad (h = 1, \ldots, t) \tag{10.18}$$

zu benutzen.

Für die Anzahl t der verschiedenen in Frage kommenden Bewertungen gilt

$$t = \operatorname{Rg}(X) \leqq J-1, \qquad t = \operatorname{Rg}(X) \leqq K-1. \tag{10.19}$$

Beim Beweis dieser Ungleichungen muß berücksichtigt werden, daß

$$\sum_{k=1}^{K} \sqrt{n_{.k}}\, x_{jk} = 0 \qquad (j = 1, \ldots, J), \tag{10.20}$$

$$\sum_{j=1}^{J} \sqrt{n_{j.}}\, x_{jk} = 0 \qquad (k = 1, \ldots, K) \tag{10.21}$$

ist.

Durch diese Vorgehensweise werden jeder Kategorie t quantitative Werte zugeordnet, jede qualitative Messung kann durch einen t-dimensionalen Vektor reeller Maßzahlen ersetzt werden. Die Beurteilung der gegebenen Häufigkeitstafel kann dann unter formaler Benutzung von Prinzipien der mehrdimensionalen Varianzanalyse an Hand der t-dimensionalen Vektoren erfolgen.

Man erkennt, daß die erhaltenen t quantitativen Merkmale im Sinne der mehrdimensionalen Varianzanalyse voneinander stochastisch unabhängig sind, denn als Kovarianz der zwei auf Varianz 1 normierten Bewertungen h und i ergibt sich

$$s_{hi} = \frac{1}{\sqrt{(1-\mu_h)(1-\mu_i)}} \boldsymbol{y}_h' \boldsymbol{DBDy}_i = \delta_{hi}.$$

Die charakteristischen Wurzeln $\lambda_1, \ldots, \lambda_t$ sind als die Trennmaße T^2 der t einzelnen Merkmale zu interpretieren, so daß eine beliebige monoton wachsende (oder monoton fallende) Funktion $g(\lambda_1, \ldots, \lambda_t)$ geeignet ist, die gesamte in der Häufigkeitstafel über die Beziehungen zwischen den Klassen und Kategorien enthaltene Informationsmenge zu beschreiben. Beispiele so entstehender Informationsmaße sind

$$\begin{aligned}\sum_{h=1}^{t} \lambda_h &= \operatorname{Sp}(\boldsymbol{A}(\boldsymbol{I}-\boldsymbol{A})^{-1}) = \operatorname{Sp}((\boldsymbol{I}-\boldsymbol{A})^{-1} - (\boldsymbol{I}-\boldsymbol{A})(\boldsymbol{I}-\boldsymbol{A})^{-1}) \\ &= \operatorname{Sp}((\boldsymbol{I}-\boldsymbol{X}'\boldsymbol{X})^{-1} - \boldsymbol{I}) = \operatorname{Sp}((\boldsymbol{I}-\boldsymbol{X}\boldsymbol{X}')^{-1} - \boldsymbol{I})\end{aligned} \tag{10.22}$$

(gebildet gemäß dem HOTELLINGschen $\bar{T}^2$) und

$$\begin{aligned}\sum_{h=1}^{t} \mu_h &= \operatorname{Sp}(\boldsymbol{A}) = \operatorname{Sp}(\boldsymbol{X}'\boldsymbol{X}) = \operatorname{Sp}(\boldsymbol{X}\boldsymbol{X}') = \sum_{j=1}^{J}\sum_{k=1}^{K} x_{jk}^2 \\ &= \sum_{j=1}^{J}\sum_{k=1}^{K}\left(\frac{n_{jk}}{\sqrt{n_{j.}n_{.k}}} - \frac{\sqrt{n_{j.}n_{.k}}}{n}\right)^2 = \varphi^2\end{aligned} \tag{10.23}$$

(φ^2 ist die sog. quadratische Kontingenz der Häufigkeitstafel).

Die auf Varianz 1 normierten Bewertungen spielen hier die gleiche Rolle wie in Kapitel 7. die nichtelementaren Diskriminanzmerkmale. Das zugehörige Diskriminanzschema ist eine Veranschaulichung der den J Klassen entsprechenden t-dimensionalen Mittelwertsvektoren dieser Diskriminanzmerkmale. Die J Mittelwertsvektoren ergeben sich als die Zeilen der Matrix

$$\underset{(J,t)}{\boldsymbol{Y}'} = \sqrt{n-J}\,\boldsymbol{E}^{-2}\boldsymbol{N}\left(\frac{\boldsymbol{y}_1}{\sqrt{1-\mu_1}}\;\frac{\boldsymbol{y}_2}{\sqrt{1-\mu_2}}\;\cdots\;\frac{\boldsymbol{y}_t}{\sqrt{1-\mu_t}}\right),$$

wobei $\boldsymbol{E}$ die Diagonalmatrix der Ordnung J mit den Elementen $\sqrt{n_{1.}}, \ldots, \sqrt{n_{J.}}$ in der Hauptdiagonalen bedeutet. Unter Benutzung von (10.5) und (10.13) erhält man daraus

$$\boldsymbol{Y}' = \sqrt{n-J}\,\boldsymbol{E}^{-1}\left(\sqrt{\lambda_1}\,\tilde{\boldsymbol{z}}_1\;\sqrt{\lambda_2}\,\tilde{\boldsymbol{z}}_2 \ldots \sqrt{\lambda_t}\,\tilde{\boldsymbol{z}}_t\right). \tag{10.24}$$

In dem Diskriminanzschema entspricht jeder Klasse ein Punkt, so daß man Informationen über den Abstand je zweier Klassen, über ihre gegenseitige

Lage, erhält. Sehr oft werden nicht alle t Bewertungen, sondern nur die ersten beiden im Diskriminanzschema berücksichtigt.

Wegen der formalen Symmetrie, die in unseren Betrachtungen hinsichtlich der Klassen und Kategorien besteht, läßt sich ganz analog auch für die Kategorien ein „Diskriminanzschema“, aus dem Unterschiede zwischen den einzelnen Kategorien ablesbar sind, aufstellen:

$$\underset{(K,t)}{\mathbf{Z}'} = \sqrt{n-K}\,\mathbf{D}^{-1}\left(\sqrt{\lambda_1}\,\tilde{\mathbf{y}}_1\ \sqrt{\lambda_2}\,\tilde{\mathbf{y}}_2 \dots \sqrt{\lambda_t}\,\tilde{\mathbf{y}}_t\right). \tag{10.25}$$

Kategorien, denen im Diskriminanzschema der gleiche Punkt zugeordnet ist, können ohne Verlust für die Trennung zusammengefaßt werden.

Beispiel: Für die Daten von Abschnitt 10.1. ergeben sich die beiden auf Streuung 1 normierten Bewertungsvektoren (2.41 −1.57 −2.46) und (−0.17 1.30 −1.41). Die zugehörigen charakteristischen Wurzeln sind $\lambda_1 = 3.86$ und $\lambda_2 = 0.03$. Da λ_2 extrem klein ist, dürfte die zweite Bewertung kaum für die Unterscheidung der Hypertonieschweregrade geeignet sein.

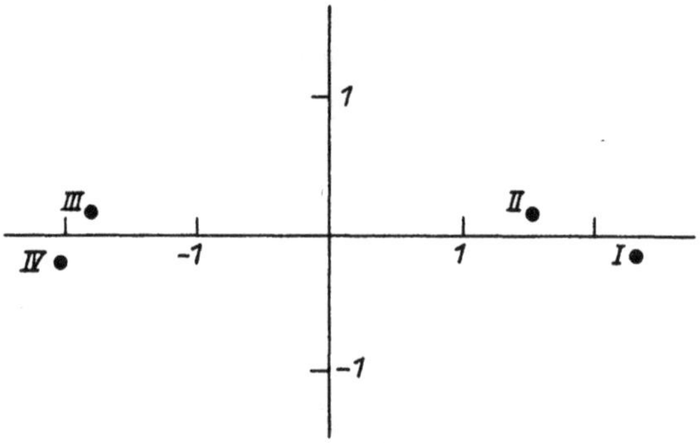

Bild 11: Diskriminanzschema zur Veranschaulichung der beim Röntgen der Aorta zwischen den vier Hypertonieschweregraden auftretenden Differenzen

Das Diskriminanzschema der Klassen wird durch die Matrix

$$\mathbf{Y} = \begin{pmatrix} \overset{\mathrm{I}}{2.33} & \overset{\mathrm{II}}{1.53} & \overset{\mathrm{III}}{-1.81} & \overset{\mathrm{IV}}{-2.06} \\ -0.14 & 0.16 & 0.17 & -0.19 \end{pmatrix}$$

beschrieben. Jede Spalte kann als Punkt im zweidimensionalen Raum veranschaulicht werden (Bild 11). Aus den Abständen der Punkte ist ersichtlich, inwieweit die einzelnen Klassen des Hypertonieschweregrades durch das Röntgen der Aorta voneinander getrennt werden. Man erkennt, daß vor allem ein Unterschied der Schweregrade I und II zu den Schweregraden III und IV besteht. Der Schweregrad IV differiert aber nur wenig vom Schweregrad III.

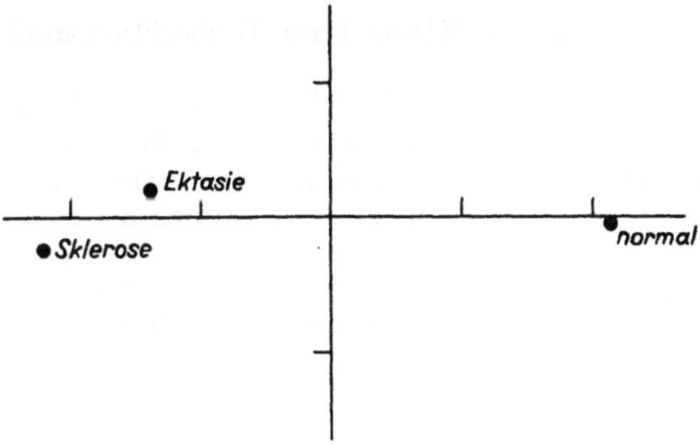

Bild 12: Diskriminanzschema zur Veranschaulichung der sich beim Röntgen der Aorta zeigenden Unterschiede zwischen den Kategorien „normal", „Ektasie" und „Sklerose"

Das Diskriminanzschema der Kategorien lautet

$$\begin{array}{cccc} & \text{normal} & \text{Ektasie} & \text{Sklerose} \\ \boldsymbol{Z} = & \left(\begin{array}{c} 2.15 \\ -0.03 \end{array}\right. & \begin{array}{c} -1.40 \\ 0.21 \end{array} & \left.\begin{array}{c} -2.19 \\ -0.23 \end{array}\right). \end{array}$$

In Bild 12 entspricht jeder Spalte von $\boldsymbol{Z}$ ein Punkt. Das Bild zeigt die inhaltlichen Abstände der einzelnen Kategorien des durch Röntgen der Aorta gegebenen Merkmals.

10.3. Der Spezialfall zweier Klassen. Optimalitätseigenschaft der Skalierung

Bei $J = 2$ ist nach (10.19) nur eine einzige Bewertung möglich, wenn von Translationen und Kontraktionen der Skala, also linearen Transformationen der Gestalt $y^* = a + by$, abgesehen wird. Der der Bewertung entsprechende charakteristische Vektor $\tilde{\boldsymbol{y}}_1$ muß bei $J = 2$ nach (10.13) ein Vielfaches der ersten Spalte von $\boldsymbol{X}'$ sein, folglich ist der Vektor $\boldsymbol{y}_1'$ der Maßzahlen ein Vielfaches von

$$\left(\frac{n_{11}}{\sqrt{n_{1.}n_{.1}}} - \frac{\sqrt{n_{1.}}}{n} \cdots \frac{n_{1K}}{\sqrt{n_{1.}n_{.K}}} - \frac{\sqrt{n_{1.}}}{n}\right).$$

Hierzu inhaltlich gleichwertig ist der sehr einfach zu berechnende Bewertungsvektor

$$\boldsymbol{y}' = \left(\frac{n_{11}}{n_{11} + n_{21}} \; \frac{n_{12}}{n_{12} + n_{22}} \cdots \frac{n_{1K}}{n_{1K} + n_{2K}}\right). \tag{10.26}$$

Im Fall zweier Klassen kann man also die den F-Test maximierende Bewertung erhalten, indem man für jede einzelne Kategorie k das Verhältnis der Beobachtungszahl n_{1k} von Klasse 1 zur Beobachtungszahl $n_{1k} + n_{2k}$ beider Klassen bildet.

Es ist interessant, an dieser Stelle Schlüsse über die Bedeutung der Skalierung für die lineare Diskriminanzanalyse zu ziehen. Da hierbei keine Aussagen über die Beziehungen zwischen Grundgesamtheit und Stichprobe beabsichtigt sind, werden die Häufigkeiten n_{jk} durch die entsprechenden Wahrscheinlichkeiten p_{jk} ersetzt. p_{jk} ist die Wahrscheinlichkeit dafür, daß eine Beobachtung der Klasse j in die Kategorie k fällt. Zusätzlich wird angenommen, daß beide Klassen durch gleichgroße Stichproben repräsentiert sind ($n_{1.} = n_{2.}$). Unter diesen Bedingungen liefert die Skalierung für die Kategorien $1, \ldots, K$ die Maßzahlen

$$y_k = \frac{p_{1k}}{p_{1k} + p_{2k}}. \tag{10.27}$$

Für die lineare Diskriminanzanalyse nach durchgeführter Skalierung sind die Erwartungswerte μ_1 und μ_2 beider Klassen erforderlich. Man erhält

$$\mu_1 = \sum_{k=1}^{K} p_{1k} y_k = \sum_{k=1}^{K} \frac{p_{1k}^2}{p_{1k} + p_{2k}} = \sum_{k=1}^{K} \frac{p_{2k}^2}{p_{1k} + p_{2k}}, \tag{10.28}$$

$$\mu_2 = \sum_{k=1}^{K} p_{2k} y_k = \sum_{k=1}^{K} \frac{p_{1k} p_{2k}}{p_{1k} + p_{2k}}, \tag{10.29}$$

wobei $\mu_1 + \mu_2 = 1$ bzw. $\frac{1}{2}(\mu_1 + \mu_2) = \frac{1}{2}$ gilt. Die Anwendung der bekannten CAUCHY-SCHWARZschen Ungleichung ergibt

$$\mu_2^2 = \left(\sum_{k=1}^{K} \frac{p_{1k} p_{2k}}{p_{1k} + p_{2k}}\right)^2 \leqq \sum_{k=1}^{K} \frac{p_{1k}^2}{p_{1k} + p_{2k}} \cdot \sum_{k=1}^{K} \frac{p_{2k}^2}{p_{1k} + p_{2k}} = \mu_1^2. \tag{10.30}$$

Folglich liegt der Trennpunkt zur Diskrimination zwischen den Klassen 1 und 2 an der Stelle $\frac{1}{2}$, die Kategorien k mit $y_k > \frac{1}{2}$ werden der Klasse 1 zugeordnet, die Kategorien mit $y_k < \frac{1}{2}$ der Klasse 2. Das bedeutet, daß alle Kategorien k mit $p_{1k} > p_{2k}$ bei der Diskriminanzanalyse der Klasse 1 zugewiesen werden und die Kategorien mit $p_{1k} < p_{2k}$ der Klasse 2. Man erkennt also die völlige Übereinstimmung dieser auf die skalierten Werte angewandten univariaten linearen Diskriminanzanalyse mit einer parameterfrei nach der BAYESschen Entscheidungsregel (vgl. C. R. RAO (1973)) durchgeführten Diskrimination; die lineare Diskriminanzanalyse erweist sich, unabhängig von den vorliegenden Verteilungen, als optimales Trennverfahren. Durch diesen Nachweis, der die entscheidende Rechtfertigung der von uns beschriebenen Skalierung darstellt, werden einige Bedenken gegenüber der linearen Diskriminanzanalyse gegenstandslos.

Wie der Leser noch sehen wird, wenden wir die Skalierung nicht nur auf diskrete, sondern auch auf kontinuierliche Merkmale an, und für diese gelten ganz entsprechende Optimalitätsaussagen: Sind $f_1(x)$ und $f_2(x)$ zwei beliebige Verteilungsdichten der Klassen 1 und 2, so ist die mit den Skalenwerten

$$y = \frac{f_1(x)}{f_1(x) + f_2(x)} \tag{10.31}$$

durchgeführte univariate lineare Diskriminanzanalyse dem bestmöglichen nichtparametrischen Trennverfahren äquivalent.

Für die Praxis gelten diese Ausführungen natürlich nur approximativ, da die Verteilungen der Beobachtungen niemals vollständig bekannt sind.

10.4. Iterationszyklus zur numerischen Lösung des Skalierungsproblems

Nach den bisherigen Ausführungen kann die Skalierungsaufgabe durch Zurückführung auf eines der Eigenwertprobleme (10.12) und Anwendung von (10.13) gelöst werden. In diesem Abschnitt wird für den Fall, daß nur die erste und trennschärfste Bewertung gesucht ist, ein einfacherer Weg der Lösung dargelegt. Der Spezialfall zweier Klassen läßt sich natürlich am besten nach Formel (10.26) behandeln.

Der hier beschriebene Algorithmus besteht in einem Iterationszyklus, bei dem von einer willkürlich angenommenen Bewertung $\boldsymbol{y}' = (y_1 \ldots y_K)$ der Kategorien ausgegangen, daraus durch Mittelwertsbildung eine Bewertung $\boldsymbol{z}' = (z_1 \ldots z_J)$ der Klassen bestimmt, danach wieder durch Mittelwertsbildung eine neue Bewertung $\boldsymbol{y}'$ der Kategorien erhalten, diese in geeigneter Weise normiert und dann schließlich wieder von vorn begonnen wird. Die Normierung ist so gewählt, daß immer die kleinste der Maßzahlen gleich Null und die größte Maßzahl gleich Eins wird. Der Abbruch erfolgt, wenn bei zwei Iterationsdurchläufen die Differenz zwischen maximaler und minimaler Maßzahl, berechnet vor der Normierung, Abweichungen um weniger als 10^{-5} zeigt. Es sind folgende Schritte zu programmieren:

$$\mu_{\text{alt}} \Leftarrow 1,$$

$$y_k \Leftarrow \frac{k-1}{K-1} \qquad (k = 1, \ldots, K),$$

$$M: \quad z_j \Leftarrow \frac{1}{n_{j.}} \sum_{k=1}^{K} n_{jk} y_k \qquad (j = 1, \ldots, J),$$

$$y_k \Leftarrow \frac{1}{n_{.k}} \sum_{j=1}^{J} n_{jk} z_j \qquad (k = 1, \ldots, K),$$

$\mu_{neu} \Leftarrow \max(y_1, \ldots, y_K) - \min(y_1, \ldots, y_K)$,

$$y_k \Leftarrow \frac{y_k - \min(y_1, \ldots, y_K)}{\mu_{neu}} \qquad (k = 1, \ldots, K),$$

Abbruch der Iteration, falls $|\mu_{neu} - \mu_{alt}| < 10^{-5}$,

$\mu_{alt} \Leftarrow \mu_{neu}$,

Rücksprung nach M.

Am Ende der Iteration steht die gesuchte trennschärfste Bewertung der Kategorien auf dem Platz von $\boldsymbol{y}' = (y_1 \ldots y_K)$. μ_{neu} liefert die zugehörige charakteristische Wurzel μ_1, aus der nach (10.11) das Trennmaß λ_1 bestimmt werden kann.

Daß dieses Verfahren konvergent ist und tatsächlich die gesuchte Bewertung liefert, läßt sich in ähnlicher Weise, die man das bekannte Potenzverfahren zur Lösung von Eigenwertproblemen (siehe z. B. KIESEWETTER und MAESS (1974)) beweist, zeigen. Wir werden hierzu nur einige Anmerkungen machen:

Die beiden Mittelungsschritte lauten in Vektorschreibweise

$$\boldsymbol{z} \Leftarrow \boldsymbol{E}^{-2}\boldsymbol{N}\boldsymbol{y}, \qquad \boldsymbol{y} \Leftarrow \boldsymbol{D}^{-2}\boldsymbol{N}'\boldsymbol{z},$$

also nach Zusammenfassung

$$\boldsymbol{y} \Leftarrow \boldsymbol{D}^{-2}\boldsymbol{N}'\boldsymbol{E}^{-2}\boldsymbol{N}\boldsymbol{y}.$$

Für die hier auftretende Transformationsmatrix $\boldsymbol{G} = \boldsymbol{D}^{-2}\boldsymbol{N}'\boldsymbol{E}^{-2}\boldsymbol{N}$ gilt nach (10.2) und (10.7)

$$\boldsymbol{G} = \boldsymbol{D}^{-1}(\boldsymbol{A} + \boldsymbol{C})\,\boldsymbol{D}.$$

Man erkennt, daß die in (10.16) definierten Vektoren $\boldsymbol{y}_h$ gerade die charakteristischen Vektoren von $\boldsymbol{D}^{-1}\boldsymbol{A}\boldsymbol{D}$ zu den charakteristischen Wurzeln $\mu_1, \ldots, \mu_t$ sind. Wegen $\boldsymbol{C}\boldsymbol{D}\boldsymbol{y}_h = \boldsymbol{0}$ sind sie dann auch charakteristische Vektoren von $\boldsymbol{G}$ zu den gleichen μ_h. Die Matrix $\boldsymbol{G}$ besitzt jedoch gegenüber $\boldsymbol{D}^{-1}\boldsymbol{A}\boldsymbol{D}$ noch eine weitere von Null verschiedene charakteristische Wurzel, und zwar $\mu_0 = 1$ mit dem charakteristischen Vektor $\boldsymbol{y}_0' = (1 \quad 1 \ldots 1)$. Würde man in der Iteration nur die Mittelungsschritte, aber nicht die Normierung durchführen, so erhielte man gemäß dem Potenzverfahren für Eigenwertprobleme die triviale Lösung $\boldsymbol{y}_0$, die ja der größten charakteristischen Wurzel $\mu_0 = 1$ entspricht, und nicht die gewünschte Bewertung $\boldsymbol{y}_1$. Hieraus ist die Bedeutung des Normierungsschritts ersichtlich; er bewirkt, daß die triviale Lösung $\boldsymbol{y}_0$ unterdrückt wird.

Damit ist die Methode der Skalierung für qualitative Merkmale, bei denen keine Rangordnung der Kategorien zu berücksichtigen ist, in ausreichendem Umfang dargestellt.

Beispiel: Das Iterationsverfahren liefert im Fall der Daten von Abschnitt 10.1. für die drei Kategorien „normal“, „Ektasie“ und „Sklerose“ die auf das Intervall [0,1] normierte Bewertung (0 0.818 1). Durch eine lineare Transformation kann diese

Bewertung in die Bewertung (2.41 −1.57 −2.46), welche in Abschnitt 10.1. bestimmt worden war, umgerechnet werden. Daneben erhält man die charakteristische Wurzel $\mu_1 = 0.794$, woraus sich $\lambda_1 = 3.86$ ergibt.

10.5. Skalierung ranggeordneter diskreter und kontinuierlicher Merkmale

Sehr häufig treten in den praktischen Anwendungen ranggeordnete und kontinuierliche Merkmale auf, deren Meßskalen nicht der Methodik der linearen multivariaten Verfahren entsprechen. In bestimmten Meßbereichen sind schon sehr kleine Meßwertunterschiede wesentlich, in anderen Bereichen erweisen sich riesige Differenzen als irrelevant. Derartige Diskrepanzen können mit der hier behandelten Skalierung beseitigt werden. Auch Meßfehler (Ausreißer) verlieren, solange sie nur in geringer Zahl auftreten, durch die Skalierung ihre Gefährlichkeit.

Das Hauptproblem dieses Abschnitts besteht in der angenäherten Bestimmung der den einzelnen Klassen entsprechenden Verteilungskurven. Es wird angenommen, daß aus jeder Klasse eine Stichprobe zufällig ausgewählter Individuen vorliege und dabei für jedes Individuum ein reellwertiger Meßwert x gegeben sei. Das Skalierungsverfahren wird so aufgebaut, daß die Metrik der x-Skala auf das Ergebnis keinen Einfluß hat, also Unterschiede, die sich durch eine monotone Transformation der x-Werte ausgleichen lassen, wirkungslos bleiben. Das Skalierungsergebnis hängt allein von den Ordnungsbeziehungen der in den einzelnen Klassen gemessenen x-Werte ab.

Zur Vereinfachung setzen wir vorerst voraus, daß alle gegebenen x-Werte voneinander verschieden sind. $x_1, x_2, \ldots, x_n$ sei die Folge der aufsteigend sortierten Meßwerte. Für jedes x_k soll die „Zugehörigkeit" q_{jk} zu den einzelnen Klassen $1, 2, \ldots, J$ ermittelt werden. Die Zugehörigkeit des Meßwertes x_k kann natürlich, da es sich hier um ein kontinuierliches Merkmal handelt, nicht nur von dieser Messung allein abhängen, sondern muß auf alle Messungen einer Umgebung von x_k, eines „Verteilungsfensters", Bezug nehmen (Bild 13). Das Verteilungsfenster zur Stelle x_k soll neben der

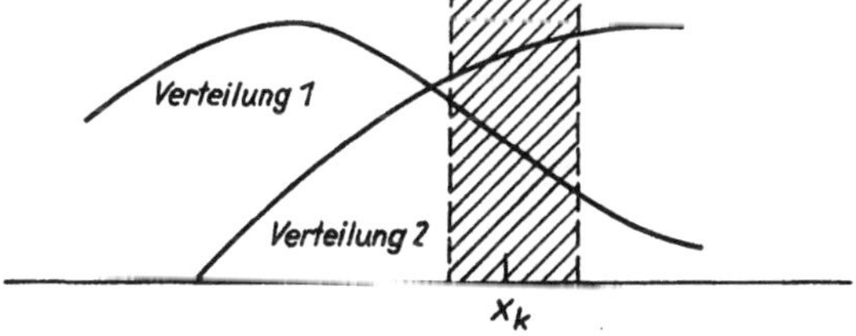

Bild 13: Verteilungsfenster zur Bestimmung der Zugehörigkeiten q_{jk} eines Meßpunktes x_k zu den einzelnen Klassen

Stelle x_k selbst die m nächstkleineren und m nächstgrößeren Punkte enthalten, wobei m eine geeignet gewählte natürliche Zahl ist. Dann läßt sich die Zugehörigkeit q_{jk} nach der Formel

$$q_{jk} = \frac{\text{Anzahl der } x\text{-Werte des Fensters, die zu Klasse } j \text{ gehören}}{2m + 1}$$

bestimmen. Eine gewisse Schwierigkeit tritt allerdings noch am unteren und am oberen Rand der x-Folge auf, weil dort nicht das Fenster in der sonst üblichen Weise existiert. Wir werden anschließend die Zugehörigkeiten q_{jk} für alle j und k so definieren, daß

$$\sum_{j=1}^{J} q_{jk} = 1 \qquad (k = 1, \ldots, n) \tag{10.32}$$

und

$$\sum_{k=1}^{n} q_{jk} = n_j \qquad (j = 1, \ldots, J) \tag{10.33}$$

gilt, wobei n_j der Stichprobenumfang der Klasse j ist. Dann kann die Matrix $\boldsymbol{Q}$, anstelle der Matrix $\boldsymbol{N}$ in den Abschnitten 10.1. bis 10.4., als Ausgangspunkt der Skalierungsrechnung dienen.

Nach diesen einführenden Bemerkungen betrachten wir nun die Skalierungsaufgabe in voller Allgemeinheit, lassen also auch Wiederholungen in den x-Werten zu. $x_1, x_2, \ldots, x_n$ möge die Folge der aufsteigend sortierten Meßwerte sein; somit gilt $x_{k_1} \leqq x_{k_2}$ für $k_1 < k_2$. Die Zugehörigkeiten werden stufenweise gewonnen. $\boldsymbol{E}$ sei die (J, n)-Matrix mit den Elementen

$$e_{jk} = \begin{cases} 1, \text{ wenn der Meßwert } x_k \text{ zur Klasse } j \text{ gehört} \\ 0 \text{ im anderen Fall.} \end{cases}$$

$\boldsymbol{F}$ möge eine Matrix gleichen Umfangs sein. Das Element f_{jk} von $\boldsymbol{F}$ wird definiert als das arithmetische Mittel aller Werte $e_{jk_1}, \ldots, e_{jk_s}$, deren entsprechende Meßwerte gleich x_k sind. Im Fall lauter unterschiedlicher x-Werte gilt $\boldsymbol{F} = \boldsymbol{E}$.

Weiterhin werden gemittelte Zugehörigkeiten des unteren und oberen Randes bestimmt. Für den unteren Rand gelte, wenn durch m wieder die Breite des Verteilungsfensters festgelegt ist,

$$c_j = \frac{2}{m(m+1)} (mf_{j1} + (m-1) f_{j2} + (m-2) f_{j3} + \cdots + f_{jm}),$$

für den oberen Rand entsprechend

$$d_j = \frac{2}{m(m+1)} \left(mf_{jn} + (m-1) f_{j,n-1} + (m-2) f_{j,n-2} + \cdots + f_{j,n-m+1}\right)$$

$(j = 1, \ldots, J)$. G sei die (J,n)-Matrix mit den Elementen

$$g_{jk} = \frac{1}{2m+1} \sum_{h=k-m}^{k+m} f_{jh}, \tag{10.34}$$

wobei $f_{jh} = c_j$ für $h < 1$ und $f_{jh} = d_j$ für $h > n$ gesetzt ist.

Die (J,n)-Matrix Q der Zugehörigkeiten entsteht nun aus G in gleicher Weise wie F aus E; q_{jk} ist das arithmetische Mittel aller Werte $g_{jk_1}, \ldots, g_{jk_s}$, deren entsprechende Meßwerte gleich x_k sind. Q erfüllt die Gleichungen (10.32) und (10.33) und wird, wie in den vorangehenden Abschnitten N, der Skalierung zugrunde gelegt. Will man den Einfluß der verschiedenen Stichprobenumfänge n_j ausschalten, so sollte man in der Skalierungsrechnung statt Q die Matrix der Elemente $\frac{q_{jk}}{n_j}$ verwenden.

Die Zahl m, die die Breite des Verteilungsfensters bestimmt, haben wir bei den von uns durchgeführten Diskriminanzanalysen meist nach der Formel

$$m = \text{Ganzer Anteil von } \min\left(2\sqrt{nJ}, \frac{n-1}{2}\right) \tag{10.35}$$

berechnet. Diese Vorschrift bewirkt, daß die wahren Verteilungsdichten der Klassen mit wachsendem Stichprobenumfang immer genauer reproduziert werden.

Beispiel: Die Skalierung ranggeordneter diskreter bzw. kontinuierlicher Merkmale wird am Anwendungsbeispiel von Abschnitt 6.2.1. (Neugeborenengelbsucht) demonstriert. Beim Merkmal „Ikterometergrad" ergibt sich die folgende Wertezuordnung:

Gegebener Meßwert:	0	1	1.5	2	2.5	3	4
Neuer Skalenwert:	0	0	0.032	0.403	0.780	0.915	1

Bei der Berechnung wurde der Einfluß der unterschiedlichen Stichprobenumfänge n_1 und n_2 dadurch eliminiert, daß statt der Matrix Q die Matrix der $\frac{q_{jk}}{n_j}$ verwendet wurde. Für m benutzten wir nach (10.35) den Wert 15.

10.6. Die bei der Skalierung entstehenden Verteilungen

In diesem Abschnitt soll dargelegt werden, daß durch die Skalierung Verteilungen erzeugt werden, die teilweise erheblich von der Normalverteilung abweichen. Wir betrachten hier den Spezialfall zweier Klassen.

Aus den Gleichungen (10.26), (10.27) bzw. (10.31) ist ersichtlich, daß die skalierten Variablen nicht jeden reellen Wert annehmen können. Das bedeutet, daß durch die Skalierung keine Normalverteilung im strengen Sinne entstehen kann. Im Fall der beiden gegebenen Normalverteilungen $N(\mu_1, \sigma^2)$ und $N(\mu_2, \sigma^2)$ lassen sich die aus der Skalierung nach (10.31) hervorgehenden Verteilungen exakt angeben. Die entsprechenden Dichtefunktionen der Klasse 1 bzw. 2 sind

$$\frac{1}{\sqrt{2\pi}\,\Delta y(1-y)}\, e^{-\frac{1}{2}\left(\frac{1}{\Delta}\log\frac{y}{1-y} \mp \frac{\Delta}{2}\right)^2}, \quad \text{wobei} \quad \Delta = \left|\frac{\mu_1 - \mu_2}{\sigma}\right|$$

gilt. In Bild 14 sind diese Dichten für $\Delta = 0.5$, 1, 2 veranschaulicht. Man erkennt, daß bei $\Delta = 2$ extrem schiefe Verteilungen entstehen.

Wir meinen, daß man die Nichtnormalität der durch die Skalierung erzeugten Verteilungen beachten sollte, sehen aber keinen Anlaß, daraus pessimistische Schlüsse zu ziehen.

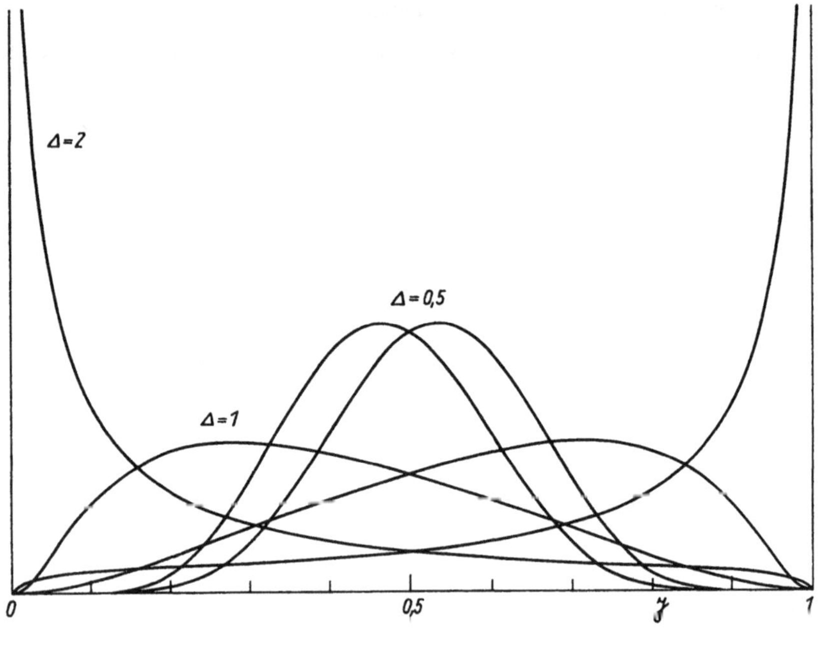

Bild 14: Dichtefunktionen der aus normalverteilten Messungen durch die Skalierung entstehenden schiefen Verteilungen

11. Allgemeine Bemerkungen zu den Voraussetzungen der mehrdimensionalen Varianzanalyse

Wie jede mathematische Theorie basiert auch die mehrdimensionale Varianzanalyse auf Voraussetzungen, die ihren Gültigkeitsbereich abstecken. Es handelt sich um die Voraussetzungen

a) der mehrdimensionalen Normalverteilung der Meßwertvektoren,
b) der Gleichheit der Kovarianzmatrizen,
c) der stochastischen Unabhängigkeit der Meßwertvektoren und die Voraussetzung,
d) daß Meßwerte von sämtlichen p Merkmalen bei jedem Individuum vorhanden sind (keine Meßwertausfälle).

Diese Voraussetzungen sind in der Praxis nirgends exakt erfüllt, in vielen Fällen liegen sogar erhebliche Verstöße gegen sie vor. Bedeutet das nun, daß die mehrdimensionale Varianzanalyse nicht anwendbar und daher für die Nutzung uninteressant ist, oder lassen sich trotz bestehender Abweichungen genügend Argumente zugunsten der mehrdimensionalen Varianzanalyse finden?

Vom theoretischen Standpunkt aus betrachtet, betrifft diese Fragestellung vor allem das Problem der Robustheit der Signifikanztests. Für den F-Test der univariaten Varianzanalyse ist bekannt, daß er relativ robust gegenüber Abweichungen von der Normalverteilung der Beobachtungswerte ist. Die Robustheit des Tests bezüglich der Gleichheit der Varianzen ist um so größer, je mehr sich die Stichprobenumfänge einander angleichen.

Entsprechende Robustheitsuntersuchungen für die Tests der multivariaten Varianzanalyse stehen erst in den Anfängen, so daß aus theoretischer Sicht zur Zeit noch kein abschließendes Urteil möglich ist. Die mathematische Theorie der mehrdimensionalen Varianzanalyse muß in Rechnung stellen, daß die in der Praxis vorkommenden Verteilungen sehr mannigfaltig sein können, erstens auf Grund der großen Anzahl von Merkmalen und zweitens wegen ihrer recht unterschiedlichen Beziehungen zueinander.

Vom Standpunkt der Anwendung aus sind jedoch bei der Diskussion zum Problem der Gültigkeit der Voraussetzungen noch andere Gesichtspunkte zu berücksichtigen. Für die Anwendung ist in erster Linie entscheidend, welche Aussagen ein statistisches Verfahren gestattet, inwieweit sich auf Grund der durch eine Datenanalyse gewonnenen Informationen neue Erkenntnisse über die Struktur der multivariaten Beobachtungen ergeben.

Bei der mehrdimensionalen Varianzanalyse ist nicht zu erwarten, daß jede Verletzung der Voraussetzungen zu grotesken Verzerrungen in den praktischen Schlußfolgerungen führt. Im Gegenteil, es spricht vieles dafür, daß die Hauptresultate der Analyse, zumindest in ihren wesentlichen Tendenzen, auch bei vorhandenen Abweichungen richtig bleiben.

Die Nichterfüllung von Voraussetzungen kann zur Folge haben, daß ein Signifikanztest, der nach dem üblichen und auch in diesem Buch beschriebenen Algorithmus mit der Irrtumswahrscheinlichkeit $\alpha = 0.05$ durchgeführt wird, bei Berücksichtigung der tatsächlich gültigen, aber unbekannten Verteilung der Teststatistik eine andere Irrtumswahrscheinlichkeit, z. B. $\alpha = 0.02$ oder $\alpha = 0.08$, besitzt. Jeder Statistiker, der aus Erfahrung weiß, wie wenig echte Begründungen man für die Wahl einer bestimmten Irrtumswahrscheinlichkeit hat, wird einsehen, daß ein derartiges Abgleiten der Irrtumswahrscheinlichkeit nicht den Zusammenbruch der gesamten Analyse bedeutet. Und wenn man, ganz pessimistisch, sogar annehmen müßte, daß die Signifikanztests ohne jeden Wert sind, so läge die Bedeutung der multivariaten Analyse immer noch darin, daß dabei nach standardisierten Methoden eine Verdichtung experimenteller Daten stattfindet.

Zahlreiche Erfahrungen mit der mehrdimensionalen Analyse bestätigen, daß übertriebene Vorsicht und Zurückhaltung unangebracht sind.

In den meisten Anwendungsfällen wird man die mehrdimensionale Varianzanalyse, soweit kontinuierliche Merkmale vorliegen, durchführen, ohne die multivariate Verteilung der Merkmalsvektoren näher zu untersuchen. Manchmal ist es sinnvoll, vor Eintritt in das Verfahren bestimmte Merkmale einer Transformation, z. B. der Logarithmustransformation, zu unterwerfen. Durch die in Kapitel 10. beschriebene Skalierung erhält man die Möglichkeit, auch qualitative Merkmale in multivariaten Analysen zu verarbeiten. Jedoch sollte diese Skalierung nur benutzt werden, wenn nicht der Signifikanztest zum Vergleich der Mittelwertsvektoren, sondern andere multivariate Betrachtungen im Vordergrund des Interesses stehen. Bei dem Vorgehen von Kapitel 10. ist der Signifikanztest zwangsläufig verfälscht. In der Diskriminanzanalyse hat sich die Skalierung vielfach bewährt.

Bezüglich der Kovarianzmatrizen meinen wir, daß die mehrdimensionale Varianzanalyse und die Diskriminanzanalyse im Regelfall so durchgeführt werden sollten, als bestünde tatsächlich die Gleichheit der Kovarianzmatrizen. Durch diese Voraussetzung vereinfacht sich die mathematische Theorie ganz erheblich, und es gibt mehr Möglichkeiten der Dimensionserniedrigung und übersichtlichen Ergebnisinterpretation. Andererseits wird man bei Aufgaben, bei denen besondere Präzision gefordert wird und deren Lösung von hoher Wichtigkeit ist, auch ungleiche Kovarianzen berücksichtigen müssen. Für die mehrdimensionale Varianzanalyse bei ungleichen

Kovarianzen existieren einige Näherungsansätze.

In der Frage der stochastischen Unabhängigkeit der Meßwertvektoren sollte man strengere Maßstäbe anlegen; die Unabhängigkeit der „Individuen“ sollte man bei den Anwendungen einhalten. Meistens ist dies auch ohne Schwierigkeiten möglich. Bei fehlender Unabhängigkeit können die Freiheitsgrade, die in den Signifikanztests auftreten, vollkommen unrealistisch werden.

Falls ein gegebenes Datenmaterial Meßwertausfälle in nicht zu großer Anzahl enthält, so kann man sich manchmal dadurch helfen, daß man nach bestimmten Schätzmethoden Ersatzwerte für die fehlenden Werte berechnet und erst dann die eigentliche Datenanalyse beginnt. Dieses Vorgehen ist aber stark anzuzweifeln, wenn sehr viele Ausfälle vorkommen oder wenn diese nicht zufällig, sondern systematisch im Datenmaterial angeordnet sind. Insbesondere ist es bei der Diskrimination einzelner Individuen fraglich, ob ein Merkmalswert, der in einer Diskriminanzfunktion benötigt wird, einfach durch einen aus anderen Merkmalswerten gewonnenen Schätzwert ersetzt werden kann, da damit wahrscheinlich nur ungenügend der multivariaten Verzahnung der Merkmale Rechnung getragen wird. Daher empfehlen wir, entweder Meßwertausfälle ganz zu vermeiden oder, falls das nicht gelingt, die Analyse nacheinander in mehreren Varianten, die sich jeweils nur auf bestimmte Teilmengen der Menge aller p Merkmale beziehen, durchzuführen, um für alle zu erwartenden Kombinationen tatsächlich auftretender Merkmale die entsprechenden Resultate unverfälscht zur Verfügung zu haben.

Es sei noch erwähnt, daß in den letzten beiden Jahrzehnten eine spezielle Theorie zur Behandlung von Meßwertausfällen in der multivariaten Analyse entstanden ist, auf die man sich bei gewissen Anwendungen stützen kann (siehe u. a. S. N. Roy et al. (1971)).

Alle diese Hinweise dürfen nicht als unumstößliche Vorschriften angesehen werden, sondern sollten je nach der Anwendungssituation in sinnvoller Weise variiert werden. Beim Gebrauch der multivariaten Verfahren wird man weitere Erfahrungen sammeln und damit größere Sicherheit in der Beurteilung der multivariaten Analyse erlangen.

Abschließend möchten wir darauf hinweisen, daß in jüngster Zeit entsprechend dem univariaten Fall auch für multivariate Analysen nichtparametrische Methoden in Entwicklung sind (siehe u. a. Puri und Sen (1971), Hájek (1969)).

Planung des Stichprobenumfangs für den T^2-Test zum Mittelwertsvergleich bei 2 Klassen. Die Tabelle gibt den Stichprobenumfang an, der in jeder Klasse benötigt wird. p = Merkmalsanzahl, α = Risiko erster Art, β = Risiko zweiter Art, Mindestabweichung von der Gleichheitshypothese: Für ein Merkmal gilt $|\mu_{i1} - \mu_{i2}| \geqq \delta\sigma_i$

		$\alpha = 0.05$				$\alpha = 0.01$			
	p	$\beta=.3$	$\beta=.2$	$\beta=.1$	$\beta=.05$	$\beta=.3$	$\beta=.2$	$\beta=.1$	$\beta=.05$
	1	3	4	4	5	5	5	6	6
	2	4	5	5	6	6	6	7	8
	3	5	5	6	7	7	7	8	9
	4	6	6	7	8	7	8	9	10
	5	6	7	8	8	8	9	10	10
	6	7	7	8	9	9	9	10	11
$\delta = 3$	8	8	9	10	10	10	11	12	13
	10	9	10	11	12	11	12	13	14
	15	12	13	14	15	14	15	16	17
	20	15	15	16	17	17	18	19	20
	30	20	21	22	23	22	23	25	26
	50	30	31	32	33	33	34	35	37
	100	56	56	58	60	58	60	62	62
	1	5	6	7	8	7	8	10	11
	2	6	7	9	10	9	10	12	13
	3	7	8	10	11	10	11	13	15
	4	8	9	11	12	11	12	14	16
	5	9	10	12	14	12	13	16	17
	6	10	11	13	14	13	14	17	19
$\delta = 2$	8	11	12	14	16	15	16	19	21
	10	13	14	16	18	16	18	20	22
	15	16	17	20	22	20	22	24	27
	20	19	20	23	25	23	25	28	30
	30	24	26	29	31	29	31	34	37
	50	35	37	40	44	42	44	48	50
	100	62	64	68	70	68	70	74	78
	1	7	9	11	13	11	13	15	18
	2	0	11	13	16	13	15	18	21
	3	10	12	15	18	15	17	21	24
	4	12	14	17	20	17	19	22	26
	5	13	15	18	21	18	20	24	27
	6	14	16	19	22	19	22	26	29
$\delta = 1.5$	8	16	18	22	25	21	24	28	32
	10	18	20	24	27	24	26	31	34
	15	21	24	28	32	28	31	36	40
	20	25	28	32	36	32	36	42	46
	30	32	35	40	44	40	44	50	54
	50	44	48	54	58	54	58	64	70
	100	72	76	84	90	84	88	96	105

	p	$\alpha = 0.05$ $\beta = .3$	$\beta = .2$	$\beta = .1$	$\beta = .05$	$\alpha = 0.01$ $\beta = .3$	$\beta = .2$	$\beta = .1$	$\beta = .05$
	1	14	17	23	27	21	26	32	38
	2	17	21	27	33	26	31	38	44
	3	20	24	31	37	29	34	42	50
	4	22	27	34	40	32	37	46	54
	5	24	29	36	44	35	40	48	56
	6	26	31	39	46	37	44	52	60
$\delta = 1$	8	29	35	44	50	42	48	56	64
	10	32	38	46	54	44	52	60	70
	15	38	46	54	64	52	60	70	80
	20	44	52	62	70	60	68	78	88
	30	54	62	74	84	72	80	92	105
	50	70	80	94	105	92	105	115	130
	100	105	120	135	150	135	145	165	180
	1	23	29	39	48	36	44	56	66
	2	29	36	48	58	44	52	66	76
	3	34	42	54	64	50	58	72	84
	4	37	46	58	70	54	64	78	90
	5	42	50	62	74	58	68	84	96
	6	44	52	66	78	62	72	88	105
$\delta = 0.75$	8	48	58	72	86	68	80	96	110
	10	54	64	78	92	74	86	105	120
	15	64	74	92	110	86	100	120	135
	20	72	84	105	120	98	110	130	150
	30	86	100	120	140	115	130	155	175
	50	110	130	150	175	145	165	190	220
	100	160	180	210	240	210	230	260	290
	1	52	64	86	105	80	96	125	145
	2	64	80	105	130	96	115	145	170
	3	74	90	120	140	110	130	160	185
	4	80	98	130	155	120	140	170	200
	5	88	110	135	165	125	150	180	210
	6	94	115	145	175	135	160	190	230
$\delta = 0.5$	8	105	125	160	190	150	175	210	240
	10	115	135	170	200	160	185	230	260
	15	135	160	195	230	185	220	260	300
	20	150	180	220	260	210	240	200	330
	30	180	210	260	300	250	280	330	370
	50	230	260	320	370	300	340	400	460
	100	310	360	440	500	420	460	540	600

F-Quantile für $\alpha = 0.05$

g_2 \ g_1	1	2	3	4	5	6	7	8	9	10	12
1	161	200	216	225	230	234	237	239	241	242	244
2	18.5	19.0	19.2	19.2	19.3	19.3	19.4	19.4	19.4	19.4	19.4
3	10.1	9.55	9.28	9.12	9.01	8.94	8.89	8.85	8.81	8.79	8.74
4	7.71	6.94	6.59	6.39	6.26	6.16	6.09	6.04	6.00	5.96	5.91
5	6.61	5.79	5.41	5.19	5.05	4.95	4.88	4.82	4.77	4.74	4.68
6	5.99	5.14	4.76	4.53	4.39	4.28	4.21	4.15	4.10	4.06	4.00
7	5.59	4.74	4.35	4.12	3.97	3.87	3.79	3.73	3.68	3.64	3.57
8	5.32	4.46	4.07	3.84	3.69	3.58	3.50	3.44	3.39	3.35	3.28
9	5.12	4.26	3.86	3.63	3.48	3.37	3.29	3.23	3.18	3.14	3.07
10	4.96	4.10	3.71	3.48	3.33	3.22	3.14	3.07	3.02	2.98	2.91
11	4.84	3.98	3.59	3.36	3.20	3.09	3.01	2.95	2.90	2.85	2.79
12	4.75	3.89	3.49	3.26	3.11	3.00	2.91	2.85	2.80	2.75	2.69
13	4.67	3.81	3.41	3.18	3.03	2.92	2.83	2.77	2.71	2.67	2.60
14	4.60	3.74	3.34	3.11	2.96	2.85	2.76	2.70	2.65	2.60	2.53
15	4.54	3.68	3.29	3.06	2.90	2.79	2.71	2.64	2.59	2.54	2.48
16	4.49	3.63	3.24	3.01	2.85	2.74	2.66	2.59	2.54	2.49	2.42
17	4.45	3.59	3.20	2.96	2.81	2.70	2.61	2.55	2.49	2.45	2.38
18	4.41	3.55	3.16	2.93	2.77	2.66	2.58	2.51	2.46	2.41	2.34
19	4.38	3.52	3.13	2.90	2.74	2.63	2.54	2.48	2.42	2.38	2.31
20	4.35	3.49	3.10	2.87	2.71	2.60	2.51	2.45	2.39	2.35	2.28
21	4.32	3.47	3.07	2.84	2.68	2.57	2.49	2.42	2.37	2.32	2.25
22	4.30	3.44	3.05	2.82	2.66	2.55	2.46	2.40	2.34	2.30	2.23
23	4.28	3.42	3.03	2.80	2.64	2.53	2.44	2.37	2.32	2.27	2.20
24	4.26	3.40	3.01	2.78	2.62	2.51	2.42	2.36	2.30	2.25	2.18
25	4.24	3.39	2.99	2.76	2.60	2.49	2.40	2.34	2.28	2.24	2.16
26	4.23	3.37	2.98	2.74	2.59	2.47	2.39	2.32	2.27	2.22	2.15
27	4.21	3.35	2.96	2.73	2.57	2.46	2.37	2.31	2.25	2.20	2.13
28	4.20	3.34	2.95	2.71	2.56	2.45	2.36	2.29	2.24	2.19	2.12
29	4.18	3.33	2.93	2.70	2.55	2.43	2.35	2.28	2.22	2.18	2.10
30	4.17	3.32	2.92	2.69	2.53	2.42	2.33	2.27	2.21	2.16	2.09
40	4.08	3.23	2.84	2.61	2.45	2.34	2.25	2.18	2.12	2.08	2.00
60	4.00	3.15	2.76	2.53	2.37	2.25	2.17	2.10	2.04	1.99	1.92
80	3.96	3.11	2.72	2.49	2.33	2.21	2.13	2.06	2.00	1.95	1.88
100	3.94	3.09	2.70	2.46	2.31	2.19	2.10	2.03	1.97	1.93	1.85
125	3.92	3.07	2.68	2.44	2.29	2.17	2.08	2.01	1.96	1.91	1.83
150	3.90	3.06	2.66	2.43	2.27	2.16	2.07	2.00	1.94	1.89	1.82
200	3.89	3.04	2.65	2.42	2.26	2.14	2.06	1.98	1.93	1.88	1.80
300	3.87	3.03	2.63	2.40	2.24	2.13	2.04	1.97	1.91	1.86	1.78
500	3.86	3.01	2.62	2.39	2.23	2.12	2.03	1.96	1.90	1.85	1.77
1000	3.85	3.00	2.61	2.38	2.22	2.11	2.02	1.95	1.89	1.84	1.76
∞	3.84	3.00	2.60	2.37	2.21	2.10	2.01	1.94	1.88	1.83	1.75

Fortsetzung $\alpha = 0.05$

g_2 \ g_1	14	16	20	24	30	40	60	100	200	500	∞
1	245	246	248	249	250	251	252	253	254	254	254
2	19.4	19.4	19.4	19.5	19.5	19.5	19.5	19.5	19.5	19.5	19.5
3	8.71	8.69	8.66	8.64	8.62	8.59	8.57	8.55	8.54	8.53	8.53
4	5.87	5.84	5.80	5.77	5.75	5.72	5.69	5.66	5.65	5.64	5.63
5	4.64	4.60	4.56	4.53	4.50	4.46	4.43	4.41	4.39	4.37	4.37
6	3.96	3.92	3.87	3.84	3.81	3.77	3.74	3.71	3.09	3.68	3.67
7	3.53	3.49	3.44	3.41	3.38	3.34	3.30	3.27	3.25	3.24	3.23
8	3.24	3.20	3.15	3.12	3.08	3.04	3.01	2.97	2.95	2.94	2.93
9	3.03	2.99	2.94	2.90	2.86	2.83	2.79	2.76	2.73	2.72	2.71
10	2.86	2.83	2.77	2.74	2.70	2.66	2.62	2.59	2.56	2.55	2.54
11	2.74	2.70	2.65	2.61	2.57	2.53	2.49	2.46	2.43	2.42	2.40
12	2.64	2.60	2.54	2.51	2.47	2.43	2.38	2.35	2.32	2.31	2.30
13	2.55	2.51	2.46	2.42	2.38	2.34	2.30	2.26	2.23	2.22	2.21
14	2.48	2.44	2.39	2.35	2.31	2.27	2.22	2.19	2.16	2.14	2.13
15	2.42	2.38	2.33	2.29	2.25	2.20	2.16	2.12	2.10	2.08	2.07
16	2.37	2.33	2.28	2.24	2.19	2.15	2.11	2.07	2.04	2.02	2.01
17	2.33	2.29	2.23	2.19	2.15	2.10	2.06	2.02	1.99	1.97	1.96
18	2.29	2.25	2.19	2.15	2.11	2.06	2.02	1.98	1.95	1.93	1.92
19	2.26	2.21	2.16	2.11	2.07	2.03	1.98	1.94	1.91	1.89	1.88
20	2.22	2.18	2.12	2.08	2.04	1.99	1.95	1.91	1.88	1.86	1.84
21	2.20	2.16	2.10	2.05	2.01	1.96	1.92	1.88	1.84	1.82	1.81
22	2.17	2.13	2.07	2.03	1.98	1.94	1.89	1.85	1.82	1.80	1.78
23	2.15	2.11	2.05	2.00	1.96	1.91	1.86	1.82	1.79	1.77	1.76
24	2.13	2.09	2.03	1.98	1.94	1.89	1.84	1.80	1.77	1.75	1.73
25	2.11	2.07	2.01	1.96	1.92	1.87	1.82	1.78	1.75	1.73	1.71
26	2.09	2.05	1.99	1.95	1.90	1.85	1.80	1.76	1.73	1.71	1.69
27	2.08	2.04	1.97	1.93	1.88	1.84	1.79	1.74	1.71	1.69	1.67
28	2.06	2.02	1.96	1.91	1.87	1.82	1.77	1.73	1.69	1.67	1.65
29	2.05	2.01	1.94	1.90	1.85	1.81	1.75	1.71	1.67	1.65	1.64
30	2.04	1.99	1.93	1.89	1.84	1.79	1.74	1.70	1.66	1.64	1.62
40	1.95	1.90	1.84	1.79	1.74	1.69	1.64	1.59	1.55	1.53	1.51
60	1.86	1.82	1.75	1.70	1.65	1.59	1.53	1.48	1.44	1.41	1.39
80	1.82	1.77	1.70	1.65	1.60	1.54	1.48	1.43	1.38	1.35	1.32
100	1.79	1.75	1.68	1.63	1.57	1.52	1.45	1.39	1.34	1.31	1.28
125	1.77	1.72	1.65	1.60	1.55	1.49	1.42	1.36	1.31	1.27	1.25
150	1.76	1.71	1.64	1.59	1.53	1.48	1.41	1.34	1.29	1.25	1.22
200	1.74	1.69	1.62	1.57	1.52	1.46	1.39	1.32	1.26	1.22	1.19
300	1.72	1.68	1.61	1.55	1.50	1.43	1.36	1.30	1.23	1.19	1.15
500	1.71	1.66	1.59	1.54	1.48	1.42	1.34	1.28	1.21	1.16	1.11
1000	1.70	1.65	1.58	1.53	1.47	1.41	1.33	1.26	1.19	1.13	1.08
∞	1.69	1.64	1.57	1.52	1.46	1.39	1.32	1.24	1.17	1.11	1.00

Approximationsformel für $g_1 > 30$, $g_2 > 30$:

$$\log_{10} F_{g_1,g_2;0.05} \approx \frac{1.4287}{\sqrt{h - 0.95}} - 0.681\left(\frac{1}{g_1} - \frac{1}{g_2}\right) \text{ mit } \frac{1}{h} = \frac{1}{2}\left(\frac{1}{g_1} + \frac{1}{g_2}\right)$$

F-Quantile für $\alpha = 0.01$

g_2 \ g_1	1	2	3	4	5	6	7	8	9	10	12
1	4050	5000	5400	5630	5760	5860	5930	5980	6020	6060	6110
2	98.5	99.0	99.2	99.2	99.3	99.3	99.4	99.4	99.4	99.4	99.4
3	34.1	30.8	29.5	28.7	28.2	27.9	27.7	27.5	27.3	27.2	27.1
4	21.2	18.0	16.7	16.0	15.5	15.2	15.0	14.8	14.7	14.5	14.4
5	16.3	13.3	12.1	11.4	11.0	10.7	10.5	10.3	10.2	10.1	9.89
6	13.7	10.9	9.78	9.15	8.75	8.47	8.26	8.10	7.98	7.87	7.72
7	12.2	9.55	8.45	7.85	7.46	7.19	6.99	6.84	6.72	6.62	6.47
8	11.3	8.65	7.59	7.01	6.63	6.37	6.18	6.03	5.91	5.81	5.67
9	10.6	8.02	6.99	6.42	6.06	5.80	5.61	5.47	5.35	5.26	5.11
10	10.0	7.56	6.55	5.99	5.64	5.39	5.20	5.06	4.94	4.85	4.71
11	9.65	7.21	6.22	5.67	5.32	5.07	4.89	4.74	4.63	4.54	4.40
12	9.33	6.93	5.95	5.41	5.06	4.82	4.64	4.50	4.39	4.30	4.16
13	9.07	6.70	5.74	5.21	4.86	4.62	4.44	4.30	4.19	4.10	3.96
14	8.86	6.51	5.56	5.04	4.70	4.46	4.28	4.14	4.03	3.94	3.80
15	8.68	6.36	5.42	4.89	4.56	4.32	4.14	4.00	3.89	3.80	3.67
16	8.53	6.23	5.29	4.77	4.44	4.20	4.03	3.89	3.78	3.69	3.55
17	8.40	6.11	5.18	4.67	4.34	4.10	3.93	3.79	3.68	3.59	3.46
18	8.29	6.01	5.09	4.58	4.25	4.01	3.84	3.71	3.60	3.51	3.37
19	8.18	5.93	5.01	4.50	4.17	3.94	3.77	3.63	3.52	3.43	3.30
20	8.10	5.85	4.94	4.43	4.10	3.87	3.70	3.56	3.46	3.37	3.23
21	8.02	5.78	4.87	4.37	4.04	3.81	3.64	3.51	3.40	3.31	3.17
22	7.95	5.72	4.82	4.31	3.99	3.76	3.59	3.45	3.35	3.26	3.12
23	7.88	5.66	4.76	4.26	3.94	3.71	3.54	3.41	3.30	3.21	3.07
24	7.82	5.61	4.72	4.22	3.90	3.67	3.50	3.36	3.26	3.17	3.03
25	7.77	5.57	4.68	4.18	3.86	3.63	3.46	3.32	3.22	3.13	2.99
26	7.72	5.53	4.64	4.14	3.82	3.59	3.42	3.29	3.18	3.09	2.96
27	7.68	5.49	4.60	4.11	3.78	3.56	3.39	3.26	3.15	3.06	2.93
28	7.64	5.45	4.57	4.07	3.75	3.53	3.36	3.23	3.12	3.03	2.90
29	7.60	5.42	4.54	4.04	3.73	3.50	3.33	3.20	3.09	3.00	2.87
30	7.56	5.39	4.51	4.02	3.70	3.47	3.30	3.17	3.07	2.98	2.84
40	7.31	5.18	4.31	3.83	3.51	3.29	3.12	2.99	2.89	2.80	2.66
60	7.08	4.98	4.13	3.65	3.34	3.12	2.95	2.82	2.72	2.63	2.50
80	6.96	4.88	4.04	3.56	3.26	3.04	2.87	2.74	2.64	2.55	2.42
100	6.90	4.82	3.98	3.51	3.21	2.99	2.82	2.69	2.59	2.50	2.37
125	6.84	4.78	3.94	3.47	3.17	2.95	2.79	2.66	2.55	2.47	2.33
150	6.81	4.75	3.92	3.45	3.14	2.92	2.76	2.63	2.53	2.44	2.31
200	6.76	4.71	3.88	3.41	3.11	2.89	2.73	2.60	2.50	2.41	2.27
300	6.72	4.68	3.85	3.38	3.08	2.86	2.70	2.57	2.47	2.38	2.24
500	6.60	4.65	3.82	3.36	3.05	2.84	2.68	2.55	2.44	2.36	2.22
1000	6.66	4.63	3.80	3.34	3.04	2.82	2.66	2.53	2.43	2.34	2.20
∞	6.63	4.61	3.78	3.32	3.02	2.80	2.64	2.51	2.41	2.32	2.18

Fortsetzung $\alpha = 0.01$

g_2 \ g_1	14	16	20	24	30	40	60	100	200	500	∞
1	6140	6170	6210	6230	6260	6290	6310	6330	6350	6360	6370
2	99.4	99.4	99.4	99.5	99.5	99.5	99.5	99.5	99.5	99.5	99.5
3	26.9	26.8	26.7	26.6	26.5	26.4	26.3	26.2	26,2	26.1	26.1
4	14.2	14.2	14.0	13.9	13.8	13.7	13.7	13.6	13.5	13.5	13.5
5	9.77	9.68	9.55	9.47	9.38	9.29	9.20	9.13	9.08	9.04	9.02
6	7.60	7.52	7.40	7.31	7.23	7.14	7.06	6.99	6.93	6.90	6.88
7	6.36	6.27	6.16	6.07	5.99	5.91	5.82	5.75	5.70	5.67	5.65
8	5.56	5.48	5.36	5.28	5.20	5.12	5.03	4.96	4.91	4.88	4.86
9	5.00	4.92	4.81	4.73	4.65	4.57	4.48	4.42	4.36	4.33	4.31
10	4.60	4.52	4.41	4.33	4.25	4.17	4.08	4.01	3.96	3.93	3.91
11	4.29	4.21	4.10	4.02	3.94	3.86	3.78	3.71	3.66	3.62	3.60
12	4.05	3.97	3.86	3.78	3.70	3.62	3.54	3.47	3.41	3.38	3.36
13	3.86	3.78	3.66	3.59	3.51	3.43	3.34	3.27	3.22	3.19	3.17
14	3.70	3.62	3.51	3.43	3.35	3.27	3.18	3.11	3.06	3.03	3.00
15	3.56	3.49	3.37	3.29	3.21	3.13	3.05	2.98	2.92	2.89	2.87
16	3.45	3.37	3.26	3.18	3.10	3.02	2.93	2.86	2.81	2.78	2.75
17	3.35	3.27	3.16	3.08	3.00	2.92	2.83	2.76	2.71	2.68	2.65
18	3.27	3.19	3.08	3.00	2.92	2.84	2.75	2.68	2.62	2.59	2.57
19	3.19	3.12	3.00	2.92	2.84	2.76	2.67	2.60	2.55	2.51	2.49
20	3.13	3.05	2.94	2.86	2.78	2.69	2.61	2.54	2.48	2.44	2.42
21	3.07	2.99	2.88	2.80	2.72	2.64	2.55	2.48	2.42	2.38	2.36
22	3.02	2.94	2.83	2.75	2.67	2.58	2.50	2.42	2.36	2.33	2.31
23	2.97	2.89	2.78	2.70	2.62	2.54	2.45	2.37	2.32	2.28	2.26
24	2.93	2.85	2.74	2.66	2.58	2.49	2.40	2.33	2.27	2.24	2.21
25	2.89	2.81	2.70	2.62	2.54	2.45	2.36	2.29	2.23	2.19	2.17
26	2.86	2.78	2.66	2.58	2.50	2.42	2.33	2.25	2.19	2.16	2.13
27	2.82	2.75	2.63	2.55	2.47	2.38	2.29	2.22	2.16	2.12	2.10
28	2.79	2.72	2.60	2.52	2.44	2.35	2.26	2.19	2.13	2.09	2.06
29	2.77	2.69	2.57	2.49	2.41	2.33	2.23	2.16	2.10	2.06	2.03
30	2.74	2.66	2.55	2.47	2.39	2.30	2.21	2.13	2.07	2.03	2.01
40	2.56	2.48	2.37	2.29	2.20	2.11	2.02	1.94	1.87	1.83	1.80
60	2.39	2.31	2.20	2.12	2.03	1.94	1.84	1.75	1.68	1.63	1.60
80	2.31	2.23	2.12	2.03	1.94	1.85	1.75	1.66	1.58	1.53	1.49
100	2.26	2.19	2.07	1.98	1.89	1.80	1.69	1.60	1.52	1.47	1.43
125	2.23	2.15	2.03	1.94	1.85	1.76	1.65	1.55	1.47	1.41	1.37
150	2.20	2.12	2.00	1.92	1.83	1.73	1.62	1.52	1.43	1.38	1.33
200	2.17	2.09	1.97	1.89	1.79	1.69	1.58	1.48	1.39	1.33	1.28
300	2.14	2.06	1.94	1.85	1.76	1.66	1.55	1.44	1.35	1.28	1.22
500	2.12	2.04	1.92	1.83	1.74	1.63	1.52	1.41	1.31	1.23	1.16
1000	2.10	2.02	1.90	1.81	1.72	1.61	1.50	1.38	1.28	1.19	1.11
∞	2.08	2.00	1.88	1.79	1.70	1.59	1.47	1.36	1.25	1.15	1.00

Approximationsformel für $g_1 > 30$, $g_2 > 30$:

$$\log_{10} F_{g_1, g_2; 0.01} \approx \frac{2.0206}{\sqrt{h - 1.40}} - 1.073 \left(\frac{1}{g_1} - \frac{1}{g_2}\right) \text{ mit } \frac{1}{h} = \frac{1}{2}\left(\frac{1}{g_1} + \frac{1}{g_2}\right)$$

Formeln zur angenäherten Berechnung der kritischen Irrtumswahrscheinlichkeit:

g_1, g_2 Freiheitsgrade der F-Verteilung

$$h_1 = \frac{1}{g_1},\ h_2 = \frac{1}{g_2}$$

$$\Phi(x) = \frac{1}{\sqrt{2\pi}} \int_{-\infty}^{x} e^{-\frac{1}{2}t^2}\, dt$$

$$\text{a)}\quad \alpha \approx \Phi\left(\frac{(1-h_1)-(1-h_2)F}{\sqrt{2(h_1+h_2-2h_1h_2)F}}\right)$$

Die Abweichung vom exakten α-Wert ist für

$$\frac{(h_1+h_2-2h_1h_2)F}{2(h_1+Fh_2)^2} > 180$$

kleiner als 0.005.

$$\text{b)}\quad \alpha \approx \Phi\left(\frac{\left(1-\frac{2}{9}h_1\right)-\left(1-\frac{2}{9}h_2\right)\sqrt[3]{F}}{\sqrt{\frac{2}{9}\left(h_1+h_2\left(\sqrt[3]{F}\right)^2\right)}}\right)$$

Nomogramme von Heck zur Verteilung des Θ_{max}-Kriteriums von Roy

Bemerkungen zu den Nomogrammen: Von den HECKschen Nomogrammen (Chart I bis XII) wurden hier nur die für $\alpha = 0.01$ und $\alpha = 0.05$ aufgenommen, also Chart I, III, IV, VI, VII, IX, X, XII. Die restlichen (für $\alpha = 0.025$) findet man bei D. L. HECK (1960) bzw. in dem für den deutschsprachigen Leser sehr empfohlenswerten Tafelwerk von H. KRES (1975). Um Übereinstimmung in den Bezeichnungen zu erzielen, werden wir statt t, m_1 und m_2 (in Kap. 4.) jetzt s, m und n als Parameter verwenden.

Die Nomogramme ermöglichen das Auffinden der kritischen Werte

$$x_\alpha = x_{\alpha;s,m,n} = \Theta_{max} \qquad \text{für} \qquad P(\Theta_{max} > x_{\alpha;s,m,n}) = \alpha.$$

Der Zusammenhang zwischen Θ_{max} als größter charakteristischer Wurzel der Gleichung $|\boldsymbol{H} - \Theta(\boldsymbol{H} + \boldsymbol{G})| = 0$ und λ_{max} als derjenigen der bisher von uns betrachteten Gleichung $|\boldsymbol{H} - \lambda\boldsymbol{G}| = 0$ ist gegeben durch

$$\lambda_{max} = \frac{\Theta_{max}}{1 - \Theta_{max}} = \frac{x_\alpha}{1 - x_\alpha}.$$

Fixierung der Parameter:

1. Irrtumswahrscheinlichkeit α: $\alpha = 0.01$, $\alpha = 0.05$
2. $s = \min(n_h, p)$ mit n_h als Freiheitsgrad der Hypothese und p als Dimension des Problems. $s = 2, 3, 4, 5$.
3. $m = (|n_h - p| - 1)/2$, $m = -1/2, 0, 1, 2, 3, 4, 5, 6, 7, 8, 9, 10$.
4. $n = (n_e - p - 1)/2$ mit n_e als Freiheitsgrad des Fehlers. $n = 5; \ldots; 1000$.

Zum Gebrauch der Nomogramme: Für jedes Paar $(\alpha; s)$ ist ein Nomogramm angegeben, das eine Kurvenschar enthält, die den 12 Parameterwerten $m = -1/2, 0, 1, 2, \ldots, 10$ entspricht. Die Darstellung der Kurvenschar in zwei Abschnitten (oberer und unterer Teil) je Nomogramm ist aus rein praktischen Gründen erfolgt: Die untere Kurvenschar ist die Fortsetzung der oberen mit einer Überlappung für x_α von 0.50 bis 0.55. Dieser Aufteilung in obere und untere Kurvenschar entspricht eine obere und untere Skala für x_α am Fuße eines jeden Nomogramms. Die unterste Kurve einer jeden Kurvenschar entspricht dem Parameterwert $m = -1/2$ (mit Ausnahme von Chart III), die in vertikaler Richtung darauf folgende Kurve entspricht dem Parameter $m = 0$ usw., die oberste Kurve einer jeden Kurvenschar entspricht dem Parameter $m = 10$. Die Skala für den Parameter n ist logarithmisch auf der Vertikalen aufgetragen.

Ermittlung eines Wertes $x_{\alpha;s,m,n}$:

1. Wähle zu vorgegebenem Paar (α, s) ein Nomogramm.
2. Fixiere das vorgegebene n auf der vertikalen Achse und gehe horizontal nach rechts bis zu einer Kurve, die dem vorgegebenem m entspricht.
3. Stammt diese Kurve aus der *oberen Kurvenschar*, dann lies auf der *oberen Skala* am Fuße des Nomogramms den Wert x_α ab, stammt die Kurve aus der *unteren Kurvenschar*, dann lies x_α auf der *unteren Skala* am Fuße des Nomogramms ab.

Beispiel: Sei $\alpha = 0.05$, $s = 2$, $n = 30$, $m = -1/2$. Aus vorgegebenem α und s folgt, daß Chart III zu nehmen ist. Von $n = 30$ horizontal nach rechts gehend trifft man auf die zu $m = -1/2$ gehörende Kurve, die zur oberen Kurvenschar gehört, also liest man auf der oberen Skala am Fuße des Nomogramms den Wert $x_{0.05;2;-1/2;30} = 0.128$ ab.

CHART I
$s = 2$
$\alpha = .01$

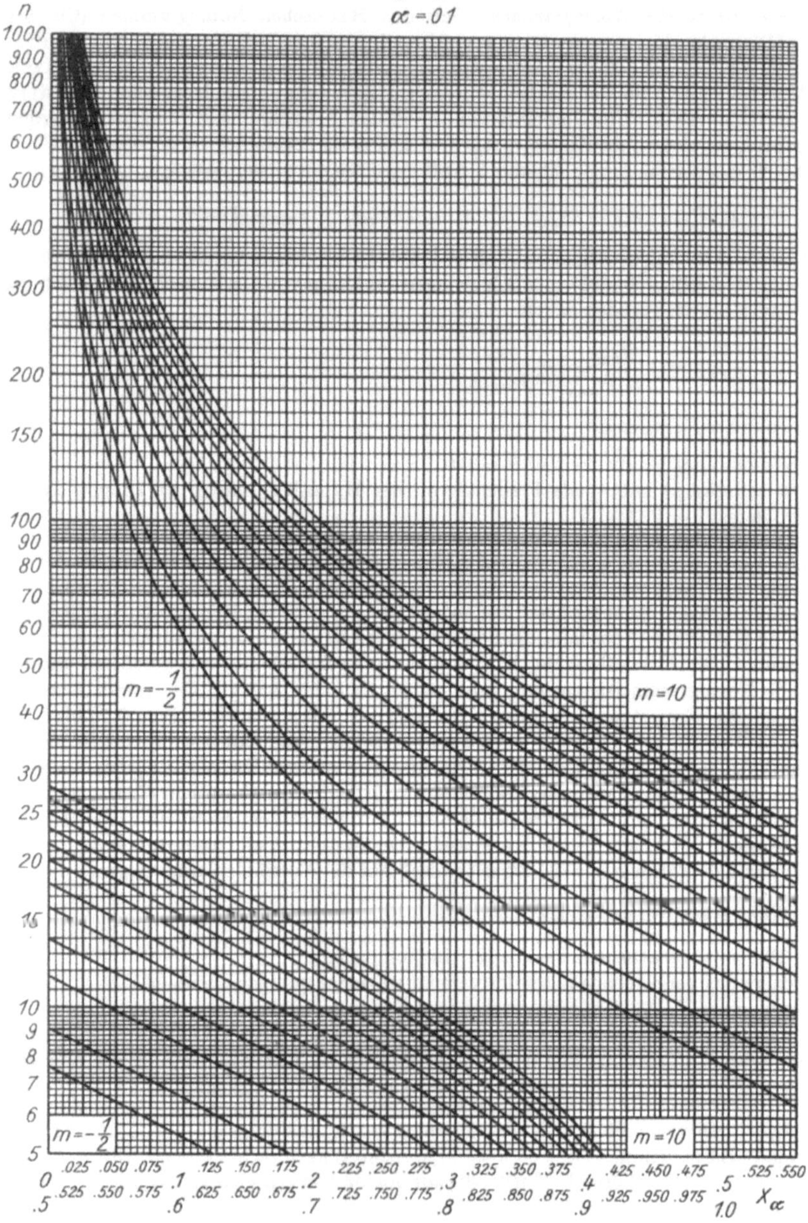

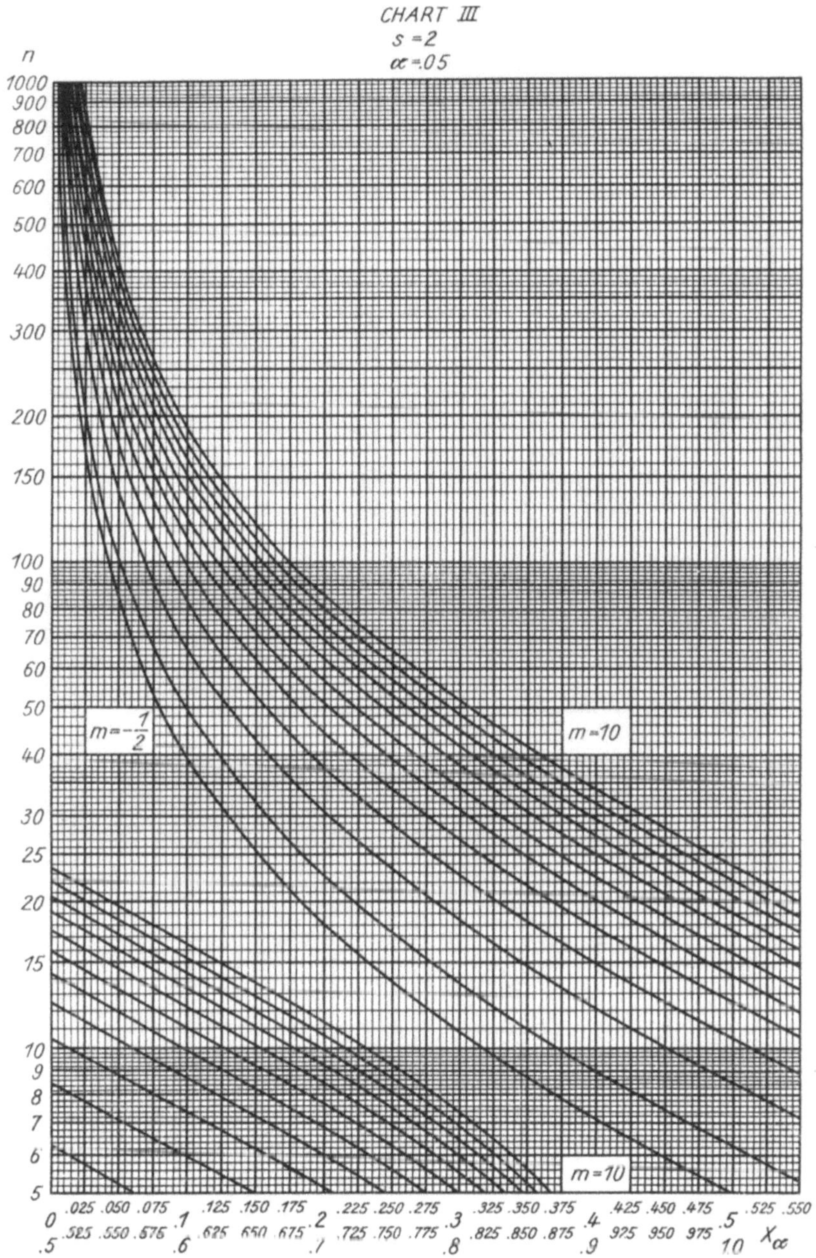
CHART III
s = 2
α = .05
n
1000
900
800
700
600
500
400
300
200
150
100
90
80
70
60
50
40
30
25
20
15
10
9
8
7
6
5
m = −1/2
m = 10
m = 10
0 .025 .050 .075 .1 .125 .150 .175 .2 .225 .250 .275 .3 .325 .350 .375 .4 .425 .450 .475 .5 .525 .550
.5 .525 .550 .575 .6 .625 .650 .675 .7 .725 .750 .775 .8 .825 .850 .875 .9 .925 .950 .975 1.0
X_α

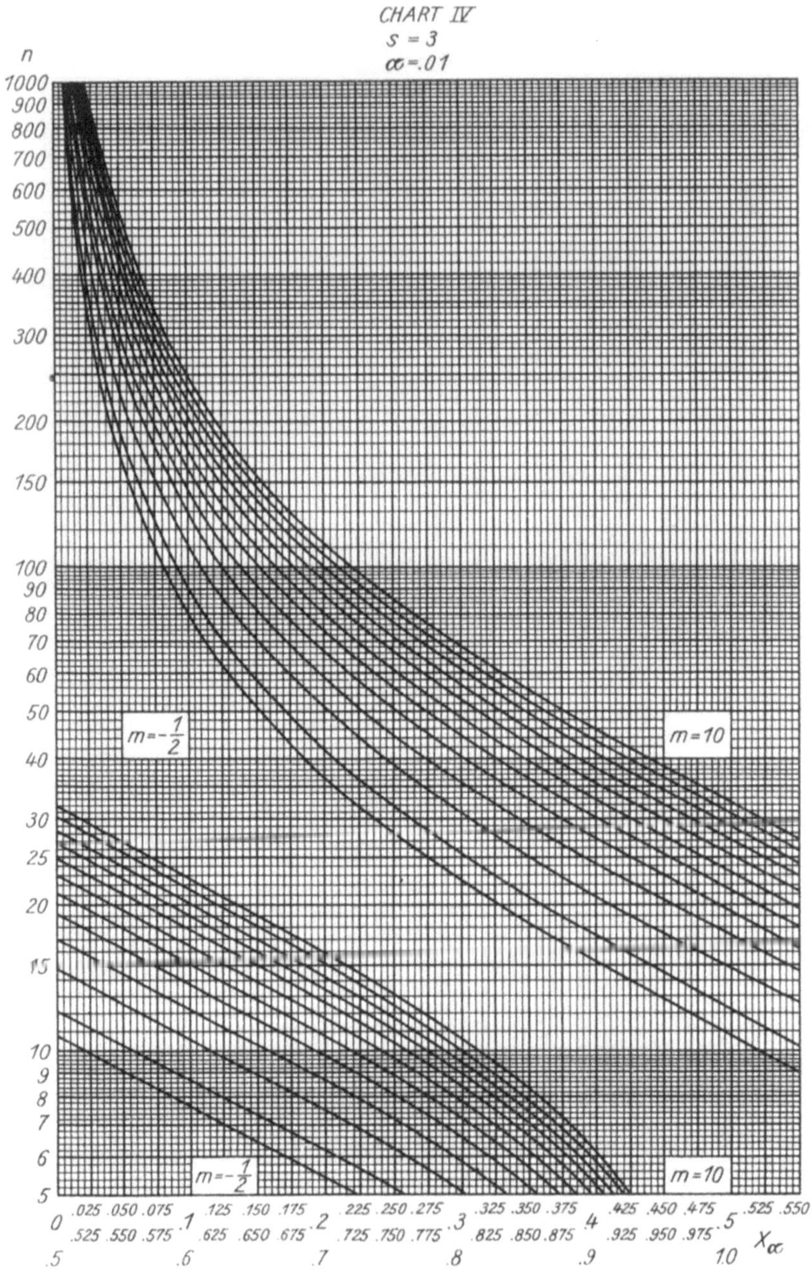
CHART IV
s = 3
α = .01
n
1000
900
800
700
600
500
400
300
200
150
100
90
80
70
60
50
40
30
25
20
15
10
9
8
7
6
5
m = -1/2
m = 10
m = -1/2
m = 10
0 .025 .050 .075 .1 .125 .150 .175 .2 .225 .250 .275 .3 .325 .350 .375 .4 .425 .450 .475 .5 .525 .550
.5 .525 .550 .575 .6 .625 .650 .675 .7 .725 .750 .775 .8 .825 .850 .875 .9 .925 .950 .975 1.0
X_α

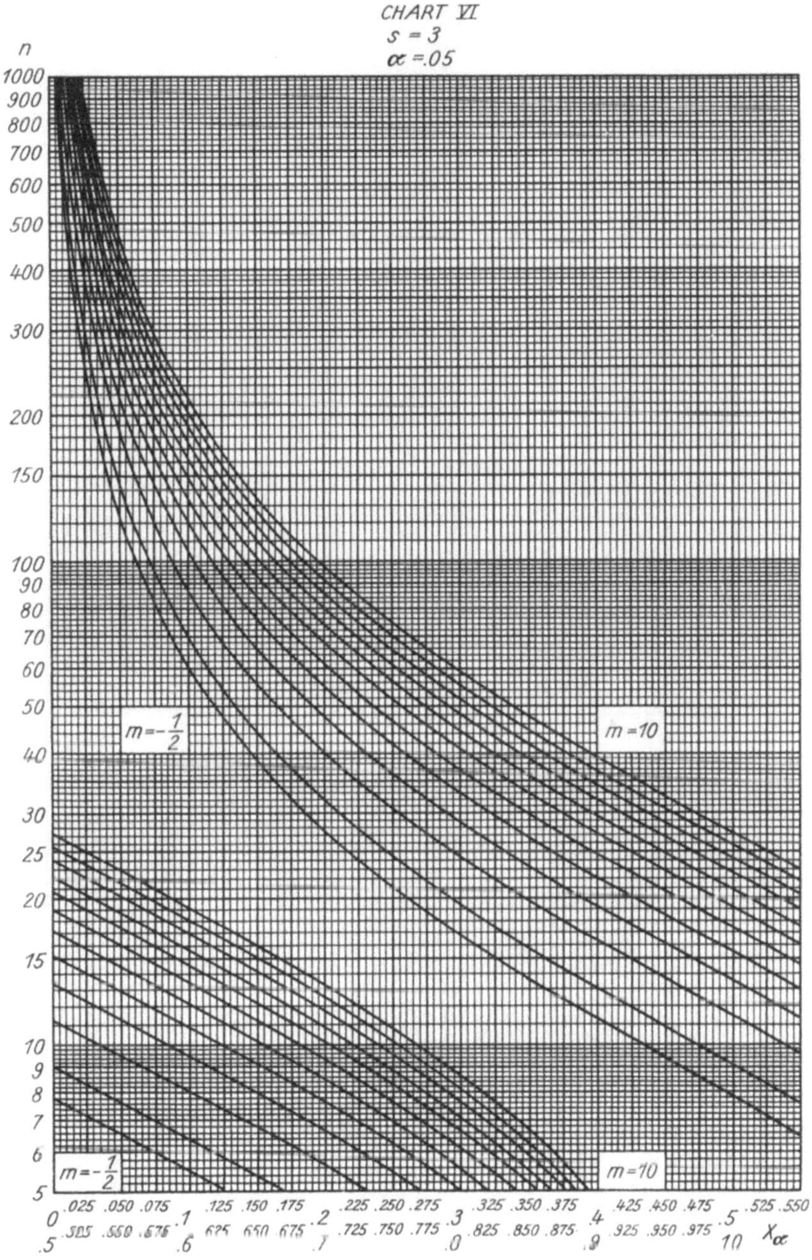
CHART VI
s = 3
α = .05
n
1000
900
800
700
600
500
400
300
200
150
100
90
80
70
60
50
40
30
25
20
15
10
9
8
7
6
5
m = -1/2
m = 10
m = -1/2
m = 10
0 .025 .050 .075 .1 .125 .150 .175 .2 .225 .250 .275 .3 .325 .350 .375 .4 .425 .450 .475 .5 .525 .550
.5 .525 .550 .575 .6 .625 .650 .675 .7 .725 .750 .775 .8 .825 .850 .875 .9 .925 .950 .975 10
X_α

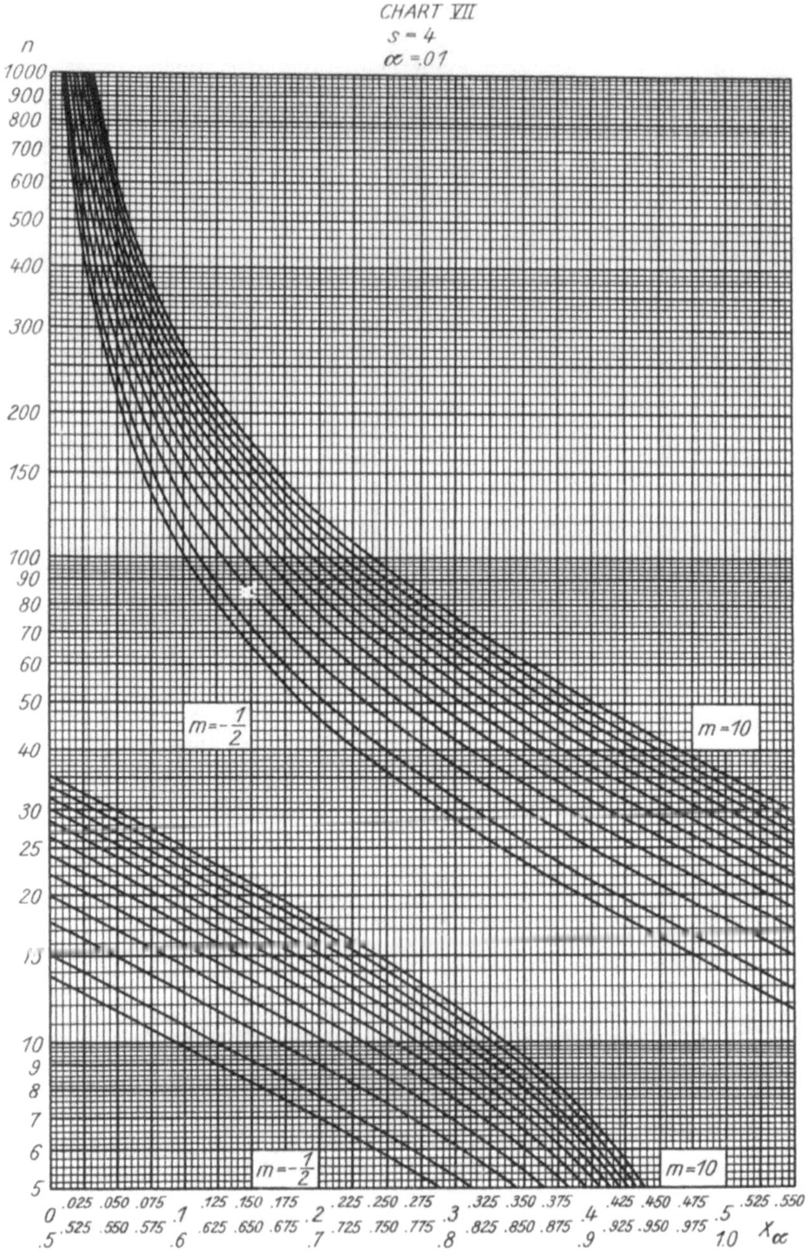
CHART VII
s = 4
α = .01
n
1000
900
800
700
600
500
400
300
200
150
100
90
80
70
60
50
40
30
25
20
15
10
9
8
7
6
5
m = -1/2
m = 10
m = -1/2
m = 10
0 .025 .050 .075 .1 .125 .150 .175 .2 .225 .250 .275 .3 .325 .350 .375 .4 .425 .450 .475 .5 .525 .550
.5 .525 .550 .575 .6 .625 .650 .675 .7 .725 .750 .775 .8 .825 .850 .875 .9 .925 .950 .975 1.0
x_α

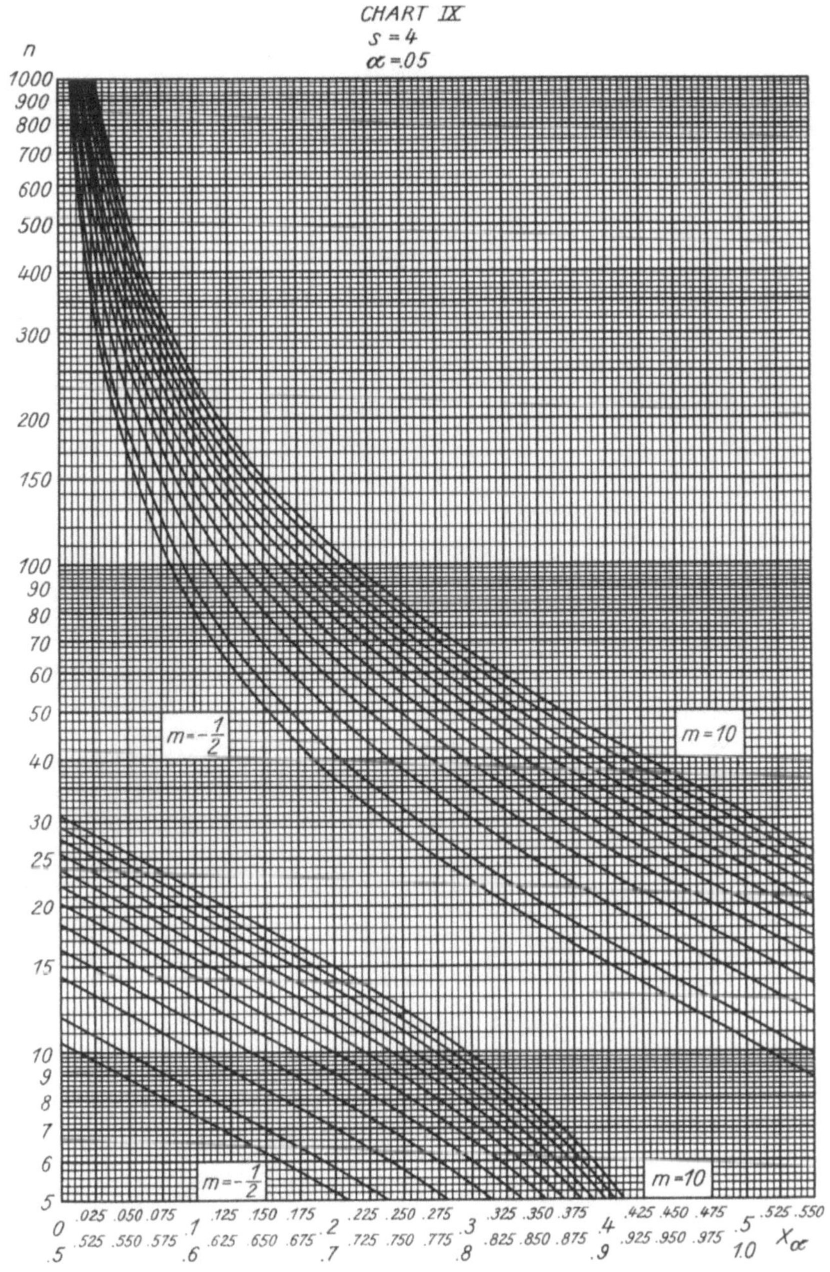
CHART IX
s = 4
α = .05
n
1000
900
800
700
600
500
400
300
200
150
100
90
80
70
60
50
40
30
25
20
15
10
9
8
7
6
5
m = -1/2
m = 10
m = -1/2
m = 10
0 .025 .050 .075 .1 .125 .150 .175 .2 .225 .250 .275 .3 .325 .350 .375 .4 .425 .450 .475 .5 .525 .550
.5 .525 .550 .575 .6 .625 .650 .675 .7 .725 .750 .775 .8 .825 .850 .875 .9 .925 .950 .975 1.0
X_α

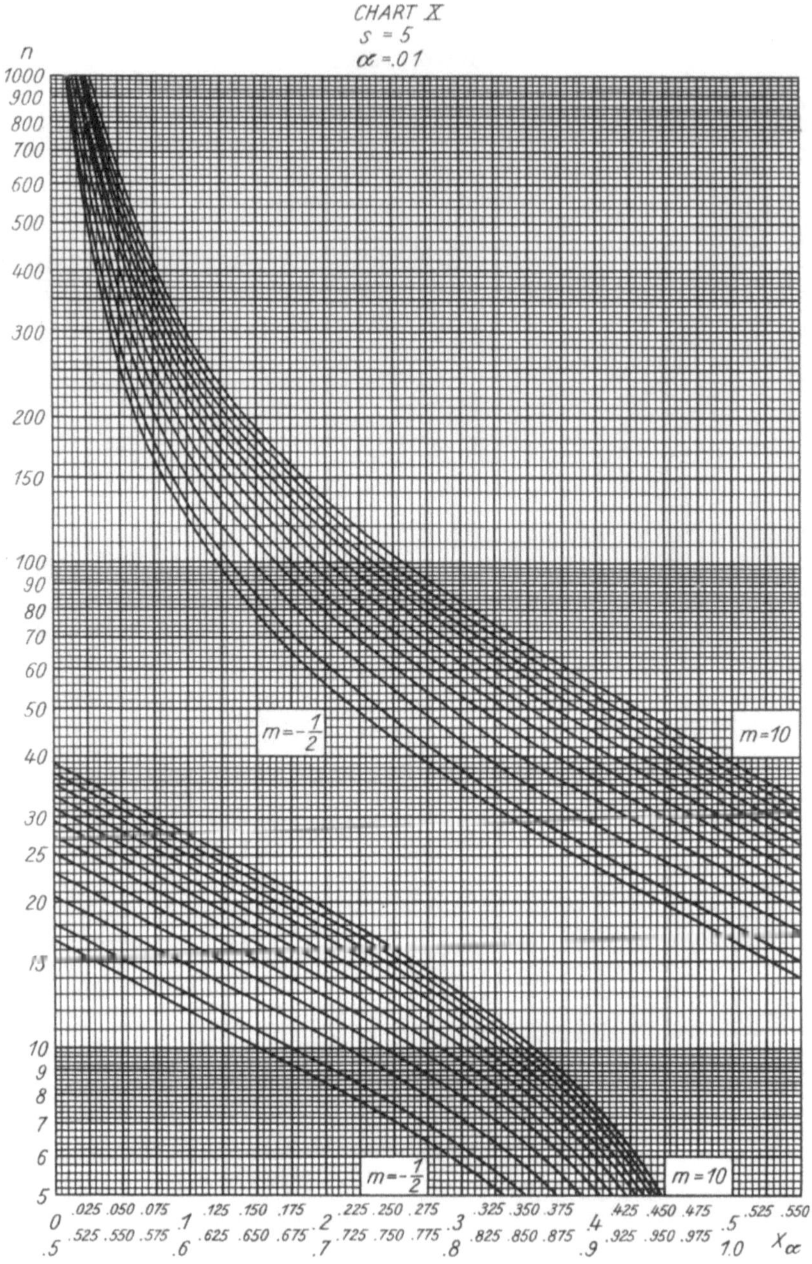
CHART X
s = 5
α = .01
n
m = -1/2
m = 10
m = -1/2
m = 10
X_α

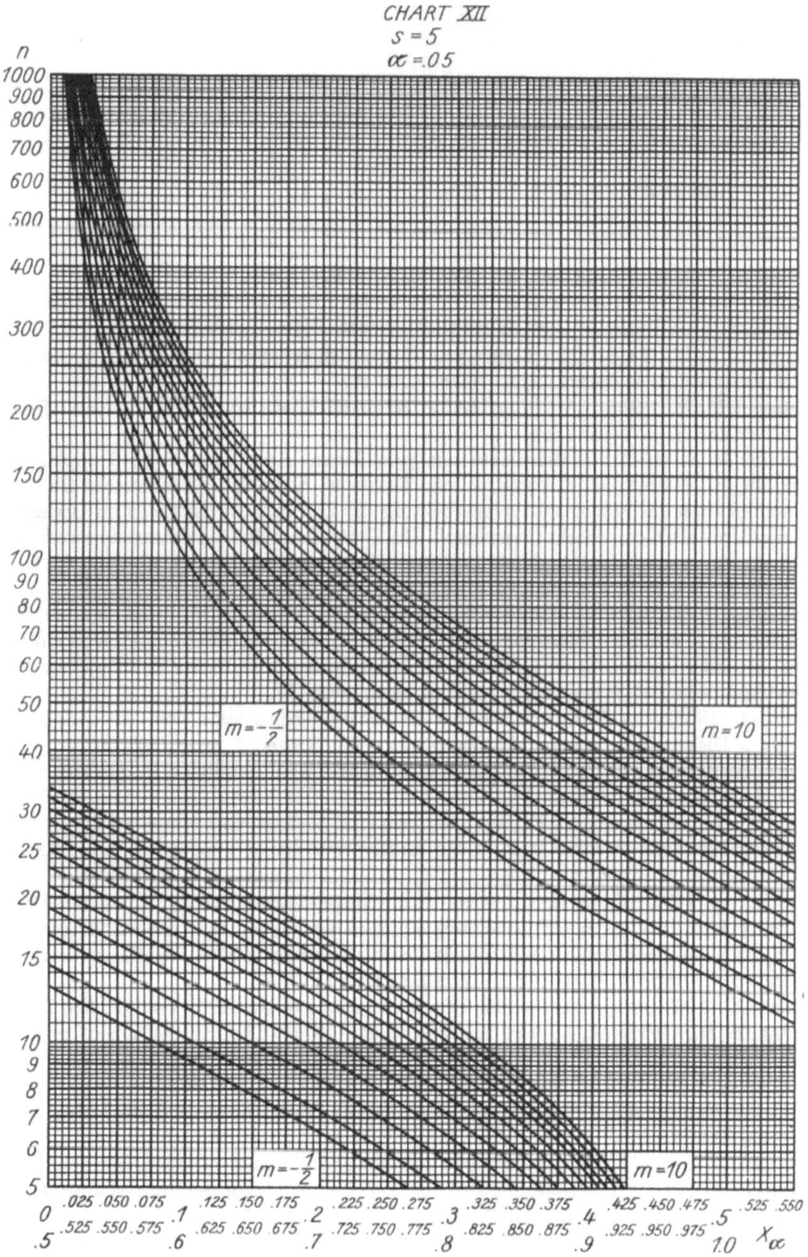
CHART XII
s = 5
α = .05
n
1000
900
800
700
600
500
400
300
200
150
100
90
80
70
60
50
40
30
25
20
15
10
9
8
7
6
5
m = -1/2
m = 10
m = -1/2
m = 10
0 .025 .050 .075 .1 .125 .150 .175 .2 .225 .250 .275 .3 .325 .350 .375 .4 .425 .450 .475 .5 .525 .550
.5 .525 .550 .575 .6 .625 .650 .675 .7 .725 .750 .775 .8 .825 .850 .875 .9 .925 .950 .975 1.0
X_α

Literatur

AHRENS, H. (1968): Varianzanalyse. Akademie-Verlag, Berlin.

AHRENS, H. (1977): On an Invariance Property for First- and Second-Order Moments of Estimated Variance-Covariance Components. Biom. J. **19**, No. 7.

ANDERSON, T. W. (1946): The noncentral Wishart distribution and certain problems of multivariate statistics. Ann. Math. Stat. **17**.

ANDERSON, T. W. (1958): An introduction to multivariate statistical analysis. John Wiley and Sons, New York.

BARTLETT, M. S. (1947): Multivariate analysis. Journ. Roy. Stat. Soc., (Supple.) **9**.

BAUMANN, H., HECHT, K., LÄUTER, J., und TREPTOW, K. (1971 a): Statistische Gesetzmäßigkeiten der Informationsverarbeitung des Zentralnervensystems im Organismus-Umwelt-Kommunikationsprozeß. In: Zentralnervale Regulationsdynamik im Adaptionsprozeß der Organismus-Umwelt-Beziehungen. Festschrift zum 60. Geburtstag von Prof. Dr. med. R. BAUMANN am 19. August 1971.

BAUMANN, H., LÄUTER, J., GURK, Ch., WOLTER, F., GRIEGER, F., und HECHT, K. (1971 b): Störungen bioelektrischer Informationsverarbeitungsphänomene unter belastender Lernsituation (Neokortex). Diskriminanzanalytische Verfahren in der evoked-potential-Forschung. Acta biol. med. germ. **27**.

BUNKE, O. (1967): Stabilität statistischer Entscheidungsprobleme und Anwendungen in der Diskriminanzanalyse. Z. Wahrscheinlichkeitstheorie verw. Geb. 7.

CONSTANTINE, A. G. (1963): Some non-central distribution problems in multivariate analysis. Ann. Math. Stat. **34**.

DAS GUPTA, S., ANDERSON, T. W., und MUDHOLKAR, G. S. (1964): Monotonicity of the power functions of some tests of the multivariate linear hypothesis. Ann. Math. Stat. **35**.

DAVIS, A. W. (1970): Exact distribution of Hotellings's generalized T_0^2. Biometrika **57**.

DEJEW, A. D. (1972): Asymptotische Darstellungen der Verteilungen der Statistiken W, M, W^* der Diskriminanzanalyse. In: Statistische Methoden der Klassifikation, Heft 3. Verlag der Moskauer Universität (russisch).

DÖRRER, E. (1968): Algorithmus 322. Communications of the ACM Vol. 11, No. 2.

DRAPER, N. R., GUTTMAN, I., und KANEMASU, H. (1971): The distribution of certain regression statistics. Biometrika 58.

EFROYMSON, M. A. (1960): Multiple regression analysis. In: RALSTON, A., und WILF, H. S.: Mathematical Methods for Digital Computers, Kap. 7. John Wiley and Sons, New York.

EISENHART, Ch. (1947): The assumptions underlying analysis of variance. Biometrics **3**.

FISHER, R. A. (1939): The sampling distribution of some statistics obtained from non-linear equations. Ann. Eugen. **9**.

FIX, E., and HODGES, J. L. (1951): Discriminatory analysis, Nonparametric discrimination: consistency properties. USAF School of aviation medicine, Randolph Field.

GANTMACHER, F. R. (1954): Matrizenrechnung I und II. Staatsverlag Moskau, dt. Übersetzung: Teil I: Allgemeine Theorie (1958), Teil II: Spezielle Fragen und Anwendungen (1966), Deutscher Verlag der Wissenschaften, Berlin.

GIRSHICK, M. A. (1939): On the sampling theory of roots of determinantal equations. Ann. Math. Stat. **10**.

GMYREK, D., LÄUTER, J., CARIO, W.-R., und SYLLM-RAPOPORT, I. (1973): Zur medikamentösen Prophylaxe der Neugeborenen-Hyperbilirubinämie. VII. Mitteilung: Entwicklung eines Siebtestes zur vorzeitigen Erkennung der Hyperbilirubinämie mittels multivariater Varianzanalyse und Diskriminanzanalyse. Das deutsche Gesundheitswesen **28**, Heft 2.

GNANADESIKAN, R., LAUH, E., SNYDER, M., and YAO, Y. (1964): Efficiency comparisons of certain multivariate analysis of variance test procedures. Paper presented at annual joint statistics meetings in Chicago. Abstract in Ann. Math. Stat. **36**. 1965.

GRUBBS, F. E. (1954): Tables of 1% and 5% probability levels for Hotelling's generalized T^2 statistic (Bivariate case). Ballistic Research Laboratories, Technical Note No. 926, Aberdeen Proving Ground, Maryland.

HECK, D. L. (1960): Charts of some upper percentage points of the distribution of the largest characteristic root. Ann. Math. Stat. **31**.

HOTELLING, H. (1951): A generalized T test and measure of multivariate dispersion. Proc. Second Berkeley Symposium on Mathematical Statistics and Prob.

HSU, P. L. (1939): On the distribution of the roots of certain determinantal equations. Ann. Eugen. **9**.

HSU, P. L. (1940): On generalized analysis of variance. Biometrika **31**.

HUMAK, K. M. S. (1977): Statistische Methoden der Modellbildung. Band I: Statistische Inferenz für lineare Parameter. Akademie-Verlag, Berlin.

ITO, K. (1956): Asymptotic formulae for the distribution of Hotelling's generalized T_0^2-statistic. Ann. Math. Stat. **27**.

ITO, K. (1960): Asymptotic formulae for the distribution of Hotelling's generalized T_0^2-statistic II. Ann. Math. Stat. **31**.

ITO, K. (1962): A comparison of the powers of two multivariate analysis of variance tests. Biometrika **49**.

JAMES, A. T. (1960): The distribution of the latent roots of the covariance matrix. Ann. Math. Stat. **31**.

KENDALL, M. G., and STUART, A. (1967): The Advanced Theory of Statistics. Griffin & Comp., London.

KIESEWETTER, H., und MAESS, G. (1974): Elementare Methoden der numerischen Mathematik. Akademie-Verlag, Berlin.

KRES, H. (1975): Statistische Tafeln zur multivariaten Analysis. Springer-Verlag, Berlin, Heidelberg, New York.

KRISHNAIAH, P. R., and CHANG, T. C. (1970): On the exact distributions of the traces of $S_1(S_1 + S_2)^{-1}$ and $S_1S_2^{-1}$. Aerospace Research Laboratories ARL 70-0241.

KULLBACK, S. (1959): Information theory and statistics. John Wiley and Sons, New York (russ. Übersetzung Moskau 1967).

LACHENBRUCH, P. A. (1967): An Almost Unbiased Method of Obtaining Confidence Intervals for the Probability of Misclassification in Discriminant Analysis, Biometrics **23**.

LANCESTER, H. O. (1954): Traces and cumulants of quadratic forms in normal variables. Journ. Roy. Stat. Soc. B **16**.

LÄUTER, J. (1974): Approximation des HOTELLINGschen T^2 durch die F-Verteilung. Biometrische Zeitschrift **16**, Heft 3.

LÄUTER, J. (1978a): Anwendung multivariater statistischer Verfahren in Medizin und Biologie. In: ZfR-Informationen 77.13, Probleme der Informatik in Medizin und Biologie.

LÄUTER, J. (1978b): Sample Size Requirements for the T^2 Test of MANOVA (Tables for One-way Classification). Biom. J. **20**, No. 4.

LÄUTER, J., und NITSCHKOFF, S. (1975): Quantitative Verarbeitung qualitativer Merkmale bei der automatischen Diagnostik. Beispiele zur Hypertonie. In: Abh. d. Akad. d. Wiss. d. DDR, Jg. 1973, Symposium über Probleme der kardio-vaskulären Regulation.

LÄUTER, J., RICHTER-HEINRICH, E., und BAUMANN, H. (1971): Grundzüge der Diskriminanzanalyse. Das deutsche Gesundheitswesen **26**, Heft 32.

LAWLEY, D. N. (1938): A generalization of Fisher's z-test. Biometrika **30**. Correction: Biometrika **30**, S. 467–469.

LEHMANN, E. L. (1959): Testing Statistical Hypothesis. John Wiley and Sons, New York.

LINDER, A. (1963): Trennverfahren bei qualitativen Merkmalen. Metrika **6**.

LÜTJOHANN, H. (1970): The Stepwise Regression Algorithm Seen from the Statistician's Point of View. Metrika **15**.

McKEON, J. J. (1973): F-Approximations to the Distribution of HOTELLING's T_0^2 Biometrika **60**.

McLACHLAN, G. J. (1974): An Asymptotic Unbiased Technique for Estimating the Error Rates in Discriminant Analysis. Biometrics **30**, No. 2.

McLACHLAN, G. J. (1975): Confidence Intervals for the Conditional Probability of Misallocation in Discriminant Analysis. Biometrics **31**, No. 1.

MOHN, E., HOLME, I., and VOLDEN, R. (1972): On Stepwise Regression on Orthogonal Models. Publication no. 326, Norwegian Computing Center Oslo.

MORRIS, J. (1969): Algorithmus 346. Communications of the ACM, Vol. 12, No. 3.

MORRISON, D. F. (1967): Multivariate Statistical Methods. McGraw-Hill, New York.

MORROW, D. J. (1948): On the distribution of the sums of the characteristics roots of a determinantal equation. Abstract Bull. Amer. Math. Soc. **54**.

OKAMOTO, M. (1963): An Asymptotic Expansion for the Distribution of the Linear Discriminant Function. Ann. Math. Stat. **34**. Correction: Ann. Math. Stat. **39** (1968), S. 1358–59.

PILLAI, K. C. S. (1954): On some distribution problems in multivariate analysis. Mimeographed Series No. 88. Institute of Statistics, University of North Carolina.

PILLAI, K. C. S. (1955): Some new test criteria in multivariate analysis. Ann. Math. Stat. **26**.

PILLAI, K. C. S. (1956a): On the distribution of the largest or the smallest root of a matrix in multivariate analysis. Biometrika **43**.

PILLAI, K. C. S. (1956b): Some results useful in multivariate analysis. Ann. Math. Stat. **26**.

PILLAI, K. C. S., and SAMSON, P. (1959): On Hotelling's generalization of T^2. Biometrika **46**.

PILLAI, K. C. S. (1960): Statistical Tables for Tests of Multivariate Hypotheses. The Statistical Center, University of the Philippines.

PILLAI, K. C. S., and DOTSON, Ch. O. (1969): Power comparisons of tests of two multivariate hypothesis based on individual characteristic roots. Ann. of the Inst. of Stat. Mathem. Vol. **21**, No. 1.

PILLAI, K. C. S., GUPTA, A. K. (1969): On the exact distribution of Wilks criterion, Biometrika **56**.

PILLAI, K. C. S., and YOUNG, D. L. (1971): On the exact distribution of Hotelling's generalized T_0^2. Journal of Multivariate Analysis **1**.

PINCUS, R. (1970): Die Prüfung linearer Hypothesen beim mehrdimensionalen linearen Regressionsmodell. Diplomarbeit, Humboldt-Universität zu Berlin.

RAO, C. R.: (1973): Lineare statistische Methoden und ihre Anwendungen. Akademie-Verlag, Berlin.

RASCH, D., HERRENDÖRFER, G., BOCK, J., und BUSCH, K. (1978): Verfahrensbibliothek Versuchsplanung und -auswertung, Bd. 1 und 2. VEB Deutscher Landwirtschaftsverlag, Berlin.

RICHTER-HEINRICH, E., and LÄUTER, J. (1969): A Psychophysiological Test as Diagnostic Tool with Essential Hypertensives. Psychother. Psychosom. **17**.

ROY, S. N. (1939a): A note on the distribution of the studentized D^2-statistic Sankhya **4**.

ROY, S. N. (1939b): p-statistics or some generalizations in analysis of variance appropriate to multivariate problems. Sankhya **4**.

ROY, S. N. (1942): The sampling distribution of p-statistics and certain statistics on the nonnull hypothesis. Sankhya **61**.

ROY, S. N. (1953): On a heuristic method of test construction and its use in multivariate analysis. Ann. Math. Stat. **24**.

ROY, S. N. (1957): Some Aspects of Multivariate Analysis. John Wiley and Sons, New York.

ROY, S. N., and GNANADESIKAN, R. (1959): Some contributions to ANOVA in one and more dimensions I, II. Ann. Math. Stat. **30**.

ROY, S. N., and MIKHAIL, W. F. (1961): On the Monotonic Character of the Power Functions of two Multivariate Tests. Ann. Math. Stat. **32**.

ROY, S. N. (1965): Power of the likelihood-ratio test used in analysis of dispersion. Int. Symp. on Multivariate Analysis I, Ohio.

ROY, S. N., GNANADESIKAN, R., and SRIVASTAVA, J. N. (1971): Analysis and design of certain quantitative multiresponse experiments. Pergamon Press, Oxford.

SCHAAFSMA, W., and VARK, G. N. VAN (1977): Classification and Discrimination Problems with Applications. Part I. Statistica Neerlandica **31**, No. 1.

SCHATZOFF, M. (1966): Exact distributions of Wilk's likelihood ratio criterion, Biometrika **53**.

SCHEFFÉ, H. (1959): The Analysis of Variance. John Wiley and Sons, New York.

SEARLE, S. R. (1971): Linear Models. John Wiley and Sons, New York.

SRIVASTAVA, J. N. (1964): On the Monotonicity Property of the Three Main Tests for Multivariate Analysis of Variance. Journ. of the Roy. Stat. Soc. Ser. B **26**.

WALD, A. (1944): On a statistical problem arising in the classification of an individual into one of two groups. Ann. Math. Statistics **15**.

WHITTLESEY, (1954): Unpublished research report. Dept. of Stat., University of North Carolina.

WIEZORKE, B. (1967): Auswahlverfahren in der Regressionsanalyse. Metrika **12**.

WILKS, S. S. (1932): Certain generalizations in the analysis of variance. Biometrika **24**.

Sachregister

Die Autoren

- behandeln die Modelle und Hypothesen der mehrdimensionalen Varianzanalyse

- stellen die Beziehungen zur Diskriminanzanalyse her, durch die diagnostische und prognostische Entscheidungen möglich sind

- geben Verfahren an, mit denen die für ein praktisches Problem relevanten Merkmale gefunden werden

- zeigen, wie qualitative Merkmale in die Analyse einbezogen werden können

- geben Rechenalgorithmen an

- wenden sich mit diesem Band an Mathematiker, Biologen, Landwirtschaftswissenschaftler, Mediziner, Pädagogen, Ökonomen und andere Wissenschaftler, die sich mit der Analyse von Meßwerten befassen

Bei Fragen zur Produktsicherheit wenden Sie sich bitte an:
If you have any questions regarding product safety,
please contact:

Walter de Gruyter GmbH
Genthiner Straße 13
10785 Berlin
productsafety@degruyterbrill.com